# 基于时域有限差分法的电磁脉冲仿真模拟

［美］沙希德·艾哈默德 著

陈志强 李进玺 吴 伟 译

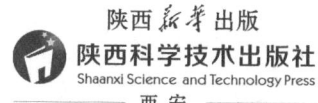

Electromagnetic Pulse Simulations Using Finite-Difference Time-Domain Method by Shahid Ahmed，ISBN：9781119526179，This edition first published 2021 Copyright © 2021 John Wily & Sons, Inc. All Rights Reserved. This translation published under license. Authorized translation from the English language edition，Published by John Wiley & Sons. No part of this book may be reproduced in any form without the written permission of the original copyrights holder.

《基于时域有限差分法的电磁脉冲仿真模拟》，作者沙希德·艾哈默德，ISBN：9781119526179，本版首次出版于2021年。版权归约翰·威利父子出版公司所有，并保留所有权利。译本在许可下出版。英文版由约翰·威利父子出版公司发行。未经原版权持有者书面许可，严禁以任何形式复制本书的任何部分。

著作权合同登记号：25-2024-209

## 图书在版编目（CIP）数据

基于时域有限差分法的电磁脉冲仿真模拟 /（美）沙希德·艾哈默德著；陈志强，李进玺，吴伟译. --西安：陕西科学技术出版社，2024.6. -- ISBN 978-7-5369-8991-7

Ⅰ. TL91

中国国家版本馆 CIP 数据核字第 2024H8221S 号

---

### 基于时域有限差分法的电磁脉冲仿真模拟
JIYU SHIYU YOUXIAN CHAFENFA DE DIANCI MAICHONG FANGZHEN MONI

[美]沙希德·艾哈默德 著
陈志强 李进玺 吴伟 译

| | |
|---|---|
| 策　　划 | 周睎雯 |
| 责任编辑 | 张　戬 |
| 封面设计 | 申　畅 |

| | |
|---|---|
| 出版者 | 陕西科学技术出版社<br>西安市曲江新区登高路1388号陕西新华出版传媒产业大厦B座<br>电话(029)81205187　传真(029)81205155　邮编710061<br>http://www.snstp.com |
| 发行者 | 陕西科学技术出版社<br>电话(029)81205180　81206809 |
| 印刷者 | 陕西瑞升印务有限公司 |
| 规　格 | 787mm×1092mm　16开本 |
| 印　张 | 15 |
| 字　数 | 355千字 |
| 版　次 | 2024年6月第1版<br>2024年6月第1次印刷 |
| 书　号 | ISBN 978-7-5369-8991-7 |
| 定　价 | 128.00元 |

**版权所有　翻印必究**

# 前言

雷电和核爆炸等各种自然和人为的物理过程,均可以产生宽带电磁辐射的强脉冲,称为电磁脉冲(electromagnetic pulse,EMP)。这种脉冲中的大电场会损坏电子和控制设备。世界各地的一些实验室已经研制了能够产生不同类型电磁脉冲的模拟装置,目的是测试暴露于电磁脉冲环境中系统的易损性。这些模拟装置通常由高压脉冲电源驱动,本书主要研究将能量集中在系统本身工作空间内的"有界波"类型模拟装置。

本书介绍了针对一个有界波电磁脉冲模拟装置进行自洽的、三维时域有限差分(finite difference time domain,FDTD)模拟的仿真,仿真对象包含真实的几何结构和测试对象。模拟装置包括一个连续阻抗横向电磁波(transverse electromagnetic wave,TEM)结构,装置驱动源为一个充电后的电容器,它通过一个快速闭合开关进行放电。这些模拟详细给出了 TEM 结构的 3D 电磁场:TEM 结构内、近区,以及辐射的远场。就作者所知,这是第一次进行的如此详细的研究。

这些仿真中看到的预脉冲可以用开关上的容性耦合过程和电容上的已知充电波形来定量解释。

将测试对象放置在模拟装置内会显著改变测试空间内的电场,涉及场强和频谱。这意味着,对于给定的模拟装置,较大的测试对象会承受较低的频率。此外,无论测试对象的大小如何,波形仅匹配电场中的第一个峰值。模拟器结构和测试对象的多次散射产生了与自由空间情况明显不同的模拟波形特征。

有界波的辐射泄漏会对周围设备产生严重的电磁干扰。开关的闭合时间越短,允许进入的频率越高,随之而来的代价是辐射泄漏越大。与使用两个平行的杆状电阻相比,使用匹配的薄板电阻作为终端负载会使泄漏电场显著减小。对于给定的终端电阻,测试对象较大时会略微减少泄漏。这些结论可以根据坡印廷矢量的通量分布和测试对象中的感应电流进行解释。通过使用更长的平行板电极来增大测试空间,其优点是减少了流向脉冲发生器的能量回流,然而,这是以增加能量泄漏为代价的。本分析中使用的方法可以扩展到研究有界波模拟装置和测试对象任意组合的电磁波泄漏问题。

通过将奇异值分解(singular value decomposition,SVD)方法应用于FDTD数据,分析了模拟器内部的电磁模式结构。这两种强有力的技术的结合产生了大量的有关内部模式结构的信息,而这些信息是用其他方法无法获得的。TEM 模在整个模拟器长度上占主导地位,$TM_1$ 模相比 $TM_2$ 模占据着大部分空间。接近终端负载时,$TM_2$ 模变强。这已经根据电阻片中的感应电流分布和在终端附近产生的磁场进行了解释。

将完全导电的测试对象放置在平行板电极会使测试对象附近的模式结构发生重大变化。更高阶的 TM 模变得更强,代价是 $m = 0$ 模式。这一发现具有相当大的实际意义,因为它意味着物体将受到明显偏离理想 $m = 0$ 模式的电磁场的影响。可以用物体上的感应电流及其附近产生的电磁场来解释这种偏差。

TEM 小室主要在向前的方向上辐射,具有弱得多的旁瓣。计算了终端负载附近的模式和前向辐射远场之间的时间相关性。主要的 TEM 模与远场的相关性很差。主要的 TM 模,即 $TM_1$ 模和 $TM_2$ 模表现出与远场相当强的相关性。$TM_1$ 模表现出与远场的长时间相关性,而 $TM_2$ 模仅表现出短时间相关性。这表明,对于给定的模式振幅,与 TEM 模相比,更高阶的 TM 模在产生辐射泄漏方面更有效。研究了平行板电极之间的角度和开关时间对模式结构的影响。优化的空间模式滤波器的使用减少了 $TM_1$ 模,而没有显著改变期望的 TEM 模,然而,$TM_2$ 模基本保持不变。这些结果可以从电磁干扰对周围设备的影响及测试对象附近 TEM 模纯度等角度提出改进模拟装置设计的方法。

脉冲实验的 FDTD 模型通常仅在 FDTD 空间内设置负载的情况下建模,脉冲源的演变通过其他一些方法进行建模。为了进行真正的自洽研究,在 FDTD 空间内设置了电容器和开关。除了自洽性之外,还允许在储能电容器中包含分布参数效应。当电容用于驱动具有快速上升时间的模拟装置时,这种效应很重要。这项研究确定了在这项工作中必须考虑的关键数值计算问题。

**沙希德·艾哈默德**

得克萨斯州凯蒂市

2019 年 8 月 29 日

# 目 录

**第1章 电磁脉冲** ············································································ 1
    1.1 EMP 的来源 ······································································· 1
    1.2 EMP 耦合及其效应 ····························································· 2
    1.3 EMP 模拟器 ······································································· 3
    1.4 研究现状综述 ····································································· 4
    1.5 本书内容概述 ····································································· 8
    1.6 本章小结 ············································································ 9

**第2章 时域和频域分析** ································································ 10
    2.1 引言 ················································································· 10
    2.2 核电磁脉冲 ······································································· 10
    2.3 本章小结 ··········································································· 16

**第3章 时域有限差分法模拟** ······················································· 17
    3.1 引言 ················································································· 17
    3.2 EMP 模拟器的 FDTD 分析需求 ·········································· 17
    3.3 麦克斯韦方程与 Yee 算法 ················································· 19
    3.4 FDTD 方法实现 ································································ 20
    3.5 数值稳定问题 ··································································· 22
    3.6 本章小结 ··········································································· 23

**第4章 自由空间和介质中的电磁脉冲** ·········································· 24
    4.1 引言 ················································································· 24
    4.2 输入波形 ··········································································· 24
    4.3 一维方法 ··········································································· 27
    4.4 本章小结 ··········································································· 50
    练习 ······················································································· 51

**第5章 时域有限差分方法中电容器的仿真** ··································· 52
    5.1 引言 ················································································· 52

5.2　模型的细节 …… 52
　5.3　仿真结果和分析 …… 58
　5.4　利用矩量法核验 FDTD 计算结果 …… 60
　5.5　边界条件的影响 …… 64
　5.6　本章小结 …… 66

第 6 章　有界波电磁脉冲模拟器 …… 67
　6.1　引言 …… 67
　6.2　几何结构和计算模型 …… 68
　6.3　TEM 结构几何尺寸验证 …… 71
　6.4　闭合开关的 FDTD 模型 …… 73
　6.5　计算空间边界距离选择 …… 75
　6.6　TEM 结构内部电场 …… 75
　6.7　模拟器极板电流 …… 78
　6.8　预脉冲 …… 78
　6.9　被试品的影响 …… 80
　6.10　FDTD 分析的验证 …… 82
　6.11　本章小结 …… 83

第 7 章　有界波模拟器内部的电磁模式 …… 84
　7.1　引言 …… 84
　7.2　模型的详细介绍 …… 85
　7.3　无被试品时模拟器的模式分析 …… 90
　7.4　有被试品时模拟器的模式分析 …… 95
　7.5　电场增强的物理解释 …… 103
　7.6　本章小结 …… 107

第 8 章　有界波模拟器辐射泄漏场的参数研究 …… 108
　8.1　引言 …… 108
　8.2　计算模型的细节 …… 109
　8.3　平行板电极延伸长度的影响 …… 109
　8.4　锥形电极之间角度的影响 …… 111
　8.5　天线终端类型的影响 …… 112
　8.6　开关导通时延的影响 …… 115
　8.7　试验对象的影响 …… 117
　8.8　物理上的解释 …… 117

8.9　本章小结 ·········································································· 119
　　练习 ················································································· 120

第9章　有界波模拟器辐射泄漏的模式研究 ················································ 121
　　9.1　引言 ············································································· 121
　　9.2　计算步骤 ········································································· 121
　　9.3　锥形极板之间倾角的影响 ······················································· 122
　　9.4　脉冲压缩效应 ···································································· 127
　　9.5　本章小结 ········································································· 130
　　练习 ················································································· 130

第10章　减少辐射泄漏的空间模式滤波器 ················································· 131
　　10.1　引言 ············································································ 131
　　10.2　高阶模式抑制 ·································································· 131
　　10.3　本章小结 ······································································· 137
　　练习 ················································································· 137

第11章　电磁脉冲与生物组织的相互作用 ················································· 138
　　11.1　引言 ············································································ 138
　　11.2　模型描述 ······································································· 139
　　11.3　结果和讨论 ····································································· 140
　　11.4　本章小结 ······································································· 144
　　练习 ················································································· 144

第12章　FDTD计算程序 ··································································· 145
　　12.1　引言 ············································································ 145
　　12.2　计算代码 ······································································· 145
　　12.4　本章小结 ······································································· 226

参考文献 ···················································································· 227

# 第 1 章 电磁脉冲

包括雷电和核爆炸等在内的各种自然和人为的活动都可以产生强烈的宽带电磁辐射脉冲，称为电磁脉冲（EMP）。自第二次世界大战以来，在费米预见了核爆炸所引起的电磁效应后，EMP 受到了世界各国研究学者的广泛关注[1]。这种脉冲产生的强电场可能会对电子和控制设备造成损坏。首次观测到核试验中出现 EMP 现象可追溯至 20 世纪 50 年代，受 EMP 效应的影响，时常会出现仪器故障[2]。在雷电以及高压电路的快速操作中产生的 EMP 也会对电气和电子系统造成损坏。世界各国研究机构已经将不同类型的 EMP 及其对系统的影响作为实验和理论的研究热点[2]。

## 1.1 EMP 的来源

EMP 有多种自然和人为来源，闪电是一种常见的自然来源，人为来源则包括高压快速开关、发电站及配电系统、核爆炸，以及超宽带雷达等。闪电产生的 EMP 称为雷电电磁脉冲（lightning electromagnetic pulse，LEMP），核爆炸导致的 EMP 称为核电磁脉冲（nuclear electromgnetic pulse，NEMP），详见参考文献[3]。

图 1.1 给出了 NEMP 产生的基本机制。核爆释放出高能伽马射线光子流，该初级光子 $\gamma_p$ 通过与大气中存在的自由电子碰撞从而产生康普顿电子 $e_c$，康普顿电子形成的电流通道会引起较大的 $dJ/dt$，由此产生了 NEMP[1]。

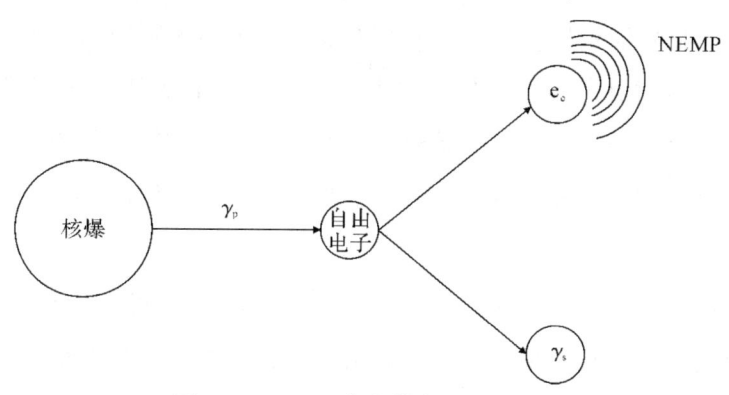

图 1.1 NEMP 产生基本机制示意图

图 1.2 所示为 LEMP 和 NEMP 的时域和频域波形。该图源自文献[4],并在此进行了适当修改。NEMP 的时域波形符合双指数函数关系[5]：

$$E(t) = A(e^{-\beta t} - e^{-\alpha t})$$

其中,常数 $A$、$\alpha$ 和 $\beta$ 分别是与幅度及上升和下降时间的倒数相关的常数。NEMP 的上升时间和脉冲宽度分别在纳秒和微秒量级。对于 LEMP,这些时间参数通常在微秒和毫秒量级。这两类波形均具有超宽带特性。

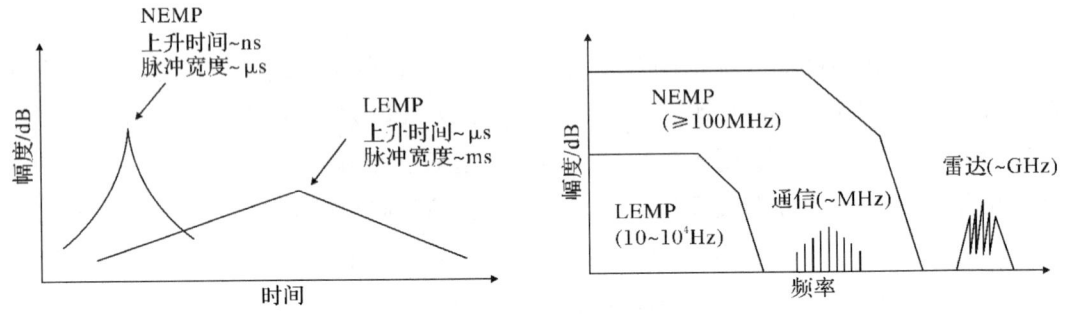

图 1.2　不同类型 EMP 的时域和频域波形

## 1.2　EMP 耦合及其效应

可以看到,不同类型的 EMP 覆盖了很宽的电磁频谱范围,其频率从几赫兹到数百兆赫不等。这在自由空间中对应着很宽的波长范围。较长的波长可以耦合到大型物体(如高架输电线),而较短的波长可以耦合到小型物体(如控制设备和半导体器件)。耦合机制可以分为两种类型,即"前门"和"后门"耦合。前门耦合是指辐射能量通过包含有接收器或发射机系统的天线进入；后门耦合是指能量通过外壳中的孔隙和接缝渗漏进入系统[6]。

前门耦合的辐射能量取决于天线设计的频率,在其带宽附近达到最大值。透过孔隙或接缝的后门耦合在波长与孔口大小相当的情况下达到最大,并随着波长的增加而有规律地下降。图 1.3 所示为核爆后产生的 EMP 对电子和电气设备进行前门和后门耦合的原理图[3]。EMP 可以通过高架和地下输电线路、电话线、窗户及公用管道进入机壳。

在电子、电气设备中感应到的高强度瞬态电压和电流可能会引起设备的损坏。受入射脉冲幅度和系统抗电磁脉冲能力的影响,这一损伤可能是暂时性的,也可能是永久性的[3]。

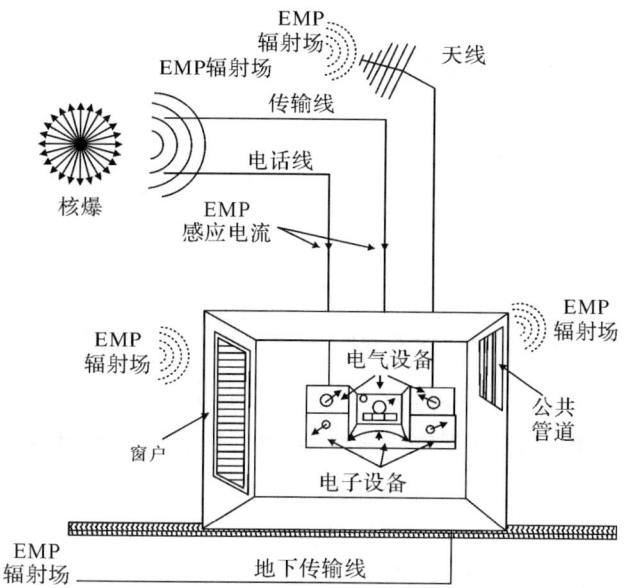

图 1.3　EMP 耦合进入电子和电气设备示意图

## 1.3　EMP 模拟器

世界各地的很多实验室都研制了 EMP 模拟器来产生不同类型的脉冲,用来测试暴露在 EMP 中的系统的敏感性[7]。模拟器通常由 Marx 发生器等高压脉冲功率源驱动。这些模拟器有两方面用途,一是评估 EMP 对系统的影响,二是测试这些系统的屏蔽(加固)的有效性。

模拟器可以分为两大类:有界波(封闭式)模拟器和辐射波(开放式)模拟器。在辐射波模拟器中,利用类似横电磁波(TEM)喇叭的超宽带天线来辐射电磁场。当要测试的系统分布在较大范围内时,使用这种形式的 EMP 模拟器[8]。本研究中所关注的有界波模拟器,其将能量集中在系统自身的工作空间内[9]。

结构最简单的有界波 EMP 模拟器中,前后锥形区域由两块导电的三角极板构成,形成一个 TEM 结构,中间则由一个平行板区域隔开[10]。图 1.4 给出了该结构的示意图[11]。

前锥段的阻抗在较宽的频率范围内基本保持恒定,其对确定 EMP 波形至关重要,中间的平行板区域及后锥段起着导波作用[10]。试验中,被试品放置在中间平行板区域的有界空间中。

图 1.4 所示的几何形状存在多种变体。部分模拟器省去了后锥段或平行板部分,前锥段也有圆锥形等其他形状。

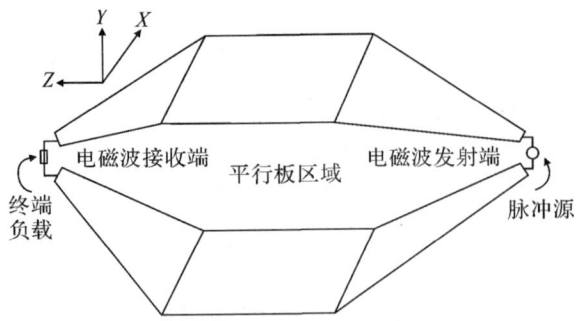

图 1.4  平行板传输线型 EMP 模拟器结构示意图

图 1.5 所示为有界波 EMP 模拟器的实验装置图,其在文献[9]中进行了详细介绍,这里只给出了模拟器的前锥段部分,实验区域由平行极板区域组成,长度达数米。

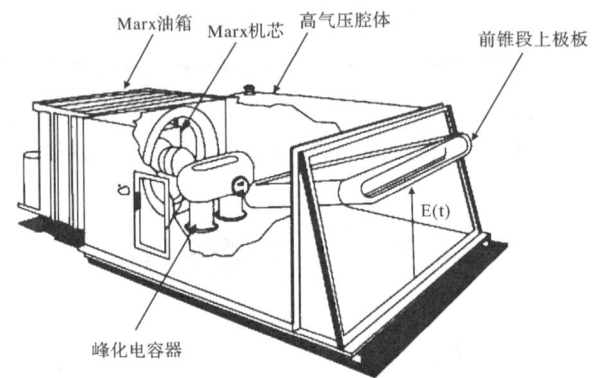

图 1.5  有界波 EMP 模拟器实验装置

## 1.4  研究现状综述

本节将介绍与 EMP 模拟器建模相关的不同领域的早期工作。

首先对早期研究工作中有关有界波模拟器性能的整体分析进行介绍。有关学者在文献中给出了一些时域和频域模型,然而,这些模型普遍是基于一些简化的假设前提给出的,例如,模拟器的导电极板近似为金属线栅或者线网结构。金属线上的感应电流在时域中利用空间-时间域分析方法求解得到[12],也可以在频域内利用矩量法(method of moments,MOM)求解[13]。

模拟器内部的暂态电磁场分布在文献[12]中利用空间-时间域分析方法进行了研究。这一问题是以理想导电金属线栅上的暂态电流波形的辐射为基础,涉及线栅上感应电流的计算。文献[14]中利用空间-时间积分方程对这一问题进行了求解。King 和其他学者从理论上分析了一个菱形电磁脉冲模拟器内部的电磁场的瞬态行为[10,15]。在其简化模型中,模拟器极板近似为沿着金属板边缘的六角形金属丝结构。可以这样进行近似的原因是平行板模拟器的最大电流密度是沿着金属极板的边缘分布。Klaasen利用空间–时间域分析方法对有界波模拟器的瞬态行为进行了数值分析[16]。金属线栅上的感应电流基本波形与文献[10]中给出的波形一致。与King和其他研究人员的结果相比，Klaasen通过增加计算中的金属线栅数量使计算模型更接近实际情况。

Hoo等人利用MOM对确定的电场激励波形的传输线型EMP模拟器进行了数值分析[13]。通过三角基函数逼近电流波形，计算了模拟器空间内的电磁场。为对该数值方法进行检验，计算了三角形偶极子的输入阻抗，结果表明其与试验结果基本吻合。

这些方法并不适用于对含有被试品的模拟器进行详细分析，有以下两方面原因：①这些方法忽略了集肤效应，这在模拟器极板的计算中是可以接受的，但不适用于导电的被试品，特别是在电磁脉冲的低频部分；②MOM不适合处理含有小孔和内腔的被试品，在这些部分对计算能力的要求会变得很高。同样地，当需要分析的尺寸远远大于对应于施加频率的波长时，计算也将变得非常困难。

文献[17]给出了King和其他学者对模拟器工作空间中电场的测量结果。然而，他们的实验测量只是在高频，此时，模拟器不再表现为一个终端是TEM模式的传输线。

在一些EMP模拟器的研究中，假设激励服从已知的形式，例如双指数函数。在特定的激励脉冲驱动下，部分学者给出了喇叭型天线的三维时域有限差分（FDTD）的研究结果[18-19]。激励波形一般采用类高斯的理想形式[18-19]，或是实验测量波形[19]。据笔者所知，这些研究都没有自洽地计算出脉冲源（例如电容器组）的电压和电流及结构中的电磁场。此外，这些模拟中没有包含开关动作过程，也没有给出试验空间中的预脉冲。

下面是有关有界波模拟器辐射泄漏问题的早期研究结果。

考虑有关有界波EMP模拟器辐射泄漏问题的早期研究。在高强度电磁功率水平条件下，泄漏出去的电磁能量可能会对周围的设备产生电磁干扰，因此，最大限度地减小从有界空间中泄漏的电磁波是一项至关重要的研究内容。Yang和Lee的研究表明，平行板结构的延伸对有界空间内部电磁能量的约束起着重要作用[20]。他们利用保角映射变换方法计算了极板上电荷分布及极板内外的场分布。Baum在文献[21]中定性地表明，通过减小锥形板之间的角度 $\beta$，可以降低从有界波模拟器中泄漏的电磁能量。Sancer和Varvatsis用数值方法确定了平行板区域的极板表面电流密度，并用于估计从模拟器试验空间中辐射出去的电磁能量[22]。他们的计算结果验证了上述Baum提出的观点。King和Blejer[17]为有界波模拟器提供了一个安全的频率范围，它只能有效地传导最低波长至少是孔径高度的波，而波长比开孔高度短的电磁波将会辐射到周围空间中，但他们的研究工作仅局限在单一频率的激励信号。

传输线通常利用匹配负载终端来减小反射。文献中还给出了下面一些替代方案。

Robertson 和 Morgan 指出，TEM 喇叭结构的平行极板延伸在减少反射方面起着重要作用，特别是对于低频信号[23]。Kanda[24]对 TEM 喇叭从顶点到开孔部分进行电阻加载，且电阻阻值呈连续增大的加载规律。这种变化的函数形式类似于 Wu 和 King 提出的减少偶极子天线开口处反射所采用的电阻加载的方法[25]。馈源处的低阻抗用于与供电馈电传输线匹配，末端开孔处的高阻抗用于与自由空间匹配。Baum 在文献[26]中提出了使用导纳片来实现宽带信号的截止，电阻部分可以有效截止低频信号，而电抗部分可用于截止高频信号。因此，这一终端负载形式在宽频范围内有效。文献[27]中提到阻性终端的物理形状也很重要，会显著影响模拟器的低频性能[27]。

EMP 模拟器是用来模拟在一定距离处的核爆所产生的平面波，然而，传输线型模拟器中的电磁场与平面波存在较大差异。因此，必须对这两种场环境之间的差异性进行确定[12]。多数研究学者在频域内对这一问题进行了理论分析，通常是针对 TEM 和更高的平行板模次。Rushdi 等人的研究表明，模拟器内部的场是 TEM 模式、高次横电（transverse electric，TE）和横磁（transverse magnetic，TM）模式的叠加[28]。他们这一工作是对早期研究结果的拓展，同样仅限于平行板区域，并基于单一频率分析。Giri 等人使用保角映射变换方法对有界波 EMP 模拟器进行模态分析[11]，然而，他们的研究仅限于 TEM 模式，并未涉及高阶 TE 和 TM 模式。上述研究工作的分析范围均有所限制，要么是受限于装置的几何形状，要么是单一频率激励，要么只适用于模拟器的特定部分。最重要的是，这些研究都没有研究过被试品的存在对模拟器性能的影响，而这一情况对模拟器的实际运行至关重要。

Rushdi 等人[28]和 Giri 等人[29]的研究表明，高阶 TE 和 TM 模式往往会导致能量泄漏。然而，这些研究并没有准确地量化不同模式对辐射泄漏的相对贡献程度。研究学者还希望找到某种抑制这些模式的方法。Giri 等人[29]建议使用空间模式滤波器（SMF）来抑制特定的模式，然而，这一分析是基于以下简单的假设条件：SMF 相对于喇叭极板的倾斜角的计算是基于高频假设，这一频率对应的波长小于 TEM 喇叭孔的高度。

最后是有关在 FDTD 计算空间内为 EMP 模拟器设置脉冲源的问题，文献中给出了一些在 FDTD 计算空间内放置电荷的方法，例如，Wagner 和 Schneider[30]在特定的网格位置使用单元丝状电流源研究网格电容效应。然而，据笔者所知，这些研究并没有系统地检验利用数值方法获取准确的电容时所必须满足的条件。

如 1.4 节所述，过往研究中有大量涉及 EMP 相关的实验和建模工作，然而，对这些模型的研究一般都进行了简化假设，这与实际的 EMP 模拟器并不十分相符，此外还存在一些没有得到定量解决的重要问题。下面是一些需要开展研究工作的主要问题。

针对电压脉冲驱动的 TEM 喇叭结构，存在一些数值和分析方法。输入电压波形通常从实验测量获取或直接选用类高斯函数形式的波形。这些波形都没有考虑脉冲源（例如电容器组）电压和电流与模拟器结构中电磁场的自洽变化。当需要考虑电容器和开关设计对模拟器性能的影响时，自洽分析是相当必要的。

模拟器研制的初衷是为了提供一个需要的 EMP 环境对被试品进行试验，而在模拟器中放置一个有限尺寸的被试品有可能会对辐射场的场强及频谱产生显著影响，这与被试品的材料和尺寸有关。这一影响也必须通过自洽的方法进行确定，而这些研究在现有的文献中较少涉及。

EMP 模拟器主要用于模拟自由空间的脉冲辐射场[8]，这意味着入射到被试品上的波面应该是平面波，即 TEM 波。但是在实际过程中，试验空间中激发出的高阶模式会使得入射波前偏离平面波[29]。这种偏差会随着被试品的置入而进一步增加。因此需要确定受高阶模式影响时，所需的 TEM 模的畸变程度，从而更好地解释所得到的模拟器数据。为确定这一影响程度，需要对有界空间内部的模式结构进行分析。现有文献中，采用了诸如保角变换和傅里叶频谱分析方法，对有界波模拟器平行极板区域内进行了离散频率的模式分析。然而，这些分析并没有讨论超宽带激励条件下的模式结构，而这恰恰是有界波模拟器实际所需要的。此外，这些分析只在与极板间距相比时，极板非常宽或者非常窄的极限条件下进行[11]。因此，当极板宽度与高度可以比拟时，这一分析方法往往会失效，而现实情况通常是这样的。因此需要研究一种普遍的处理方式，以满足任意极板尺寸和形状的需求。

上述的模式分析仅是针对平行极板区域，很少对锥段进行研究。由于锥段区域在模式结构转换中起着关键性作用，因此对锥段区域内 TE 和 TM 模式结构的研究仍是需要被关注的重点。

如何将电磁（electro magnetic，EM）能量尽可能地限制在试验空间中是有界波模拟器的关键研究问题。电磁能量从有界空间中的泄漏是一种能量的浪费，会导致耦合在被试品上的能量减小。此外，由于泄漏能量具有高功率水平，会对周围设备产生严重的电磁干扰。因此，有必要对泄漏电磁能量的幅值、角度分布及频谱进行精确地评估，如本节所述，这一领域中早期工作主要关注的是对泄漏能量的简单估计，或是基于波导或天线理论确定模拟器的工作频率范围。然而，据笔者所知，已有的研究工作均未涉及对泄漏能量的精确评估。

最后，对于模拟器内部的模式结构和辐射泄漏之间的关系，目前只有一些简单的分析。部分研究人员提出了利用类似 SMF 的设备对高次模式进行抑制，有必要对这种模式滤波器在实际模拟器结构中的有效性进行验证。本书中的研究内容旨在解决上述所有问题。

## 1.5　本书内容概述

　　本书主要对有关设计和优化有界波 EMP 模拟器的重要问题进行了研究。下面对本书不同章节中的内容进行简要总结。

　　EMP 的产生和传播可以在时域中进行可视化描述，同时，EMP 与不同系统之间的耦合可以通过频谱分析来进行评估。第 2 章讨论了从时域和频域层面研究 EMP 的重要性。第 3 章从 EMP 模拟的角度对 FDTD 方法进行了详细介绍。第 4 章中，利用 FDTD 计算方法研究了 EMP 在自由空间和介质中的传播特性。

　　对有界波模拟器的自洽分析要求在 FDTD 计算空间内同时设置 TEM 结构及脉冲源电容和开关。第 5 章对平行板电容器的充放电行为进行了三维 FDTD 分析。这一研究有利于提高对在此类研究中所必须考虑的关键数值问题的理解。

　　有界波 EMP 模拟器的自洽分析包括了电容器的充电，以及通过快速闭合开关向 TEM 结构的放电。脉冲试验的 FDTD 模型通常只在计算空间内对负载模型进行建模（例如天线），而脉冲源则由其他方法来建模。本研究给出了一种在同一计算空间内设置脉冲功率驱动源的方法。在第 6 章中将给出针对一种模拟器的三维时域的自洽计算结果，计算模型中包含了实际的模拟器和被试品结构。通过仿真获得了模拟器内部、被试品内部及附近电磁场的三维演化过程。在被试品存在的条件下，验证了辐射场结构的变化，并对这一现象进行了解释。同时还对由快速闭合开关的容性耦合所产生的预脉冲进行了研究。

　　在"理想"的 NEMP 模拟器中，入射到被试品上的脉冲应该是"纯"TEM 波，即类似于在自由空间中传播的电磁波，近似平面波前。然而，在实际的有界波模拟器中，受模拟器结构中不同部分的散射、终端负载的反射及有限结构尺寸的影响，会激发出高次的 TE 和 TM 模。此外，被试品本身也会影响其中的场分布。因此，对 EMP 模拟器试验结果的解释需要考虑到高阶模的强度。高阶模对 TEM 模的影响程度在很大程度上取决于模拟器的结构设计、覆盖的频率范围，以及被试品的结构和材料组成。由于所涉及的变量很多，无法进行简单的估计，因此必须进行详细的分析。第 7 章研究有界波电磁脉冲模拟器中的电磁模态结构，包括有被试品和无被试品两种情况。将奇异值分解（SVD）方法应用于 FDTD 模拟生成的时域数据，这两种强大技术的结合产生了大量关于内部模式结构的信息，而这些信息是其他方法无法获得的。

　　由于模拟器中的电磁能量具有较高的功率，因此必须最大限度地降低从有界空间中所泄漏出去的辐射能量。模拟器运行时是不希望发生能量泄漏的，有下面两方面原因：①能量泄漏会对周围设备造成电磁干扰；②能量泄漏会造成耦合到被试品上的能量比例降低。第 8 章针对模拟器的能量泄漏进行了三维时域的自洽研究。研究了能量泄漏对设计参数的敏感性,包括模拟器的几何尺寸、终端类型及开关闭合时间。本章还给出了针对测试对象尺寸的敏感性分析并对计算结果进行了物理解释。

除了影响 TEM 模式的纯度外,高阶模还会增强模拟器辐射泄漏,因此有必要确定不同模式辐射电磁能量的有效性。第 9 章从模式角度讨论了有界波模拟器的辐射泄漏,同时还试图找到一些抑制这些模式的方法。在以往的文献中提到了某些模式抑制装置,其有效性需要通过基于实际模拟器结构并利用自洽性分析来验证。在第 10 章中,利用全波三维 FDTD 方法分析了一种模式抑制技术的有效性。第 11 章阐述了有界波电磁脉冲模拟器在研究手持手机的人体与电磁脉冲相互作用中的应用,其中对生物组织的影响是一个重要的问题。最后,在第 12 章中,给出了用于模拟模拟器内部及远场 EMP 环境的全波三维 FDTD 计算程序。

## 1.6 本章小结

本章对本书研究的问题进行了概述。介绍了自然和人工过程产生 EMP 的基本机制。EMP 固有的宽带特性使得它很容易与不同的系统耦合,相关的强场会导致系统暂时或永久的故障。同时,对不同类型的 EMP 模拟器及世界范围内的研究进展进行了概述。本章也对本书的重要贡献进行了总结,并介绍了各章节的主要内容。

# 第 2 章　时域和频域分析

## 2.1 引　言

EMP 的产生和传播具有瞬态特性,可以在时域中实时地可视化展现。时域波形的特征参数是其峰值、上升时间和脉冲持续时间。然而,EMP 与不同系统的耦合可以通过频谱分析来评估,因此可以通过最低频率、最高频率和能量含量在频域中得到非常好的理解。这就是为什么要学习 EMP 在时域和频域方面特性的很重要的原因。

模拟由自然和人为现象(如闪电、静电放电、核爆炸等)产生的电磁环境一直是全球范围内相关人员感兴趣的课题。与这些现象相关的电磁场强度很高,可能会暂时关闭日常使用的系统(计算机、平板电脑、手机和电视),或者可能会对国家基础设施造成威胁。因此,设计一个能够模拟此类现象所产生的电磁环境的系统非常重要,但这是复杂而具有挑战性的,因为它需要了解此类现象呈现出的特征。多年来,世界各地这些领域的重大研究使科学家和工程师们选择了定义明确的特征波形,这些波形通过测量来验证,可以模拟预期的环境,而不会引发像核爆炸这样的不良事件。

本章将介绍表示核电磁脉冲(NEMP)的数学波形,以模拟核爆炸事件中的电磁环境。

## 2.2 核电磁脉冲

高空核爆炸产生的电磁环境称为 NEMP。这里讨论两种最常用的高空电磁脉冲(high-altitude electromagnetic pulse,HEMP)波形。

### 2.2.1 两个指数的差乘以单位阶跃函数

瞬态电场波形的数学表示为[31]:

$$E(t) = E_0 \left[ e^{-\beta t} - e^{-\alpha t} \right] u(t) \tag{2.1}$$

其中,$E_0$ 为电场强度常数(V/m);$\alpha$ 为上升时间常数(rad/s);$\beta$ 为衰减时间常数

（rad/s）；$u(t)$ 为单位阶跃函数。

式（2.1）描述的典型时域波形如图 2.1 所示，其参数 $E_0 = 50\text{kV/m}, \alpha = 5.0 \times 10^8 \text{rad/s}, \beta = 4.0 \times 10^6 \text{rad/s}$。[译者注：原书中 $\alpha$、$\beta$ 的单位均为（rad/s），但是（2.1）式中，两个 e 指数应该无量纲，结合后文中的描述，译者认为 $\alpha$、$\beta$ 的单位应该采用更常用的（$\text{s}^{-1}$ 或 1/s）。]

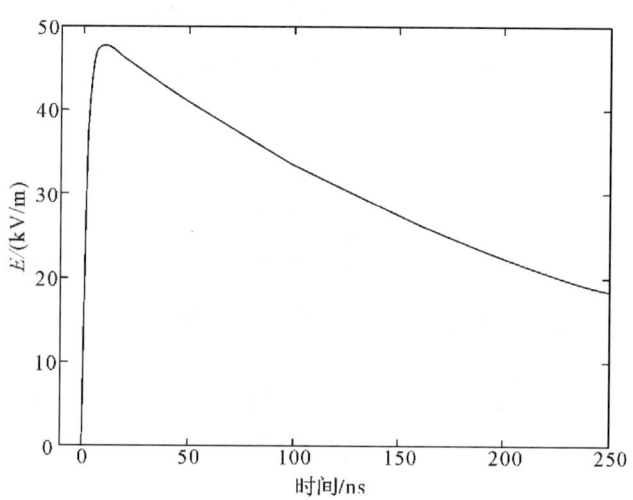

**图 2.1** $E_0 = 50\text{kV/m}, \alpha = 5.0 \times 10^8 \text{rad/s}, \beta = 4.0 \times 10^6 \text{rad/s}$ **时的波形**

可以看到，脉冲在 $t = 0$ 时以有限的斜率开始上升，一直到峰值 47.7kV/m（略低于设定的峰值场强 $E_0 = 50\text{kV/m}$），然后平滑衰减。这种波形可以在一个平行板 EMP 模拟器中观察到，该模拟器由一个基于电容器的脉冲发生器驱动，并在终端连接一个完全匹配的电阻负载，其阻值与频率无关。关于此类 EMP 模拟器，以及电容器组、开关和电阻负载的详细研究将在第 6 章中介绍。

1. 时域特性

可以通过以下参数来理解 NEMP 波形在时域中的特征。

（1）上升时间：上升时间是度量 EMP 波形从其低幅值（通常为峰值的 10%）上升到高幅值（峰值的 90%）快慢的量，通常也被称为 10%～90% 上升时间 $t_{r(10\sim90)}$，除非明确说明，一般均采用其来衡量脉冲的上升快慢。波形上升期间的特征时间可以定义为幅值最大值与时间导数最大值的比值：

$$t_r = \frac{E(t)\big|_{\max}}{\dfrac{\mathrm{d}}{\mathrm{d}t}E(t)\bigg|_{\max}} = \frac{1}{\alpha - \beta} \qquad (2.2)$$

对于上升时间比衰减时间（$\alpha \gg \beta \geqslant 0$）快得多的情况，最大上升时间 $t_{\mathrm{mr}} = \dfrac{1}{\alpha}$，它是式（2.1）的 e 折时间（译者注：e 折时间的定义为一个数衰减为原来的 1/e 所用的时间长度），该最大上升时间是描述脉冲波形上升快慢的参数里最快的一个，然而，通常使用的上升时间定义为 $t_{\mathrm{r}(10 \sim 90)} \simeq 2.2/\alpha$。例如，$\alpha = 5.0 \times 10^8 \,\mathrm{rad/s}$，最大上升时间 $t_{\mathrm{mr}} = 2\,\mathrm{ns}$，而 $t_{\mathrm{r}(10 \sim 90)} = 4.4\,\mathrm{ns}$。

（2）脉冲持续时间：脉冲持续时间提供了一种电磁脉冲维持时间的评估方式，可以基于完整的时间积分来计算。对于式（2.1）所示波形，如果 $\alpha \gg \beta \geqslant 0$，脉冲持续时间 $\tau$ 可由下式获得

$$\tau = \frac{1}{E_0} \int_{-\infty}^{\infty} E(t)\,\mathrm{d}t = \frac{\alpha - \beta}{\alpha \beta} = \frac{1}{\beta} \tag{2.3}$$

因此，对于 $\alpha = 5.0 \times 10^8 \,\mathrm{rad/s}$ 和 $\beta = 4.0 \times 10^6 \,\mathrm{rad/s}$ 的情况，$\tau \simeq 250\,\mathrm{ns}$。

（3）峰值时间：式（2.1）所示波形的时间导数在峰值处变为零。因此，可以通过令一阶导数等于零计算出波形达到峰值的时间，$t_{\mathrm{max}} = \dfrac{1}{\alpha - \beta} \ln \dfrac{\alpha}{\beta} \simeq 9.7\,\mathrm{ns}$。

2. 频域特性

式（2.1）中所示脉冲波形的频谱可以通过拉普拉斯变换来获得，其在频域中表示如下：

$$\widetilde{E}(\omega) = E_0 \left[ \frac{1}{\mathrm{j}\omega + \beta} - \frac{1}{\mathrm{j}\omega + \alpha} \right] \tag{2.4}$$

频谱的幅度和相位可通过以下公式获得：

$$|\widetilde{E}(\omega)| = E_0 \frac{\alpha - \beta}{[(\alpha^2 + \omega^2)(\beta^2 + \omega^2)]^{1/2}} \tag{2.5}$$

$$\varphi = \arg[\widetilde{E}(\omega)] = -\arctan\left(\frac{\omega}{\alpha}\right) - \arctan\left(\frac{\omega}{\beta}\right) \tag{2.6}$$

双对数坐标下电场强度的波形如图 2.2 所示。

下面讨论不同频率范围的特征。

（1）低频：在低频极限 $\omega \simeq 0$ 时，幅度和相位定义分别为 $|\widetilde{E}(0)| = E_0 \dfrac{\alpha - \beta}{\alpha \beta}$ 和 $\varphi = 0$。所以，在低频极限时，$|\widetilde{E}(\omega)|$ 几乎是常数，因此可以认为其与频率无关。可以认为这个频率范围是从直流到 1MHz，这从图 2.2 中可以清楚地看出。由图 2.3 可知该频率范围内对应的相位变化为 $0° \sim 50°$。

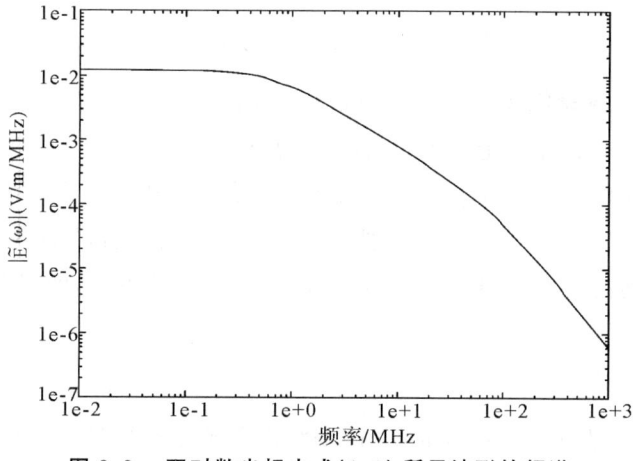

图 2.2 双对数坐标中式(2.1)所示波形的频谱

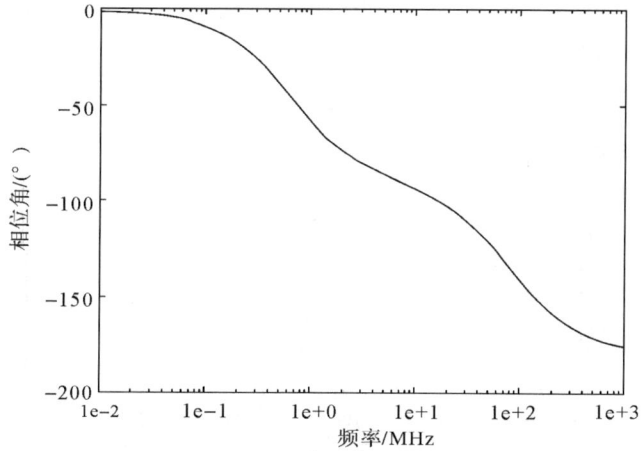

图 2.3 单对数坐标中($x$ 轴为对数刻度)相位角和频率的关系

（2）中频：中频范围可定义为 $\alpha \gg \omega \gg \beta$，其幅度和相位公式分别为 $|\widetilde{E}(\omega)| = E_0/\omega$ 和 $\varphi = -\arctan(\omega/\alpha)$。低频和中频之间的转换发生在 $\omega = \beta$ 时，这可以从图 2.2 中看出，随着频率的增加，一开始处于线性段的 $|\widetilde{E}(\omega)|$ 幅值突然下降。这个拐点大概在 $1.2\mathrm{MHz}(\beta/2\pi)$ 附近，相应的相位角为 $90°$。在 $100\mathrm{MHz}$ 附近还有另一个拐点，表示由中频向高频转换，将在下面讨论。

（3）高频：在高频范围 $\omega \gg \alpha \gg \beta$ 内，幅度和相位可分别写为 $|\widetilde{E}(\omega)| = E_0\alpha/\omega^2$ 和 $\varphi = -\pi$。在此高频范围内，幅度与 $\omega^2$ 成反比。与中频特性相比，$|\widetilde{E}(\omega)|$ 下降更快。高频区域的拐点在 $100\mathrm{MHz}$ 附近，该频率非常接近上升时间常数 $\alpha/2\pi$ 的倒数。这表明电磁脉冲的高频成分可以通过控制脉冲的上升时间来调整。

### 2.2.2 两个指数之和的倒数

由两个指数之和的倒数所表示的 EMP 时域波形如下所示：

$$E(t) = \frac{E_0}{[e^{-\alpha(t-\tau)} + e^{\beta(t-\tau)}]} \quad (2.7)$$

其中,$\tau$是参考时间或时间偏移,其他符号和前述定义一致。需要特别注意的是因为$\alpha \gg \beta$,所以$\alpha$决定了脉冲的上升时间,$\beta$决定了脉冲的衰减时间。式(2.7)表示的脉冲波形修正了前面式(2.1)中所示波形固有的不连续性,式(2.7)所表示的上升时间与核效应过程中电磁辐射上升时间的特性保持一致。图2.4所示的曲线描述了式(2.7)所示波形随着时间的变化规律。显然,波形在随时间变化的早期呈指数上升,并且平滑发展,因此避免了不连续。

1. 时域特性

在这里,通过上升时间、衰减时间和幅度来了解波形的时域特性。

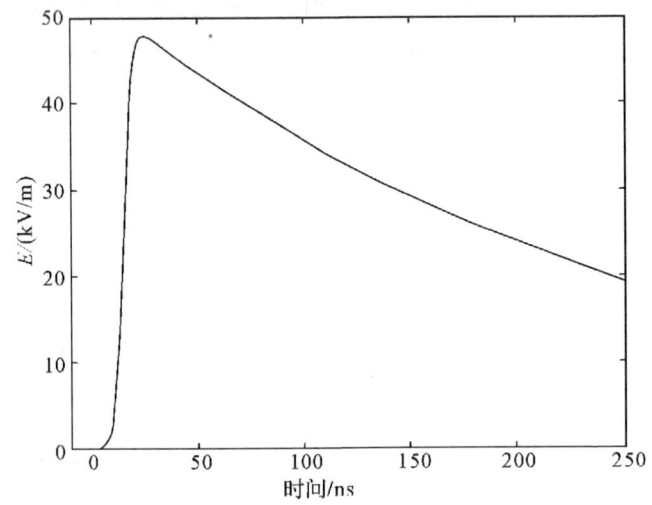

图2.4 式(2.7)所示时域波形($E_0 = 50\text{kV/m}, \alpha = 5.0 \times 10^8 \text{rad/s}$,
$\beta = 4.0 \times 10^6 \text{rad/s}, \tau = 15\text{ns}$)

(1) 上升时间:为了确定波形的前期特性,假设$\alpha \gg \beta$及$\beta \to 0$,式(2.7)转变为

$$E(t) = \frac{E_0}{e^{-\alpha(t-\tau)} + 1} \quad (2.8)$$

指数函数中e折时间的特征上升时间为$t_r = 1/\alpha$,10%~90%上升时间由$t_{r(10-90)} \simeq 4.4/\alpha$给出。$t = \tau$时,$E(t) = E_0/2$对应着半峰值,$t = \tau$时最大上升时间$t_{mr}$由下式给出

$$t_{mr} = \frac{E_0}{\frac{d}{dt}E(t)} = \frac{4}{\alpha} \quad (2.9)$$

(2) 峰值:在其时间导数变为零时式(2.7)所示EMP波形达到峰值。峰值出现的时间$t_{max}$可以令式(2.7)的时间导数为零来获得,即

$$t_{max} - \tau = \frac{1}{\alpha + \beta}\ln\left(\frac{\alpha}{\beta}\right) \quad (2.10)$$

将 $t_{max}-\tau$ 的值代入式(2.7)，得到特征峰值 $E_{pk}$。

$$E_{pk} = \frac{E_0}{[e^{-\alpha(t_{max}-\tau)} + e^{\beta(t_{max}-\tau)}]} \tag{2.11}$$

在关心的参数 $E_0 = 50\text{kV/m}, \alpha = 5.0 \times 10^8 \text{rad/s}$ 和 $\beta = 4.0 \times 10^6 \text{rad/s}$ 条件下，特征峰值 $E_{pk} = 47.738 \text{kV/m}$，略小于 $E_0$（见图2.4）。

（3）脉冲持续时间：脉冲持续时间 $\tau_{pd}$ 用以评估一个电磁脉冲的维持时间，它可以由式(2.7)所示波形函数的完整时间积分来确定，假设 $\alpha \gg \beta \geqslant 0$，有

$$\tau_{pd} = \frac{1}{E_0}\int_{-\infty}^{\infty} E(t)dt = \frac{\pi}{\alpha+\beta}\left[\sin\left(\frac{\pi\beta}{\alpha+\beta}\right)\right]^{-1} \tag{2.12}$$

因此，$\alpha = 5.0 \times 10^8 \text{rad/s}$ 和 $\beta = 4.0 \times 10^6 \text{rad/s}$ 的情况，$\tau_{pd} \simeq 250\text{ns}$。

**2. 频域特性**

基于拉普拉斯变换，式(2.7)所示的电磁脉冲波形的频谱可由下式获得

$$\widetilde{E}(\omega) = \frac{E_0\pi}{\alpha+\beta}\csc\left(\pi\frac{j\omega+\beta}{\alpha+\beta}\right)e^{-j\omega\tau} \tag{2.13}$$

频谱的幅度和相位可通过以下公式获得：

$$|\widetilde{E}(\omega)| = \frac{E_0\pi}{\alpha+\beta}\left[\sinh^2\left(\frac{\pi\omega}{\alpha+\beta}\right)+\sin^2\left(\frac{\pi\beta}{\alpha+\beta}\right)\right]^{-1/2} \tag{2.14}$$

$$\varphi = \arg[\widetilde{E}(\omega)] = -\omega\tau - \arctan\left[\tanh\left(\frac{\pi\omega}{\alpha+\beta}\right)\cot\left(\frac{\pi\beta}{\alpha+\beta}\right)\right] \tag{2.15}$$

（1）低频：在低频极限 $\omega \to 0$ 时，式(2.13)变为

$$\widetilde{E}(\omega) = \frac{E_0\pi}{\alpha+\beta}\csc\left(\frac{\pi\beta}{\alpha+\beta}\right) \tag{2.16}$$

（2）中频：在这个频率范围内，$\alpha \gg \omega \gg \beta$，因此可以将式(2.13)简化为

$$\widetilde{E}(\omega) = E_0\frac{e^{-j\omega\tau}}{j\omega} \tag{2.17}$$

幅值 $|\widetilde{E}(\omega)| = E_0/\omega$ 的大小随频率线性下降。低频和中频之间的转换发生在 $\omega_{tr} = \beta$ 处，转换频率（$\omega_{tr}$）是衰减时间常数 $\beta$ 的倒数。

（3）高频：为了分析电磁脉冲的高频响应，可以把式(2.13)表示为

$$\widetilde{E}(\omega) = E_0 e^{-j\omega\tau}\frac{2\pi j}{\alpha+\beta}\left[e^{j\pi\frac{j\omega+\beta}{\alpha+\beta}} - e^{-j\pi\frac{j\omega+\beta}{\alpha+\beta}}\right]^{-1} \tag{2.18}$$

高频趋向于极限 $\omega \to \infty$ 时，可以写作

$$|\widetilde{E}(\omega)| = E_0\frac{2\pi}{\alpha+\beta}e^{-\frac{\pi\omega}{\alpha+\beta}} \tag{2.19}$$

值得注意的是，电磁脉冲波形的频谱随频率呈指数下降，这与式(2.7)所示电磁脉冲波形上升初期的平滑上升特性相关。相比之下，式(2.1)所示的EMP波形的高频频谱按 $1/\omega^2$ 下降，因此在其早期的上升时间段，通过形成更高的频率成分而呈现不连续性。中频和高频之间的过渡发生在转折频率 $\omega_H \propto \alpha$ 处，其中比例常数随转折频率的

定义而变化。这里需要特别注意的是,高频的转折频率由上升时间常数决定。

图2.5给出了式(2.1)和式(2.7)所示两个波形的频率响应对比分析,图中两条曲线分别代表指数函数之差乘以单位阶跃函数(DEXP)和两个指数函数之和的倒数(QDEXP)。很明显,当进入高频时,"QDEXP"波形平滑下降,与"DEXP"形成对比,这反过来表示了时域波形早期上升的平滑特性(见图2.6中的时域波形比较)。

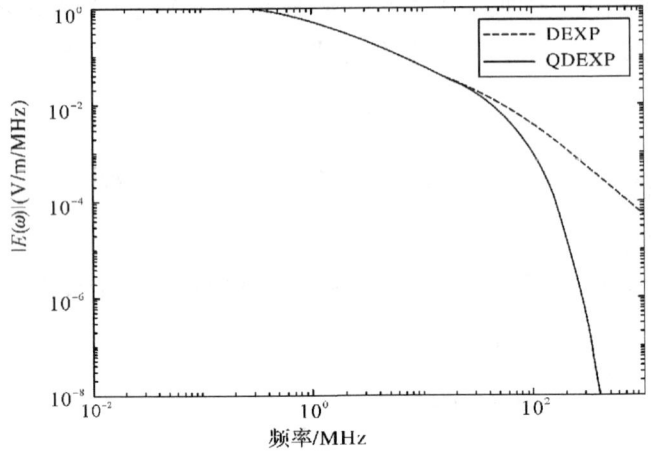

图2.5　两种表示方式波形的频谱在双对数坐标下的比较

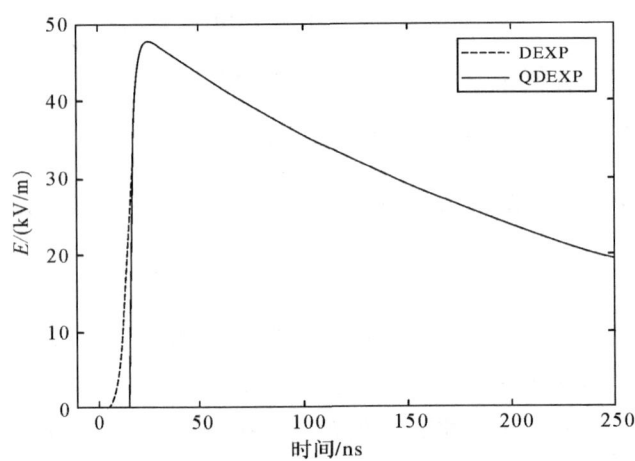

图2.6　两种表示方式时域波形的比较

## 2.3　本章小结

在这一章中,了解了时域和频域在电磁脉冲分析中的必要性。时域分析揭示了电磁脉冲的瞬态特性,即上升时间、下降时间和峰值。频域分析有助于理解电磁脉冲是如何与不同系统耦合的。

# 第 3 章　时域有限差分法模拟

## 3.1 引　　言

第 3 章将对本书中采用的时域有限差分(FDTD)方法作概述介绍,更详细的讨论见文献[32]和[33]。FDTD 方法是一种通用的、稳定的数值模拟技术,它在电气工程技术领域中得到了广泛的应用,覆盖了国防应用和通信系统等。由于所研究对象的复杂性,所有这些问题均需要采用麦克斯韦方程约束下的电磁场数值求解方法。FDTD 方法是基于 Yee[34]提出的一种直接求解空间网格上麦克斯韦微分(旋度)方程的时域方法。过去的十年中,计算机硬件(磁盘空间、RAM 和 CPU)技术的迅速发展,使得能够应用 FDTD 方法来解决问题的数量激增[33]。

FDTD 方法具有多种优势:①具有处理复杂、复合材料几何形状的能力;②对超宽带(如脉冲)问题的直观处理;③材料中非线性问题的处理能力;④显式计算方案,使得计算机编程相对简单。显式方案也使并行处理变得更容易,这是处理大的计算空间时要考虑的一个重要问题。需要特别注意的是,显式方案限制了时间步长,这意味着这种方案不能有效地处理长时间尺度问题,然而,采用更大时间步长的方案是可行的,但是对其特性的讨论则超出了本书的范围。

## 3.2　EMP 模拟器的 FDTD 分析需求

建设电磁脉冲(EMP)模拟器的高成本意味着必须先进行数值优化设计。此外,有时需要使用现有的横电磁(TEM)结构与不同的脉冲功率驱动源搭配,例如,搭配更短上升时间的驱动源。在这种情况下,为了评估整个模拟器的性能,需要进行数值模拟。

由于源脉冲是一个宽带信号,且模拟器和试验对象具有复杂的几何结构,所以模拟器的特性很难简单描述。同时,因为试验对象中包含有电介质和导体等不同的材料,使这种情况变得更加复杂。TEM 结构、电容、开关和试验对象组合成一个复杂的三维对象。TEM 结构的输入阻抗 $Z(\omega)$ 是频率的函数,电场 $E(\omega)$ 依赖于输入电流波形 $I(t)$,而电流波形 $I(t)$ 又与输入阻抗 $Z(\omega)$ 相关。因此,TEM 结构内的电场分布和输入电流 $I(t)$ 必须是自洽的,仿真计算时需要进行自洽的三维分析。

这种分析的一个重要输出参数是试验对象附近的 $E(r,t)$、$B(r,t)$,同时,试验对象本身是很复杂的:材料组成多样,内部有洞、小孔,等等。因此,在试验区域中放置的试验对象将会改变它所面临的场环境。电磁波在试验对象及模拟器结构上的散射都会对电磁场产生进一步的影响。这表明模拟器结构的细节,如发射角、极板宽度、大地电导率等都将影响电磁场的分布[8]。

文献中介绍了几种用于电磁脉冲模拟器分析的时域和频域模型,这些分析是基于几个简单的假设。例如,模拟器的极板用金属网和网格近似;导线上的感应电流用时空域技术(space-time-domain)[12]或矩量法(MOM)[13]在时域或频域内求解;利用时空域技术研究了模拟器中的瞬态电磁场分布[12];MOM 已被用于分析 EMP 频谱的一个高频波段[13]。由于以下两个原因,这些方法不适用于带有试验对象的模拟器的详细分析:① 这些方法往往忽略了趋肤效应,这在处理模拟器极板时是可以接受的,但是当试验对象是金属导体时就不再适用,特别是低频部分的电磁脉冲;② MOM 不适合处理含有小孔和内腔的物体。

FDTD 方法是分析包含有复杂几何结构和复合材料的三维问题的有效工具[32]。因此,它非常适合于 EMP 模拟器的分析,本书中也将使用这种方法。

在某些 EMP 模拟器的研究中,激励采用已知的形式,例如双指数脉冲;也有研究人员开展了由特定激励脉冲驱动喇叭天线的三维 FDTD 研究[18-19],通常采用理想化的波形,例如高斯波形[18-19],或者是实验测量的波形[19]。据作者所知,这些研究中尚未开展脉冲发生器(例如电容器组)电压与模拟器结构中电磁场的自洽过程研究。

自洽过程分析可以采用以下两种方式:第一种方法是通过三维 FDTD 方程[32]对模拟器结构进行建模,将电容器和开关视为集总元件,其演化过程由常微分方程表示,这两组方程将通过匹配的电压和电流在 TEM 结构馈源处耦合,并在每个 FDTD 时间步进行迭代计算,这种方法需要牺牲大量的计算时间;第二种方法是沿着模拟器结构在 FDTD 网格中设置电容器和开关,这需要对电容器和开关的几何形状进行理想化近似,然而,这种几何结构假设是合理的,这种方法具有考虑电容器和开关内部分布参数效应的优点,因此,对于短时间尺度现象是很有意义的。开关和电容器的加入略微增加了 FDTD 计算空间的大小,从而增加了每个时间步的计算量,但是,相比第一种方法中固有的迭代计算量,仍然是较少的。因此,本书选择了第二种办法。

## 3.3 麦克斯韦方程与 Yee 算法

通过麦克斯韦方程的自洽求解，可以得到 EMP 模拟器中的电磁场 $E$、$B$ 分布：

$$\nabla \times \boldsymbol{E} = -\frac{\partial \boldsymbol{B}}{\partial t} \tag{3.1}$$

$$\nabla \times \boldsymbol{H} = \boldsymbol{J} + \frac{\partial \boldsymbol{D}}{\partial t} \tag{3.2}$$

$$\nabla \cdot \boldsymbol{B} = 0 \tag{3.3}$$

$$\nabla \cdot \boldsymbol{D} = \rho \tag{3.4}$$

$$\boldsymbol{D} = \varepsilon \boldsymbol{E} \tag{3.5}$$

$$\boldsymbol{B} = \mu \boldsymbol{H} \tag{3.6}$$

其中，$E$、$D$、$H$、$B$、$J$、$\rho$、$\varepsilon$ 和 $\mu$ 分别表示电场强度、电通量密度、磁场强度、磁通量密度、传导电流密度、电荷密度、介质的介电常数和磁导系数。麦克斯韦旋度方程(3.1)和(3.2)可用 FDTD 公式的形式表示

$$\frac{\partial \boldsymbol{H}}{\partial t} = -\frac{1}{\mu}(\nabla \times \boldsymbol{E}) - \frac{\sigma_\mathrm{M}}{\mu}\boldsymbol{H} \tag{3.7}$$

$$\frac{\partial \boldsymbol{E}}{\partial t} = \frac{1}{\varepsilon}(\nabla \times \boldsymbol{H}) - \frac{\sigma_\mathrm{E}}{\varepsilon}\boldsymbol{E} \tag{3.8}$$

$\boldsymbol{J} = \sigma_\mathrm{E}\boldsymbol{E}$ 中包含了由 $\sigma_\mathrm{E}$ 产生的电损耗，而磁性材料中需要包含由 $\sigma_\mathrm{M}$ 产生的磁损耗。直角坐标系中，方程 3.7 和 3.8 可以用如下的耦合偏微分方程表示：

$$\frac{\partial H_x}{\partial t} = -\frac{1}{\mu}\left(\frac{\partial E_z}{\partial y} - \frac{\partial E_y}{\partial z}\right) - \frac{\sigma_\mathrm{M}}{\mu}H_x \tag{3.9}$$

$$\frac{\partial H_y}{\partial t} = -\frac{1}{\mu}\left(\frac{\partial E_x}{\partial z} - \frac{\partial E_z}{\partial x}\right) - \frac{\sigma_\mathrm{M}}{\mu}H_y \tag{3.10}$$

$$\frac{\partial H_z}{\partial t} = -\frac{1}{\mu}\left(\frac{\partial E_y}{\partial x} - \frac{\partial E_x}{\partial y}\right) - \frac{\sigma_\mathrm{M}}{\mu}H_z \tag{3.11}$$

$$\frac{\partial E_x}{\partial t} = \frac{1}{\varepsilon}\left(\frac{\partial H_z}{\partial y} - \frac{\partial H_y}{\partial z}\right) - \frac{\sigma_\mathrm{E}}{\varepsilon}E_x \tag{3.12}$$

$$\frac{\partial E_y}{\partial t} = \frac{1}{\varepsilon}\left(\frac{\partial H_x}{\partial z} - \frac{\partial H_z}{\partial x}\right) - \frac{\sigma_\mathrm{E}}{\varepsilon}E_y \tag{3.13}$$

$$\frac{\partial E_z}{\partial t} = \frac{1}{\varepsilon}\left(\frac{\partial H_y}{\partial x} - \frac{\partial H_x}{\partial y}\right) - \frac{\sigma_\mathrm{E}}{\varepsilon}E_z \tag{3.14}$$

1966 年，Yee[34] 基于时间相关的旋度方程(3.1)和(3.2)，采用二阶精度的中心差分方法对无损材料建立了一组有限差分方程[33]，该算法在完全显式的时间步进过

程中更新了电场和磁场。Yee 算法将 $E$ 和 $H$ 分量集中在三维空间中，每个 $E$ 分量被 4 个 $H$ 分量环绕包围，$H$ 分量也是同样的情况，如图 3.1 所示。

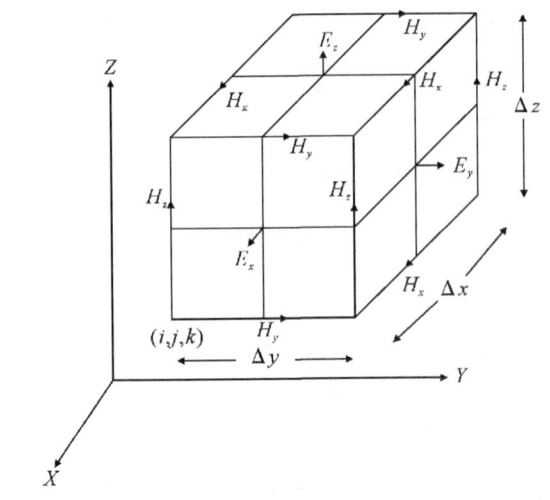

图 3.1　立方体 Yee 元胞中电磁场矢量分量的空间位置[31]

## 3.4　FDTD 方法实现

为了建立一个电磁问题的模型，定义了一个空间域，它由 $x$、$y$ 和 $z$ 方向上的离散单元组成，单元数分别为 $n_x$、$n_y$ 和 $n_z$，单元大小分别为 $\Delta x$、$\Delta y$ 和 $\Delta z$。在直角坐标系中，电场分量 $E_x$、$E_y$、$E_z$ 分别在 $(i+1/2, j, k)$、$(i, j+1/2, k)$、$(i, j, k+1/2)$ 位置处计算，点 $(i, j, k)$ 的空间位置为 $x = i\Delta x$、$y = j\Delta y$ 和 $z = k\Delta z$；同样地，磁场分量 $H_x$、$H_y$、$H_z$ 分别在 $(i, j+1/2, k+1/2)$、$(i+1/2, j, k+1/2)$、$(i+1/2, j+1/2, k)$ 位置处计算。另外，电场和磁场的分量彼此相差半个时间步，这意味着，上面的场分量在某一空间位置计算，并在整数时间点"$n$"采样，可以分别表示为：$E_{x,i+1/2,j,k}^n$、$E_{y,i,j+1/2,k}^n$、$E_{z,i,j,k+1/2}^n$、$H_{x,i,j+1/2,k+1/2}^{n+1/2}$、$H_{y,i+1/2,j,k+1/2}^{n+1/2}$、$H_{z,i+1/2,j+1/2,k}^{n+1/2}$。式 (3.9) ~ (3.14) 表示的麦克斯韦旋度方程的偏微分方程可用 FDTD 显式格式[32,33]来实现：

$$E_x^{n+1}(i+1/2,j,k) = \left(\frac{2\varepsilon - \sigma_E \Delta t}{2\varepsilon + \sigma_E \Delta t}\right) E_x^n(i+1/2,j,k) + \frac{2\Delta t}{2\varepsilon + \sigma_E \Delta t}$$

$$\left[\frac{H_z^{n+1/2}(i+1/2,j+1/2,k) - H_z^{n+1/2}(i+1/2,j-1/2,k)}{\Delta y} - \right.$$

$$\left.\frac{H_y^{n+1/2}(i+1/2,j,k+1/2) - H_y^{n+1/2}(i+1/2,j,k-1/2)}{\Delta z}\right]$$

(3.15)

$$E_y^{n+1}(i,j+1/2,k) = \left(\frac{2\varepsilon - \sigma_E \Delta t}{2\varepsilon + \sigma_E \Delta t}\right) E_y^n(i,j+1/2,k) + \frac{2\Delta t}{2\varepsilon + \sigma_E \Delta t}$$

$$\left[\frac{H_x^{n+1/2}(i,j+1/2,k+1/2) - H_x^{n+1/2}(i,j+1/2,k-1/2)}{\Delta z} - \right.$$

$$\left.\frac{H_z^{n+1/2}(i+1/2,j+1/2,k) - H_z^{n+1/2}(i-1/2,j+1/2,k)}{\Delta x}\right] \tag{3.16}$$

$$E_z^{n+1}(i,j,k+1/2) = \left(\frac{2\varepsilon - \sigma_E \Delta t}{2\varepsilon + \sigma_E \Delta t}\right) E_z^n(i,j,k+1/2) + \frac{2\Delta t}{2\varepsilon + \sigma_E \Delta t}$$

$$\left[\frac{H_y^{n+1/2}(i+1/2,j,k+1/2) - H_y^{n+1/2}(i-1/2,j,k+1/2)}{\Delta x} - \right.$$

$$\left.\frac{H_x^{n+1/2}(i,j+1/2,k+1/2) - H_x^{n+1/2}(i,j-1/2,k+1/2)}{\Delta y}\right] \tag{3.17}$$

$$H_x^{n+1/2}(i,j+1/2,k+1/2) = \left(\frac{2\mu - \sigma_M \Delta t}{2\mu + \sigma_M \Delta t}\right) H_x^{n-1/2}(i,j+1/2,k+1/2) +$$

$$\frac{2\Delta t}{2\mu + \sigma_M \Delta t}\left[\frac{E_y^n(i,j+1/2,k+1) - E_y^n(i,j+1/2,k)}{\Delta z} - \right.$$

$$\left.\frac{E_z^n(i,j+1,k+1/2) - E_z^n(i,j,k+1/2)}{\Delta y}\right] \tag{3.18}$$

$$H_y^{n+1/2}(i+1/2,j,k+1/2) = \left(\frac{2\mu - \sigma_M \Delta t}{2\mu + \sigma_M \Delta t}\right) H_y^{n-1/2}(i+1/2,j,k+1/2) + \frac{2\Delta t}{2\mu + \sigma_M \Delta t}$$

$$\left[\frac{E_z^n(i+1,j,k+1/2) - E_z^n(i,j,k+1/2)}{\Delta x} - \right.$$

$$\left.\frac{E_x^n(i+1/2,j,k+1) - E_x^n(i+1/2,j,k)}{\Delta z}\right] \tag{3.19}$$

$$H_z^{n+1/2}(i+1/2,j+1/2,k) = \left(\frac{2\mu - \sigma_M \Delta t}{2\mu + \sigma_M \Delta t}\right) H_z^{n-1/2}(i+1/2,j+1/2,k) + \frac{2\Delta t}{2\mu + \sigma_M \Delta t}$$

$$\left[\frac{E_x^n(i+1/2,j+1,k) - E_x^n(i+1/2,j,k)}{\Delta y} - \right.$$

$$\left.\frac{E_y^n(i+1,j+1/2,k) - E_y^n(i+1/2,j,k)}{\Delta x}\right] \tag{3.20}$$

下面介绍直角坐标系中基本的 Yee 算法。首先,根据 $n-1/2$ 时刻的电场初值、$n$ 时刻环绕它的 4 个磁场分量的值计算得到 $n+1/2$ 时刻电场分量 $E_x$、$E_y$ 和 $E_z$。当计算区域中的所有电场分量都被更新后,开始计算磁场 $H_x$、$H_y$、$H_z$。计算 $n+1$ 时刻磁场时,根据 $n$ 时刻的磁场值、$n+1/2$ 时刻环绕它的 4 个电场分量的值计算得到。重复前面更新电场和磁场的过程,图 3.2 给出了简化的基于 Yee 算法的 FDTD 编程流程图。

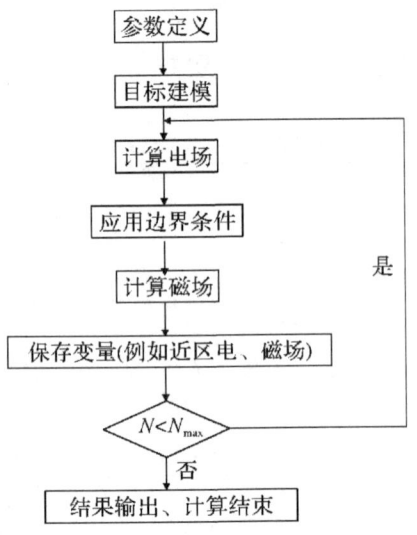

**图** 3.2　FDTD 编程流程图[32]

沿着计算对象的边界和计算区域的边界设置适当的边界条件。计算对象边界上的边界条件是由被建模对象的材料指定的;同样,计算区域的边界由吸收边界条件(absorbing boundary condition,ABC)截断,该边界条件的目的是吸收来自研究对象的前向波。不同的研究人员使用了各种边界条件[35],例如,Shlager 等[18]使用二阶 Liao 辐射边界条件来模拟 TEM 喇叭的瞬态响应。二阶外层辐射边界条件(ORBC)假设物体辐射的电磁场以平面波的形式向边界传播[32]。不管何种情况,任意入射角度、极化方向和频率的平面波都可以用完全匹配层(perfectly matched layer,PML)边界条件[36]来吸收。

## 3.5　数值稳定问题

给定网格尺寸后,决定显式格式数值稳定性的时间步长 $\Delta t$ 由 Courant 稳定性条件确定:

$$c\Delta t \leqslant 1 \Big/ \sqrt{\frac{1}{\Delta x^2} + \frac{1}{\Delta y^2} + \frac{1}{\Delta z^2}} \tag{3.21}$$

$c$ 是介质中的电磁波传播速度。物理上,这意味着在一个时间步中,任何一点的平面波都不应该超过一个 FDTD 计算网格。

为了用 FDTD 方法得到准确的结果,与激励脉冲中最高有效频率对应的波长相比,选择一个较小的网格尺寸很重要。尺寸足够小的网格将使数值色散误差、建模误差和"阶梯"误差最小化。

FDTD 方法中的数值色散误差是由于数值离散的波不能精确地计算空间中波的传播速度,从而导致脉冲不同频率分量相移而产生的。通常,允许每个波长取 20 个网格,此时产生的误差在可以被接受的足够低的水平[32],其中,波长与关心的最高频率对应。

建模误差是由于不能精确地采样复杂区域中的场而产生的,与几何结构有关,例如 TEM 的馈电单元。在高梯度场区域中使用精细化的网格可以最大程度地减小这种类型的误差。

"阶梯"误差是因为不能精确地在直角坐标网格上对曲面进行建模而产生的。通过使用精细化的网格也可以减小此类误差。最后,使用适当的边界条件可以减少计算区域边界出现的伪"数值"反射。

## 3.6 本章小结

在本章中,学习了采用三维 FDTD 方法开展 EMP 模拟器自洽过程分析的必要性。FDTD 方法为在网格空间中建立复杂的三维结构(电容器组、开关、TEM 结构、试验对象等)提供了便利,此外,它能够在一次求解中提供丰富的电磁场信息,这是最理想的适合瞬态电磁脉冲分析的方法。本章还讨论了利用 FDTD 方法进行电磁脉冲模拟的必要步骤,以期对设计 EMP 模拟器的研究人员有所帮助。

# 第 4 章　自由空间和介质中的电磁脉冲

## 4.1　引　　言

本章将基于时域有限差分(FDTD)计算方法,对电磁脉冲(EMP)在自由空间和介质中的传播特性进行研究,后面将使用解析表达式来进一步加强对特性的理解。

## 4.2　输入波形

作为脉冲激励的输入波形可以任意选择,为了使后面的阐述简单明了,本章使用了一个常见的高斯波形。用于表示电场 $E(t)$ 的时变高斯波形可以表示如下:

$$E(t) = A e^{-\alpha(t-\tau)^2} \tag{4.1}$$

其中 $t$ 是时间变量($0 \leqslant t \leqslant 2\tau$)。对于数值计算,高斯脉冲在 $t=0$ 和 $t=2\tau$ 处被截断,设置参数 $\alpha = (4/\tau)^2$,则信号的幅值在截断处下降到 $e^{-16}$。这避免了由于高斯波形突然截断而产生的高频信号所导致的错误计算结果。因此,满足这些条件后,可以合理地选择截断(最高)频率 $f_{\max} = 5/\tau$。举例说明,假设最高频率 $f_{\max} = 1\text{GHz}$,可以得到 $E(t)$,如图 4.1 所示。函数 $E(t)$ 可以为 $x$、$y$ 或 $z$ 方向的电场激励,在这些情况下可以分别用 $E_x$、$E_y$ 和 $E_z$ 表示。

从图 4.1 可知,$E(t)$ 在 $t=5\text{ns}$ 处达到峰值,对应着 $t=\tau$ 的时刻。脉冲的上升时间可以通过计算 $10\% \sim 90\%$ 峰值($A=1$)之间的时间来求取,在图 4.1 中有两个文本框,一个表示底部的 $10\%$ 峰值点,另一个表示顶部的 $90\%$ 峰值点,计算可知上升时间 $t_r = 4.6 - 3.1 = 1.5\text{ns}$。时域高斯波形的频谱可以通过快速傅里叶变换(FFT)获得,结果如图 4.2 所示。

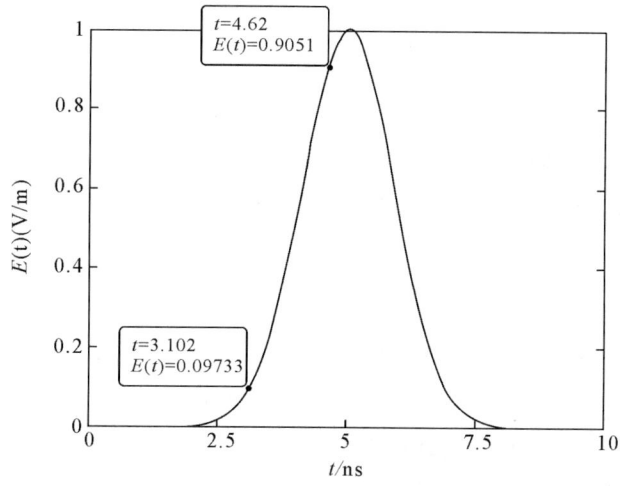

图 4.1　最高频率为 1GHz 时的高斯波形

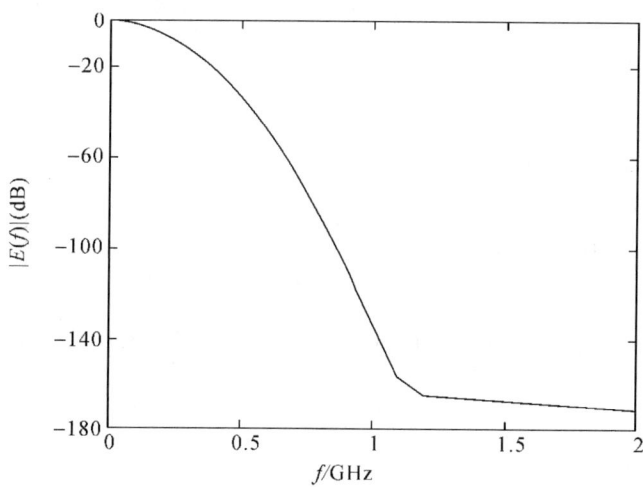

图 4.2　图 4.1 中所示波形的傅里叶变换

### 4.2.1　用于图形可视化的 MATLAB 脚本:清单♯1

用于绘制图 4.1 和图 4.2 所示图形的 MATLAB[37] 脚本如下所示。

％Purpose:Generate a Gaussian Pulse
clear all；
delt＝3.3e-11；％time stepsize（s）
fmax＝1E+9；％Maximum frequency（Hz）
tau＝ 5.0/fmax；
beta＝round(tau/delt)；
betadt＝beta * delt；

```
alpha=(4/betadt)^2;
t=[0:delt:2*betadt];
Len=length(t);
A=1.0;% amplitude (V/m)
Efld=A*exp(-alpha*(t-betadt).^2);
close all;
figure(1)
plot(t./1.e-9,Efld,'k','LineWidth',2)
axis([0 10 0 1])
set(gca,'FontSize',12,'FontWeight','bold','Xtick',...
[0,2.5,5,7.5,10])
xlabel('t (ns)')
ylabel('E(t) [V/m]')
% grid
%
Fs=[0:(Len-1)]./delt./Len;
EfldFFT=abs(fft(Efld)./Len);
figure(2)
plot(Fs(1:beta)./1e9,20.*log10(EfldFFT(1:beta)./max(EfldFFT(1:beta))),...
'k','LineWidth',2)
axis([0 2 -180 0])
set(gca,'FontSize',12,'FontWeight','bold','Xtick',[0,0.5,1,1.5,2.0],...
'Ytick',[-180,-140,-100,-60,-20,0])
xlabel('f(GHz)')
ylabel('|E(f)| [dB]')
% grid
```

### 4.2.2 MATLAB/OCTAVE 代码的运行

要运行 MATLAB 脚本，先导入脚本文件：＞Open＞FileName.m，然后在 MATLAB 命令提示符"＞＞"后键入"FileName"即可运行。此外，可以通过单击编辑器顶部的"Run"选项卡，使用图形用户界面(GUI)来执行脚本。图 4.3 是一个可视化的 MATLAB 桌面环境。

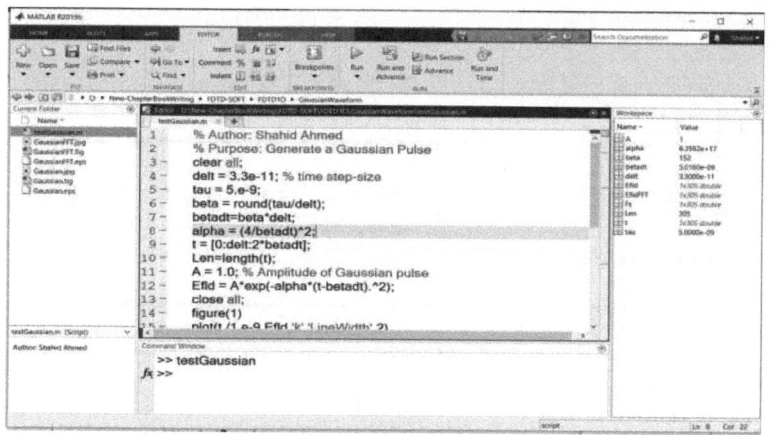

图 4.3　MATLAB[37]桌面的 GUI 环境(来源:Mathworks 公司[37])

值得注意的是,用 MATLAB 编写的脚本与 OCTAVE[38]兼容,OCTAVE 是一个免费的 MATLAB 克隆软件。带有 GUI 的 OCTAVE 桌面环境,如图 4.4 所示。可以通过单击位于"Editor"顶部的"Run"选项卡来执行仿真。底部的带状按钮具有不同的功能,如"Command Line"可以用于观察执行结果和错误,"Editor"可以用于编写脚本。

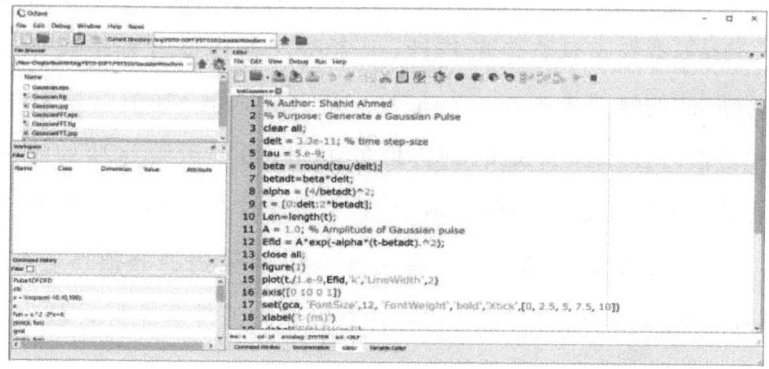

图 4.4　OCTAVE[38]桌面的 GUI 环境(见参考文献[38])

## 4.3　一维方法

本节将讨论和分析电磁脉冲在不同介质中的传播规律以及相应计算机代码的开发。

### 4.3.1　自由空间

电磁脉冲在自由空间(介质特性的空间分布见图 4.5)中的传播通过求解第 3 章中描述的麦克斯韦旋度方程式(3.1)和式(3.2)来进行仿真。仿真时选择了一个具有 500 个均匀网格单元的一维空间网格,单元格的尺寸 $\Delta x = 10\text{mm}$。时间步长 $\Delta t =$

33.3ps，该步长由式(3.21)表示的Courant稳定性准则确定。

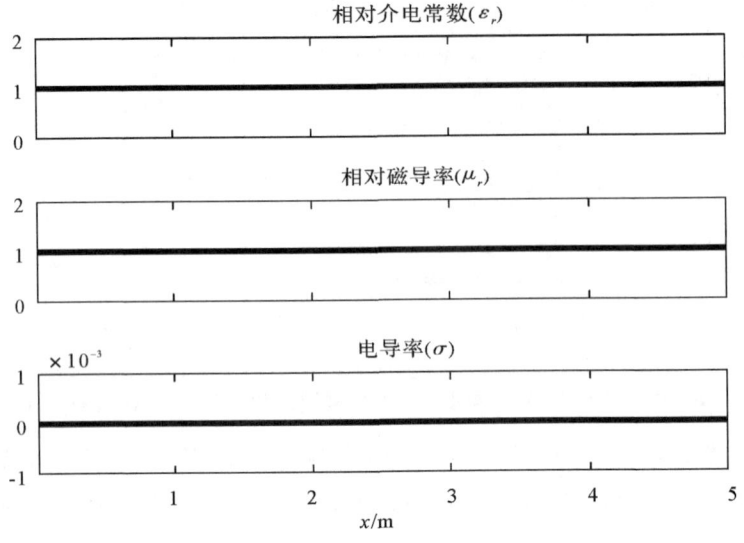

图4.5 自由空间介质特性的空间分布

图4.6给出了电磁脉冲在自由空间中的传播过程，监测时间分别为$t=250\Delta t$、$400\Delta t$、$500\Delta t$。由于空气不具有色散特性，电磁脉冲在传播过程中保持其初始波形。在图4.1中，源脉冲的峰值出现在$t=5$ns处，大约对应于$150\Delta t$。这意味着在图4.6所示电磁脉冲传播过程中，$400\Delta t$时刻提取的波形，相对于源脉冲的峰值时刻，需要经过$250\Delta t$的时间演变。这在空间上相当于8.325ns乘以自由空间中的光速($c_0=3.0\times10^8$m/s)，约为2.5m，这确实也是在图4.6中观察到的峰值所在空间位置。同样地，可以解释在$t=250\Delta t$、$500\Delta t$两个时刻点提取的另外两个脉冲波形。

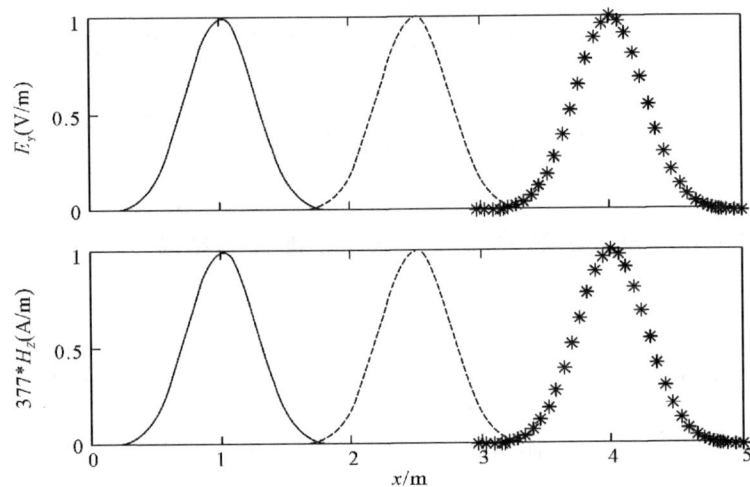

图4.6 $t=250\Delta t$、$400\Delta t$、$500\Delta t$时刻截取的自由空间中沿$x$方向传播的电磁脉冲波形均为横向电磁波，包括$y$方向的电场分量和$z$方向的磁场分量

## MATLAB代码清单♯1：电磁波在自由空间的传播

用于仿真电磁波在自由空间中传播的MATLAB代码如下所示。

```matlab
%%%%%%%%%%%%%%%%%%%%%%%%%%%%%%%%%%%%%%%%
% Code type:One-dimension
% Purpose:Simulation of EM wave propagation in free-space
% using Finite-Difference Time-Domain(FDTD) method.
%Assume Ey and Hz field components along
% x-direction.
% Units:SI units used.
% Distance -- Meter (m)
% Time -- Second (s)
% Frequency -- Hertz (Hz)
%
%%%%%%%%%%%%%%%%%%%%%%%%%%%%%%%%%%%%%%%%
clear all;
% Define basic parameters
L=5.0;% Domain length (m), please change as you wish
N=500;% Number of spatial grids along "L"
NTsteps=550; % Number of time steps, please change as you wish
fsrc=1.0E+9; % Source frequency (Hz)
delx=L/N; % spatial step-size along x-direction (m)
clight0=3.0E+8;% Speed of light in free-space (m/s)
delt=delx/clight0; % Time step-size (s) according to Courant Cond.
eps0=8.854E-12;% Permittivity of free space (Farad/m)
mu0=4*pi*1.0E-7;% Permeability of free space (H/m)
x =linspace(0,L,N); % X-coordinate of spatial samples
% End of defining basic parameters
%
% Initialization block
ae=ones(N,1)*delt/(delx*eps0); % Scale factor for E-field
am=ones(N,1)*delt/(delx*mu0); % Scale factor for H-field
as=ones(N,1);
```

```
epsr=ones(N,1);
mur=ones(N,1);
sigma=zeros(N,1);
Hz=zeros(N,1);
Ey=zeros(N,1);
% End of initialization block
%
% Define Gaussian pulse of E-field excitation
A=1.0;% Amplitude (V/m)
tau=5/fsrc;
alpha=(4.0/tau)^2;
%%%%%%%%%%%%%%%%%%%%%%%%%%%%%%%%%%%%%%
% Here we specify the material properties at FDTD grids
% Relative permittivity --epsr(i)
% Relative permeability --mur(i)
% Conductivity --sigma(i)
%
for i=1:N
epsr(i)=1; % Relative permittivity
mur(i)=1; % Relative permeability
sigma(i)=0.0;
w1=0.5;
w2=1.5;
end
% End of material definition at FDTD grids
ae=ae./epsr;
am=am./mur;
ae=ae./(1+delt*(sigma./epsr)/(2*eps0));
as=(1-delt*(sigma./epsr)/(2*eps0))./(1+delt*(sigma./epsr)/(2*eps0));
% Plot the medium permittivity, permeability, and conductivity profiles
figure(1)
subplot(3,1,1);
plot(x,epsr,'-k','LineWidth',2);
% grid on;
```

```matlab
set(gca,'FontName','Times','FontSize',14,'Xtick',[1,2,3,4,5],'XtickLabel',[])
title('Relative Permittivity( $ \epsilon_{r} $ )','interpreter','latex')
subplot(3,1,2);
plot(x,mur,'-k','LineWidth',2);
set(gca,'FontName','Times','FontSize',14,'Xtick',[1,2,3,4,5],'XtickLabel',[])
title('Relative Permeability ( $ \mu_{r} $ )','interpreter','latex');
subplot(3,1,3);
plot(x,sigma,'-k','LineWidth',2);
axis([3 * delx L min(sigma) * 0.9-0.001 max(sigma) * 1.1+0.001]);
set(gca,'FontName','Times','FontSize',14)
title('Conductivity ( $ \sigma $ )','interpreter','latex');
set(gca,'FontName','Times','FontSize',14,'Xtick',[1,2,3,4,5])
xlabel('x(m)')
% E and H-field plots
figure(2);
% Set double buffering on for smoother graphics
set(gcf,'doublebuffer','on');
subplot(211),plot(Ey,'LineWidth',2);
subplot(212),plot(Hz,'LineWidth',2);
grid on;
% Loop for E and H-field's calculations for entire FDTD grids for total
% time-stepsNTsteps
for iter=1:NTsteps
%Define source excitation (Gaussian pulse)
pulse=A * exp(-alpha * (iter * delt - tau)^2);
%Apply source excitation at 3rd spatial grid
Ey(3)=Ey(3)+2 * (1-exp(-((iter-1)/50)^2)) * pulse;
%Absorbing boundary conditions for left-propagating waves
Hz(1)=Hz(2);
for i=2:N-1 % Update H field
Hz(i)=Hz(i)-am(i) * (Ey(i+1)-Ey(i));
end
%Absorbing boundary conditions for right propagating waves
Ey(N)=Ey(N-1);
```

```
for i=2:N-1 % Update E field
Ey(i)=as(i)*Ey(i)-ae(i)*(Hz(i)-Hz(i-1));
end
% Show the evolution of E and H fields over total simulation time
figure(2)
subplot(211),plot(x,Ey,'k','LineWidth',2);
axis([3*delx L -1 1]);
set(gca,'FontName','Times','FontSize',14,'Xtick',[1,2,3,4,5],'XtickLabel',[])
ylabel('E_y (V/m)')
% grid on;
subplot(212),plot(x,377*Hz,'k','LineWidth',2);
axis([3*delx L -1 1]);
set(gca,'FontName','Times','FontSize',14,'Xtick',[1,2,3,4,5])
ylabel('377*H_z (A/m)')
% grid on;
xlabel('x (m)');
pause(0);
iter
end
%%%%%%%%%%%%%%%%%%%%%%%%%%%%%%%%%%%%%%%%%
```

### 4.3.2 数据的记录和可视化

通过设置参数"Niter"为指定值(等于250、400和550),并运行程序,可以获得图4.6所示的 $t=250\Delta t$、$400\Delta t$、$550\Delta t$ 时刻的曲线。使用 MATLAB 命令可以将电场和磁场数据保存在"*.mat"格式的文件中,比如使用>>save EY250 E_y命令保存 $t=250\Delta t$ 时刻的电场数据。对于其他时刻的电场和磁场,稍作修改后重复运行上述命令即可。一旦记录了完整的数据,就可以运行一个 MATLAB 脚本(如下所示)来生成图4.6所示的曲线。

MATLAB 代码清单#2:图形可视化

```
%
% Purpose: Example shows how to read E and H field's data
% and generate graphs as shown in Fig. 6.
load 'EY250.mat';
```

```matlab
EY250=Ey;
clear Ey;
load 'EY400.mat';
EY400=Ey;
clear EY;
load 'EY550.mat';
EY550=Ey;
clear EY;
%%%%
load 'HZ250.mat';
HZ250=Hz;
clear Hz;
load 'HZ400.mat';
HZ400=Hz;
clear Hz;
load 'HZ550.mat';
HZ550=Hz;
clear Hz;
close all;
% Create spatial grid along x-direction
L=5.0;% distance along x-direction in meters
N=505;% grid points
x =linspace(0,L,N);
subplot(211)
plot(x(1:200),EY250(1:200),'k','LineWidth',2)
hold on
plot(x(150:350),EY400(150:350),'--k','LineWidth',2)
plot(x(300:6:505),EY550(300:6:505),'*k','LineWidth',1)
%
set(gca,'FontSize',14,'FontName','Times','FontWeight',...
'bold','XtickLabel',[])
%xlabel('x (m)')
ylabel('E_{y} (V/m)');
%legend('Inc','Ref')
```

```
axis([0 5 0 1])
subplot(212)
plot(x(1:200),377 * HZ250(1:200),'k','LineWidth',2)
hold on
plot(x(150:350),377 * HZ400(150:350),'--k','LineWidth',2)
plot(x(300:6:505),377 * HZ550(300:6:505),'* k','LineWidth',1)
%
set(gca,'FontSize',14,'FontName','Times','FontWeight','bold')
xlabel('x (m)')
ylabel('377 * H_{z} (A/m)');
%%%%%%%%%%%%%%%%%%%%%%%%%%%%%%%%%%%%%%%
```

### 4.3.3 介质

本节将重点讨论电磁脉冲在无耗和有耗介质中的传播。在进行全波模拟之前,先用不同介质中电磁波传播的概念来量化透射和反射电磁脉冲的幅度。电磁波从一种特性阻抗($\eta_1$)的介质传播到另一种介质($\eta_2$)时的反射系数($\Gamma$)和透射系数($T$)由下式给出:

$$\Gamma = \frac{\eta_2 - \eta_1}{\eta_2 + \eta_1} \tag{4.2}$$

$$T = \frac{2\eta_2}{\eta_2 + \eta_1} \tag{4.3}$$

给定介质中的波阻抗可计算如下:

$$\eta = \sqrt{\frac{\mu_0 \mu_r}{\varepsilon_0 \varepsilon_r^*}} \tag{4.4}$$

复相对介电常数的定义为:

$$\varepsilon_r^* = \varepsilon_r + \frac{\sigma}{j\omega \varepsilon_0} \tag{4.5}$$

其中$\sigma$是电导率,$\varepsilon_0$是自由空间介电常数,$\omega$是角频率,$\omega = 2\pi f$。

采用图4.7中所示的介质属性,可以将反射系数和透射系数表示如下:

$$\Gamma = \frac{\sqrt{\varepsilon_1} - \sqrt{\varepsilon_2}}{\sqrt{\varepsilon_1} + \sqrt{\varepsilon_2}} \tag{4.6}$$

$$T = \frac{2\sqrt{\varepsilon_1}}{\sqrt{\varepsilon_1} + \sqrt{\varepsilon_2}} \tag{4.7}$$

沿 $x$ 方向传播的电场波形函数可以表示为：

$$E_z(x) = E_0 e^{-\alpha x} e^{-j\beta x} \tag{4.8}$$

其中，$E_0$ 是 $x=0$ 处的幅值，$\alpha$ 和 $\beta$ 分别为衰减常数和相位常数：

$$\alpha = \frac{\omega}{c_0}\sqrt{\frac{\varepsilon_r}{2}}\left[\sqrt{1+\left(\frac{\sigma}{\omega\varepsilon_0\varepsilon_r}\right)^2}-1\right]^{1/2} (\mathrm{Np/m}) \tag{4.9}$$

$$\beta = \frac{\omega}{c_0}\sqrt{\frac{\varepsilon_r}{2}}\left[\sqrt{1+\left(\frac{\sigma}{\omega\varepsilon_0\varepsilon_r}\right)^2}+1\right]^{1/2} (\mathrm{rad/m}) \tag{4.10}$$

**1. 无耗介质**

本节将分析电磁脉冲（图 4.1 所示）入射无耗介质后的传播规律。介质材料特性的一维空间分布如图 4.7 所示，从图中可知，在 $x = 2.5\mathrm{m}$ 处介质发生了从自由空间到相对介电常数（$\varepsilon_r$）为 4 的理想电介质的转变，所有介质的相对磁导率设为 1，电导率均为 0。图 4.8 给出了电磁脉冲在空气-电介质半空间中的传播波形，入射脉冲（"inc"）记录时刻为 $t = 300\Delta t$，因为 $\Delta t = 33 \mathrm{ps}$，所以该时刻对应于它在自由空间中 3m 的传播距离。入射脉冲的峰值需要大约 5ns 才能在激发点形成，对应为脉冲在自由空间中 1.5m 的传播距离。如图 4.8 所示。此外，需要特别注意的是，反射脉冲的传播距离是脉冲在电介质中传播距离的 2 倍，这是因为入射脉冲穿过电介质时（$\varepsilon_r = 4.0$），电磁信号传播的速度（$c_0/\sqrt{\varepsilon_r}$）是自由空间的一半（$c_0 = 3 \times 10^8 \mathrm{m/s}$）。

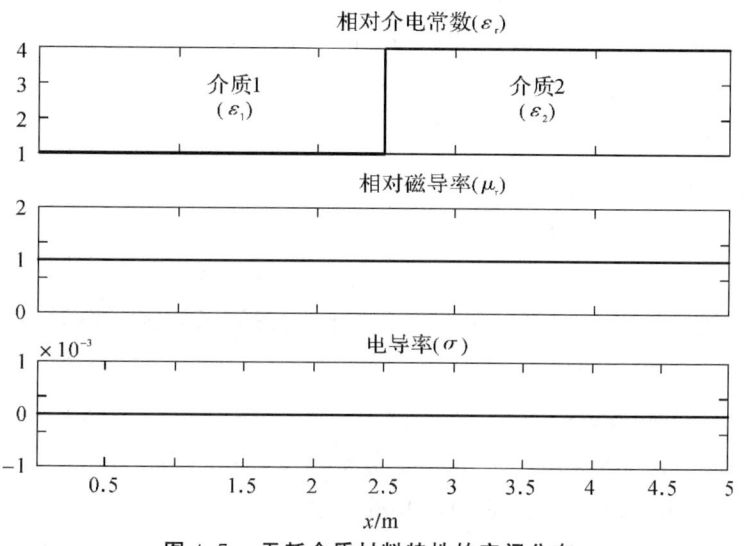

**图 4.7 无耗介质材料特性的空间分布**

将两种介质的相对介电常数 $\varepsilon_1 = 1$ 和 $\varepsilon_2 = 2$（译者注：此处应为 $\varepsilon_2 = 4$）代入式（4.6）和式（4.7）中，得到 $\Gamma = 0.33$（译者注：此处应为 $\Gamma = -0.33$）和 $T = 0.67$。这说明 33% 的入射波将被反射至介质 1，67% 的入射波将透射进介质 2，如图 4.8 所示。

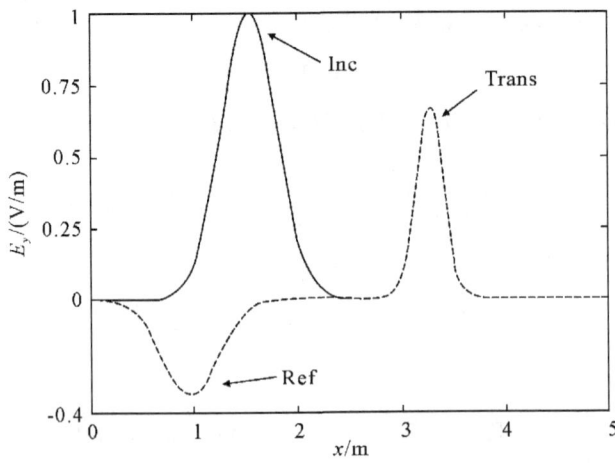

图4.8 图4.7所述无耗介质中电磁脉冲的传播波形

## 2. MATLAB 代码清单 #2：空气和无耗介质中的电磁波

下面给出了空气无耗介质构成的半空间介质中电磁波传播的脚本。

```
%%%%%%%%%%%%%%%%%%%%%%%%%%%%%%%%%%%%%%%
% Code Type:One-dimension
% Purpose:Simulation of EM wave propagation in half-space
% air-dielectric (lossless) medium using Finite-Difference
% Time-Domain (FDTD) method.
%Assume Ey and Hz field components along x-direction.
% Units:SI units used.
% Distance -- Meter (m)
% Time -- Second (s)
% Frequency -- Hertz (Hz)
%
%%%%%%%%%%%%%%%%%%%%%%%%%%%%%%%%%%%%%%%
clear all;
% Define basic parameters
L = 5.0;% Domain length (m), please change as you wish
N = 500;% Number of spatial grids along "L"
NTsteps = 550; % Number of time steps, please change as you wish
fsrc = 1.0E+9; % Source frequency (Hz)
delx = L/N; % spatial step-size along x-direction (m)
clight0 = 3.0E+8;% Speed of light in free-space (m/s)
```

```
delt = delx/clight0; % Time step-size (s) according to Courant Cond.
eps0 = 8.854E-12; % Permittivity of free space (Farad/m)
mu0 = 4 * pi * 1.0E-7; % Permeability of free space (H/m)
x = linspace(0,L,N); % X-coordinate of spatial samples
% End of defining basic parameters
%
% Initialization block
ae = ones(N,1) * delt/(delx * eps0); % Scale factor for E-field
am = ones(N,1) * delt/(delx * mu0); % Scale factor for H-field
as = ones(N,1);
epsr = ones(N,1);
mur = ones(N,1);
sigma = zeros(N,1);
Hz = zeros(N,1);
Ey = zeros(N,1);
% End of initialization block
%
% Define Gaussian pulse of E-field excitation
A = 1.0; % Amplitude (V/m)
tau = 5/fsrc;
alpha = (4.0/tau)^2;
%%%%%%%%%%%%%%%%%%%%%%%%%%%%%%%%%%%%
% Here we specify the material properties at FDTD grids
% Relative permittivity --epsr(i)
% Relative permeability --mur(i)
% Conductivity --sigma(i)
%
for i = 1:N
if (x(i) > L/2) epsr(i) = 4;sigma(i) = 0.0;end % Lossless Dielectric region
mur(i) = 1; % Relative permeability
w1 = 0.5;
w2 = 1.5;
end
% End of material definition at FDTD grids
ae = ae./epsr;
```

```matlab
am = am./mur;
ae = ae./(1+delt*(sigma./epsr)/(2*eps0));
as = (1-delt*(sigma./epsr)/(2*eps0))./(1+delt*(sigma./epsr)/(2*eps0));
% Plot the medium permittivity, permeability, and conductivity profiles
figure(1)
subplot(3,1,1);
plot(x,epsr,'-k','LineWidth',2);
% grid on;
set(gca,'FontName','Times','FontSize',14','Xtick',[1,2,3,4,5],'XtickLabel',[])
title('Relative Permittivity( $ \epsilon_{r} $ )','interpreter','latex')
subplot(3,1,2);
plot(x,mur,'-k','LineWidth',2);
set(gca,'FontName','Times','FontSize',14','Xtick',[1,2,3,4,5],'XtickLabel',[])
title('Relative Permeability ( $ \mu_{r} $ )','interpreter','latex');
subplot(3,1,3);
plot(x,sigma,'-k','LineWidth',2);
axis([3*delx L min(sigma)*0.9-0.001 max(sigma)*1.1+0.001]);
set(gca,'FontName','Times','FontSize',14)
title('Conductivity ( $ \sigma $ )','interpreter','latex');
set(gca,'FontName','Times','FontSize',14,'Xtick',[1,2,3,4,5])
xlabel('x(m)')
% E and H-field plots
figure(2);
% Set double buffering on for smoother graphics
set(gcf,'doublebuffer','on');
subplot(211),plot(Ey,'LineWidth',2);
subplot(212),plot(Hz,'LineWidth',2);
grid on;
% Loop for E and H-field's calculations for entire FDTD grids for total
% time-stepsNTsteps
for iter = 1:NTsteps
%Define source excitation (Gaussian pulse)
pulse = A*exp(-alpha*(iter*delt - tau)^2);
%Apply source excitation at 3rd spatial grid
Ey(3) = Ey(3)+2*(1-exp(-((iter-1)/50)^2))*pulse;
```

```
%Absorbing boundary conditions for left-propagating waves
Hz(1) = Hz(2);
for i = 2:N-1 % Update H field
Hz(i) = Hz(i)-am(i) * (Ey(i+1)-Ey(i));
end
%Absorbing boundary conditions for right propagating waves
Ey(N) = Ey(N-1);
for i = 2:N-1 % Update E field
Ey(i) = as(i) * Ey(i)-ae(i) * (Hz(i)-Hz(i-1));
end
% Show the evolution of E and H fields over total simulation time
figure(2)
subplot(211),plot(x,Ey,'k','LineWidth',2);
axis([3 * delx L -1 1]);
set(gca,'FontName','Times','FontSize',14,'Xtick',[1,2,3,4,5],'XtickLabel',[])

ylabel('E_y (V/m)')
% grid on;
subplot(212),plot(x,377 * Hz,'k','LineWidth',2);
axis([3 * delx L -1 2]);
set(gca,'FontName','Times','FontSize',14,'Xtick',[1,2,3,4,5])
ylabel('377 * H_z (A/m)')
% grid on;
xlabel('x (m)');
pause(0);
iter
end
%%%%%%%%%%%%%%%%%%%%%%%%%%%%%%%%%%%%%%%%%
```

### 3. 有耗介质

图 4.9 是表示有耗介质材料属性的一维空间分布,从图中可知,在 $x=2.5\text{m}$ 处介质发生了从自由空间到相对介电常数 $\varepsilon_r=4$、电导率 $\sigma=0.025\text{S/m}$ 的有耗介质的转变,传播空间介质的相对磁导率保持不变。

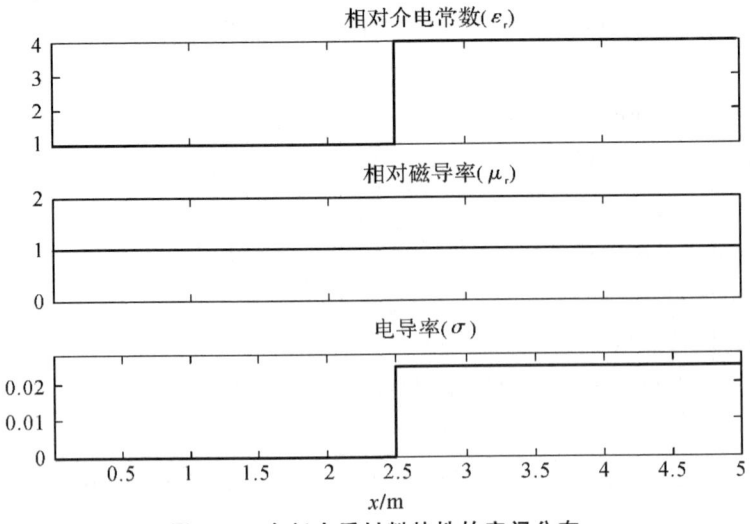

图 4.9　有耗介质材料特性的空间分布

图 4.10 描述了电磁脉冲在图 4.9 所示有耗介质中的传播规律。入射脉冲"Inc"的记录时间为 $t = 300\Delta t$，因为 $\Delta t = 33$ ps，所以这对应于它在自由空间中传播 3m 距离需要的时间。入射脉冲的峰值大约需要 5ns 才能到达激发点，对应脉冲在自由空间中 1.5m 的传播距离。此外，需要特别注意的是，由于信号在介质中传播速度（$c_0/\sqrt{\varepsilon_r}$）降低至自由空间中的一半（$c_0 = 3 \times 10^8$ m/s），反射脉冲的传播距离是透射脉冲的 2 倍。此外，透射脉冲在有耗介质（$\varepsilon_r = 4.0, \sigma = 0.025$ S/m）中衰减至大约 12%。前面在无损介质的仿真中，透射率约为 67%，也就是脉冲的幅值为 0.67，由于式（4.8）所预估的材料传导损耗，在有耗介质中脉冲的幅值进一步衰减到 0.12。图 4.11 给出了电磁脉冲在有耗介质中的衰减波形。

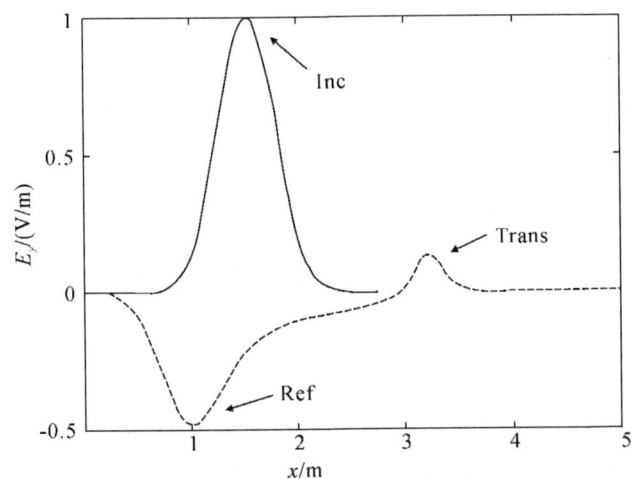

图 4.10　电磁脉冲的电场在空气和有耗介质界面上的传播，
反射和透射波的监测时刻为 $t = 550\Delta t$

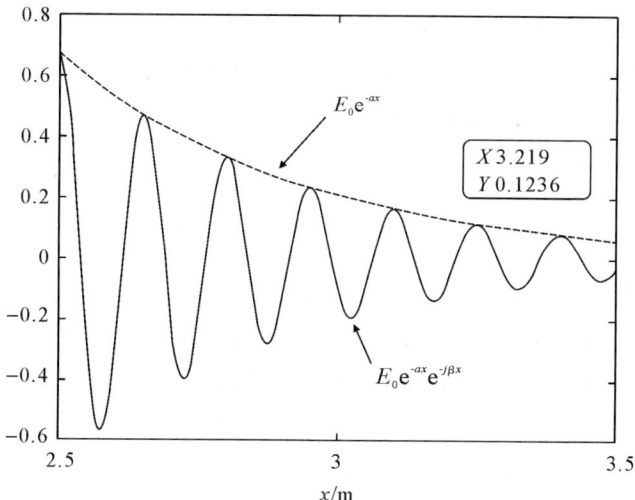

图 4.11 有耗介质中式(4.8)所示电场解析波形与传播距离的关系

4. MATLAB 代码清单 #3:空气和有耗介质中电磁波的传播

描述空气-有耗介质半空间中电磁波传播特性的脚本如下所示。

```
%%%%%%%%%%%%%%%%%%%%%%%%%%%%%%%%%%%%%
% Code Type:One-dimension
% Purpose:Simulation of EM wave propagation in half-space
%          air-dielectric (lossy) medium using
%          Finite-Difference Time-Domain (FDTD) method.
%Assume Ey and Hz field components along x-direction
% Units:SI units used.
%          Distance -- Meter (m)
%          Time -- Second (s)
%          Frequency -- Hertz (Hz)
%
%%%%%%%%%%%%%%%%%%%%%%%%%%%%%%%%%%%%%
clear all;
% Define basic parameters
L = 5.0;% Domain length (m), please change as you wish
N = 500;% Number of spatial grids along "L"
NTsteps = 550; % Number of time steps, please change as you wish
fsrc = 1.0E+9; % Source frequency (Hz)
delx = L/N; % spatial step-size along x-direction (m)
clight0 = 3.0E+8;% Speed of light in free-space (m/s)
```

```
delt = delx/clight0; % Time step-size (s) according to Courant Cond.
eps0 = 8.854E-12; % Permittivity of free space (Farad/m)
mu0 = 4*pi*1.0E-7; % Permeability of free space (H/m)
x = linspace(0,L,N); % X-coordinate of spatial samples% End of defining basic parameters
%
% Initialization block
ae = ones(N,1)*delt/(delx*eps0); % Scale factor for E-field
am = ones(N,1)*delt/(delx*mu0); % Scale factor for H-field
as = ones(N,1);
epsr = ones(N,1);
mur = ones(N,1);
sigma = zeros(N,1);
Hz = zeros(N,1);
Ey = zeros(N,1);
% End of initialization block
%
% Define Gaussian pulse of E-field excitation
A = 1.0; % Amplitude (V/m)
tau = 5/fsrc;
alpha = (4.0/tau)^2;
%%%%%%%%%%%%%%%%%%%%%%%%%%%%%%%%%%%%%%
% Here we specify the material properties at FDTD grids% Relative permittivity --epsr(i)
% Relative permeability --mur(i)
% Conductivity --sigma(i)
%
for i = 1:N
if (x(i) > L/2) epsr(i) = 4; sigma(i) = 2.5e-2; end %Lossy Dielectric region
mur(i) = 1; % Relative permeability
w1 = 0.5;
w2 = 1.5;
end
% End of material definition at FDTD grids
ae = ae./epsr;
am = am./mur;
```

```
ae = ae./(1+delt*(sigma./epsr)/(2*eps0)); as = (1-delt*(sigma./epsr)/(2*eps0))./(1+delt*(sigma./epsr)/(2*eps0));
% Plot the medium permittivity,permeability,and conductivity profiles
figure(1)
subplot(3,1,1);
plot(x,epsr,'-k','LineWidth',2);
% grid on;
set(gca,'FontName','Times','FontSize',14,'Xtick',[1,2,3,4,5],'XtickLabel',[])
title('Relative Permittivity( $ \epsilon_{r} $ )','interpreter','latex')
subplot(3,1,2);
plot(x,mur,'-k','LineWidth',2);
set(gca,'FontName','Times','FontSize',14,'Xtick',[1,2,3,4,5],'XtickLabel',[])
title('Relative Permeability ( $ \mu_{r} $ )','interpreter','latex');
subplot(3,1,3);
plot(x,sigma,'-k','LineWidth',2);
axis([3*delx L min(sigma)*0.9-0.001 max(sigma)*1.1+0.001]); set(gca,'FontName','Times','FontSize',14)
title('Conductivity ( $ \sigma $ )','interpreter','latex'); set(gca,'FontName','Times','FontSize',14,'Xtick',[1,2,3,4,5])
xlabel('x(m)')
% E and H-field plots
figure(2);
% Set double buffering on for smoother graphicsset(gcf,'doublebuffer','on');
subplot(211),plot(Ey,'LineWidth',2);
subplot(212),plot(Hz,'LineWidth',2);
grid on;
% Loop for E and H-field's calculations for entire FDTD grids for total
% time-stepsNTsteps
for iter = 1:NTsteps
%Define source excitation (Gaussian pulse)
pulse = A*exp(-alpha*(iter*delt - tau)^2);% Apply source excitation at 3rd spatial grid
Ey(3) = Ey(3)+2*(1-exp(-((iter-1)/50)^2))*pulse;
%Absorbing boundary conditions for left-propagating waves
Hz(1) = Hz(2);
for i = 2:N-1 % Update H field
```

```
Hz(i) = Hz(i)-am(i) * (Ey(i+1)-Ey(i));
end
%Absorbing boundary conditions for right propagating waves
Ey(N) = Ey(N-1);
for i = 2:N-1 % Update E field
Ey(i) = as(i) * Ey(i)-ae(i) * (Hz(i)-Hz(i-1));
end
% Show the evolution of E and H fields over total simulation time
figure(2)
subplot(211),plot(x,Ey,'k','LineWidth',2); axis([3 * delx L -1 1]);
set(gca,'FontName','Times','FontSize',14,'Xtick',[1,2,3,4,5],'XtickLabel',[])
ylabel('E_y (V/m)')
% grid on;
subplot(212),plot(x,377 * Hz,'k','LineWidth',2); axis([3 * delx L -1 2]);
set(gca,'FontName','Times','FontSize',14,'Xtick',[1,2,3,4,5])
ylabel('377 * H_z (A/m)')
% grid on;
xlabel('x (m)');
pause(0);
iter
end
%%%%%%%%%%%%%%%%%%%%%%%%%%%%%%%%%%%%%%%%%
```

## 5. MATLAB 代码清单 #4：有耗介质中电磁波传播的解析分析方法

下面给出了描述电磁波解析公式(4.8)的 MATLAB 脚本。

```
% Analytical calculation of wave propagation inlossy dielectric
clear all;
freq = 1.e9; %highest frequency in pulse (Hz)
E0 = 0.67;% Amplitude when wave hits the lossy dielectric
omega = 2 * pi * freq; % angular frequency
epsr = 4.0; % relative permittivity of dielectric block
sigma = 0.025; % conductivity of lossy dielectric (S/m)
clight = 3.0e8;%speed of light in free-space (m/s)
eps0 = 8.854e-12; % free-space permittivity (F/m)
```

```
omegabyc0 = omega/clight;
epsrby2 = epsr/2;
eps = epsr * eps0;
omega_eps = omega * eps;
sigmabyomega_eps = sigma/omega_eps;
sigmabyomega_eps_sq = sigmabyomega_eps * sigmabyomega_eps;
% alpha and beta are propagation and phase constants
alpha = omegabyc0 * sqrt(epsrby2);
alpha = alpha * sqrt(sqrt(1 + sigmabyomega_eps_sq)-1);
beta = omegabyc0 * sqrt(epsrby2);
beta = beta * sqrt(sqrt(1 + sigmabyomega_eps_sq) + 1);
xdis = linspace(2.5,3.5,500);% distance of wave propagation
%Efld is E(x) as in equation (8)
Efld = E0 * exp(-alpha. * (xdis-2.5)). * exp(-j * beta. * (xdis-2.5));
ExpDecay = E0 * exp(-alpha. * (xdis-2.5));% only decay part of Efld
close all
plot(xdis, Efld,'k','LineWidth',2)
hold on;
plot(xdis, ExpDecay,'--k','LineWidth',2)
grid
set(gca,'FontSize',14,'FontName','Times','FontWeight', 'bold')
xlabel('x (m)')
%%%%%%%%%%%%%%%%%%%%%%%%%%%%%%%%%%%%%%%%%
```

### 4.3.4 理想导体(PEC)

建立了空气-PEC界面材料特性的一维空间分布图,如图4.12所示,其中介质1对应自由空间($\sigma_1 = 0, \varepsilon_r = 1, \mu_r = 1$),介质2对应PEC导体($\sigma_2 = 5 \times 10^7 \text{S/m}$)。下面分析空气-导体界面上由式(4.2)定义的反射系数$\Gamma$和式(4.3)定义的透射系数$T$,式中介质1和介质2的相对介电常数由式(4.5)所示复介电常数公式进行定义。对于介质1,$\varepsilon_1 = 1$,对于介质2,$\varepsilon_2 = 1 + \frac{\sigma_2}{j\omega\varepsilon_0}$,因为$\sigma_2 \gg j\omega\varepsilon_0$,所以介质2的介电常数可以简化为$\varepsilon_2 = \frac{\sigma_2}{j\omega\varepsilon_0}$。将$\varepsilon_1$和$\varepsilon_2$代入式(4.6),可以得到空气-导体界面的反射系数如下:

$$\Gamma = \frac{1 - \sqrt{\dfrac{\sigma_2}{j\omega\varepsilon_0}}}{1 + \sqrt{\dfrac{\sigma_2}{j\omega\varepsilon_0}}} \tag{4.11}$$

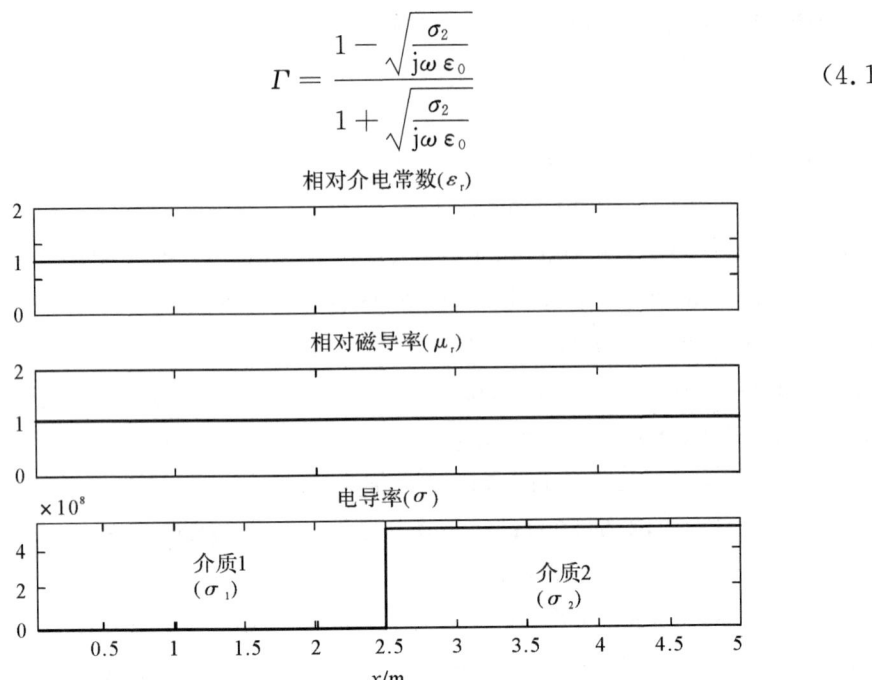

图 4.12　空气-PEC 界面材料特性的一维空间分布

由于式(4.11)中第二项远大于 1,所以可以进一步简化式(4.11)为:

$$\Gamma = \frac{-\sqrt{\dfrac{\sigma_2}{j\omega\varepsilon_0}}}{\sqrt{\dfrac{\sigma_2}{j\omega\varepsilon_0}}} = -1 \tag{4.12}$$

同样地,可以得到空气-导体界面的透射系数 $T$ 为:

$$T \approx 0 \tag{4.13}$$

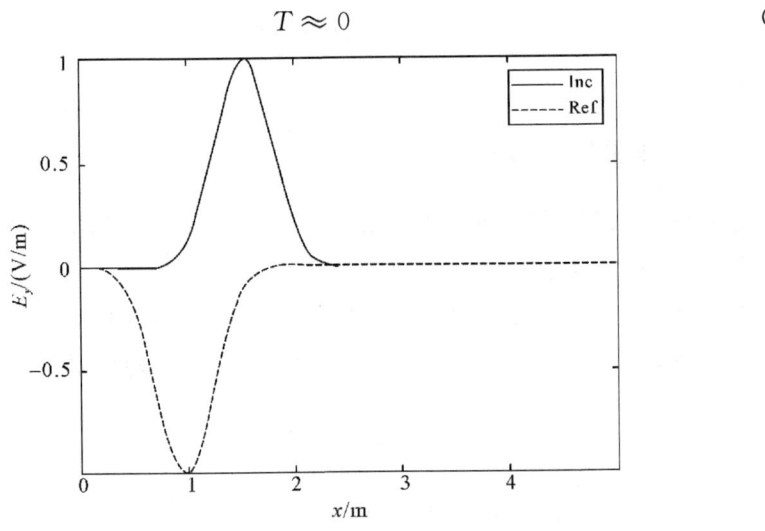

图 4.13　空气-理想导体界面处电磁脉冲的传播

因此,自由空间(介质 1)中传播的电磁脉冲在 $x=2.5\mathrm{m}$ 处遇到理想导体(介质 2)后,全部反射回介质 1,如图 4.13 所示。入射脉冲"Inc"的记录时刻为 $t=300\Delta t$,反射脉冲"Ref"的记录时刻为 $t=550\Delta t$。

Matlab 代码清单 ♯5:空气-PEC 半空间中的电磁波

空气-PEC 半空间中电磁波传播的代码如下所示。

```
%%%%%%%%%%%%%%%%%%%%%%%%%%%%%%%%%%%%%%
% Code Type:One-dimension
% Purpose:Simulation of EM wave propagation in half
%          air-PEC region using Finite-Difference
%          Time-Domain (FDTD) method.  Assume Ey and
%          Hz field components along x-direction.
% Units：   SI units used.
%          Distance -- Meter (m)
%          Time -- Second (s)
%          Frequency -- Hertz (Hz)
%
%%%%%%%%%%%%%%%%%%%%%%%%%%%%%%%%%%%%%%
clear all;
% Define basic parameters
L = 5.0;% Domain length (m), please change as you wish
N = 500;% Number of spatial grids along "L"
NTsteps = 550; % Number of time steps, please change as you wish
fsrc = 1.0E+9; % Source frequency (Hz)
delx = L/N; % spatial step-size along x-direction (m)
clight0 = 3.0E+8;% Speed of light in free-space (m/s)
delt = delx/clight0; % Time step-size (s) according to Courant Cond.
eps0 = 8.854E-12;% Permittivity of free space (Farad/m)
mu0 = 4*pi*1.0E-7;% Permeability of free space (H/m)
x = linspace(0,L,N); % X-coordinate of spatial samples
% End of defining basic parameters
%
% Initialization block
```

```
ae = ones(N,1) * delt/(delx * eps0); % Scale factor for E-field
am = ones(N,1) * delt/(delx * mu0); % Scale factor for H-field
as = ones(N,1);
epsr = ones(N,1);
mur = ones(N,1);
sigma = zeros(N,1);
Hz = zeros(N,1);
Ey = zeros(N,1);
% End of initialization block
%
% Define Gaussian pulse of E-field excitation
A = 1.0;% Amplitude (V/m)
tau = 5/fsrc;
alpha = (4.0/tau)^2;
%%%%%%%%%%%%%%%%%%%%%%%%%%%%%%%%%%%%%%%
% Here we specify the material properties at FDTD grids% Relative permittivity --epsr(i)
% Relative permeability --mur(i)
% Conductivity --sigma(i)
%
for i = 1:N
if (x(i) > L/2) sigma(i) = 6.0e7;
end % PEC region
mur(i) = 1; % Relative permeability
w1 = 0.5;
w2 = 1.5;
end
% End of material definition at FDTD grids
ae = ae./epsr;
am = am./mur;
ae = ae./(1 + delt * (sigma./epsr)/(2 * eps0));
as = (1-delt * (sigma./epsr)/(2 * eps0))./(1 + delt * (sigma./epsr)/(2 * eps0));
% Plot the medium permittivity,permeability,and conductivity profiles
```

```
figure(1)
subplot(3,1,1);
plot(x,epsr,'-k','LineWidth',2);
% grid on;
set(gca,'FontName','Times','FontSize',14,'Xtick',[1,2,3,4,5],'XtickLabel',[])
title('Relative Permittivity( $ \epsilon_{r} $ )','interpreter','latex')
subplot(3,1,2);
plot(x,mur,'-k','LineWidth',2);
set(gca,'FontName','Times','FontSize',14,'Xtick',[1,2,3,4,5],'XtickLabel',[])
title('Relative Permeability ( $ \mu_{r} $ )','interpreter','latex');
subplot(3,1,3);
plot(x,sigma,'-k','LineWidth',2);
axis([3 * delx L min(sigma) * 0.9-0.001 max(sigma) * 1.1+0.001]);
set(gca,'FontName','Times','FontSize',14)
title('Conductivity ( $ \sigma $ )','interpreter','latex');
set(gca,'FontName','Times','FontSize',14,'Xtick',[1,2,3,4,5])
xlabel('x(m)')
% E and H-field plots
figure(2);
% Set double buffering on for smoother graphicsset(gcf,'doublebuffer','on');
subplot(211),plot(Ey,'LineWidth',2);
subplot(212),plot(Hz,'LineWidth',2);
grid on;
% Loop for E and H-field's calculations for entire FDTD grids for total
% time-stepsNTsteps
for iter = 1:NTsteps
%Define source excitation (Gaussian pulse)
pulse = A * exp(-alpha * (iter * delt - tau)^2);% Apply source excitation at 3rd spatial grid
Ey(3) = Ey(3) + 2 * (1-exp(-((iter-1)/50)^2)) * pulse;
%Absorbing boundary conditions for left-propagating waves
Hz(1) = Hz(2);
for i = 2:N-1 % Update H field
```

```
Hz(i) = Hz(i)-am(i) * (Ey(i+1)-Ey(i));
end
% Absorbing boundary conditions for right propagating waves
Ey(N) = Ey(N-1);
for i = 2:N-1 % Update E field
Ey(i) = as(i) * Ey(i)-ae(i) * (Hz(i)-Hz(i-1));
end
% Show the evolution of E and H fields over total simulation time
figure(2)
subplot(211),plot(x,Ey,'k','LineWidth',2);
axis([3 * delx L -1 1]);
set(gca,'FontName','Times','FontSize',14,'Xtick',[1,2,3,4,5],'XtickLabel',[])
ylabel('E_y (V/m)')
% grid on;
subplot(212),plot(x,377 * Hz,'k','LineWidth',2);
axis([3 * delx L -1 2]);
set(gca,'FontName','Times','FontSize',14,'Xtick',[1,2,3,4,5])
ylabel('377 * H_z (A/m)')
% grid on;
xlabel('x (m)');
pause(0);
iter
end
%%%%%%%%%%%%%%%%%%%%%%%%%%%%%%%%%%%%%%%%
```

## 4.4 本章小结

通过本章，了解了电磁脉冲在不同媒介（自由空间、介质材料和理想导体）中的传播特性。开发了基于 Matlab 的计算机程序，Matlab 与免费的克隆软件包 OCTAVE 互相兼容。本章还提供了实现数据可视化模拟输出的详细脚本信息，引入了与仿真结果相对应的解析方法。

## 练 习

1. 本章列出了空气-材料半空间中电磁脉冲传播的电脑程序,运行这些程序,并执行后处理脚本,重现图 4.1 到图 4.13 所示的结果。

2. 调整材料特性($\varepsilon_r,\sigma$)可以改变介质对入射电磁脉冲的阻抗。通过计算不同介质特性($\varepsilon_r,\sigma$)条件下的反射系数($\Gamma$)、透射系数($T$)和衰减系数($\alpha$),研究电磁脉冲的传播现象和规律,研究过程中使用解析公式以增进物理理解。

3. 选用高斯波形作为电磁脉冲波形。对于具有不同上升时间的高斯波形、微分后的高斯波形、调制后的高斯波形(比如高斯波形乘以 $\sin(\omega t)$ 或 $\cos(\omega t)$,其中 $\omega = 2\pi f$),重复练习 4.2。设定 $f$ 为所需电磁脉冲波形的最高频率或者任意感兴趣的频率。

# 第 5 章  时域有限差分方法中电容器的仿真

## 5.1 引 言

在使用时域有限差分方法(FDTD)时,非常有必要与横向电磁(TEM)小室一起设置电容器和开关。由于电容器和开关的几何形状可能会相当复杂,因此需要对它们的几何形状和尺寸进行理想化处理。假设其几何形状可以被合理地表示,则这种方法具有能够考虑电容器和开关内分布参数效应的优点。这些效应往往很重要,因为其对应的时间尺度很短,上升时间可能低至 1 ~ 2ns[9]。

对电磁脉冲(EMP)模拟器进行自洽分析时总体思路的细节将在第 6 章中介绍——讨论将集中在 TEM 结构内的电磁场变化。这一章将详细介绍使用 FDTD 方法来设置平行板电容器及其充电和放电过程的方法。

FDTD 方法涉及麦克斯韦旋度方程的数值解[32]。因此,它没有明确包括电荷动力学。通过对环绕目标物体的高斯表面的电场求散度,可以获得 FDTD 网格中的电荷[30]。

本章结构如下:第 5.2 节详细介绍了电容器和闭合开关的计算模型,包括充电和放电过程;第 5.3 节介绍了充电和放电的结果;在第 5.4 节中,使用矩量法(MOM)对 FDTD 计算结果进行了核验,随后讨论了计算的具体细节;边界条件对电场分布的影响在第 5.5 节中讨论;第 5.6 节对本章进行了总结。

## 5.2 模型的细节

### 5.2.1 几何结构的描述

在 FDTD 计算空间内,建立了一个由正方形平板电极构成的空气隙平行板电容器,平板电极的材质为理想导体(PEC),如图 5.1 所示。除了电极、开关和电阻连接体外,FDTD计算空间中的其余部分假定为自由空间,即它是一个介电常数为 $\varepsilon_0$ 的电绝缘体。计算过程中使用二阶向外辐射边界条件(ORBC)[32]。图 5.1 中平板电极的边长 $\omega_p$,间距 $g_p$,平板电极的纵横比 $A_s$ 定义为 $\omega_p/g_p$。对具有不同纵横比的电容器进行了测试,$A_s$ 无穷大时对应理想的平行板电容器,电容值由 $\varepsilon \omega_p^2/g_p$ 给出,其中 $\varepsilon$ 是介电常数。

计算时 3 个方向上单元格的数量和网格的大小因问题而异,下面以一个典型的例子进行说明。对一个 $\omega_p$ 为 2m,$g_p$ 为 0.1m,对应 $A_s = 20$ 的电容器,FDTD 计算空间中 $x$、$y$ 和 $z$ 3 个方向上单元格数量的典型值为 262、122、122,单元格的尺寸 $\Delta x$、$\Delta y$ 和 $\Delta z$ 分别为 0.5cm、3.34cm 和 3.34cm。

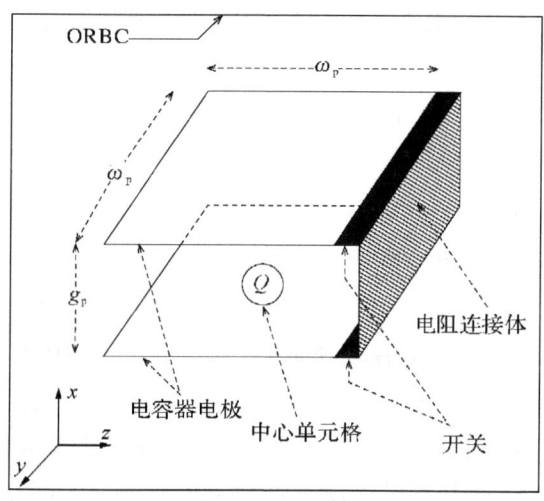

图 5.1　平行板电容器示意图(包括两电极之间的开关、电阻连接体)

根据 Courant 稳定性条件[32],对应的时间步长为 16.3ps。电容器对称放置在 FDTD 计算空间的中心,这说明在 $y$ 和 $z$ 方向上,电容器边缘和计算空间边界之间有 31 个单元格的距离,而在 $x$ 方向上有 121 个单元格的距离。

### 5.2.2　对电容器充电的方法

理论上,可以对电容器赋予一个初始的电场分布 $E$ 后开始 FDTD 仿真,这个电场对应着电容器上电荷的平衡状态。但这需要预先求出电场分布 $E$,不仅包括电容器的范围,而是指整个 FDTD 计算空间。目前尚未有文献能够给出任意纵横比条件下电容器电场分布的解析解。因此,决定从不充电的电容器开始进行计算。

静电能量可以通过对电容器充电到额定电压而储存在电容器中。在文献中已经报道了处理 FDTD 计算空间内沉积电荷的不同技术。例如,Wagner 和 Schneider[30] 在特定的栅极位置使用了单一单元的丝状电流源来研究栅极电容效应。

在本章的仿真中,电容充电是通过在两个极板之间施加一个随时间变化的电场 $E_x(t)$ 来实现的。该电场 $E_x$ 可以是任意随时间变化的波形,从零开始并达到预定的峰值。唯一的限制是波形能量集中部分的最高频率不应超过 FDTD 网格能够精确处理的最大频率。本章仿真中选择了由下式给出的半高斯波形：

$$E_x(t) = \begin{cases} E_0 e^{-\alpha(t-\tau)^2} & (0 \leqslant t \leqslant \tau) \\ 0 & (t < 0) \end{cases} \quad (5.1)$$

其中，$\tau$ 是充电的时间常数，$\alpha = (4/\tau)^2$。对于全高斯波形，在文献[32]中对 $\alpha$ 的选取进行了解释。该波形表示激励仅在高斯信号达到峰值时才施加至电容器上。

FDTD 算法将整个计算空间中的电场和磁场转化为时间的函数。$0 \leqslant t \leqslant \tau$ 时，对位于顶部和底部电容器极板之间的计算单元格，由 FDTD 方程求得的电场被式(5.1)所示表达式重写。FDTD 仿真时，电容器网格空间中外加电场可以通过如下代码实现：

```
if ( t .ge. 0 .and. t .le. tau) then
do 40 i = imin, imax − 1
    do 40 j = jmin + 1, jmax − 1
        do 40 k = kmin + 1, kmax − 1
40              Ex ( i,j,k) = Ex ( t)
```

其中，"imin"和"imax"对应于电容器顶板和底板的位置（即表示极板之间的间距），$j$ 和 $k$ 表示极板的尺寸。

上述处理方法意味着在一定的时空范围内违背了麦克斯韦方程。由高斯定律（式 5.2）可知，虽然电容器上下极板没有物理上的接触，但是在极板上沉积了有限的电荷。施加电场的峰值 $E_0$ 取决于两极板之间的预设电压。

下面讨论时间常数 $\tau$ 的选择方法。使用 FDTD 技术进行精确计算时，要求在所关注最高频率对应的波长内至少有 10 个计算单元格[32]。因此，最小的波长 $\lambda_{\min}$ 由 FDTD 计算空间最大的计算单元格决定，并可以通过网格进行精确调控。因此，选择时间常数 $\tau$ 时，必须满足在网格能够处理的最高频率下，$|E_x(\omega)|$ 对应的幅值相比其峰值低若干个数量级。对于一个全高斯波形，在 $f_h \simeq 6/\tau$ 时，$|E_x(\omega)|$ 相比峰值小了 7 个数量级[32]。

以下为一个计算时间常数 $\tau$ 的示例。考虑一个平行板电容器，其正方形极板在 $y$ 和 $z$ 方向上的边长为 2m，在 $x$ 方向上的极板间距为 0.1m，单元格尺寸 $\Delta x$、$\Delta y$ 和 $\Delta z$ 分别为 0.5cm、3.34cm 和 3.34cm。因为 $\Delta y = \Delta z$，可得 $\lambda_{\min} = 10 \times \Delta y$。FDTD 网格能处理的最高频率由 $f_h = c/\lambda_{\min}$ 给出，为 898MHz。这反过来又可以求得时间常数的最小允许值 $\tau = 6/f_h = 6.68$ns。

必须注意的是，这只是时间常数 $\tau$ 的下限，仿真过程中可以选择更大的值。然而前面介绍过，FDTD 的时间步长是由 Courant 准则给出的，它只取决于单元格大小和光通过媒介的速度。因此，$\tau$ 值越高，对电容充电所需的计算时间就越长，但是没有任何其他有益的效果。因此，在本章的仿真中，使用了通过上述方法获得的最小 $\tau$ 值。

这种充电方法在极板上产生不均匀的电荷密度分布，其在达到稳态之前会随时间而变化。这将在后面的章节中讨论。

### 5.2.3　FDTD 仿真中电荷和电容的计算方法

FDTD 仿真中并没有明确考虑电荷动力学，因为它只是基于麦克斯韦旋度方程的推导和演化。因此，只有通过对电场求取散度才能观察到电荷的存在[30]：

$$\nabla \cdot \boldsymbol{E} = \frac{\rho}{\varepsilon_0} \tag{5.2}$$

其中，$\rho$ 是电荷密度。

为了测量电容器任一极板的总电荷，构建了一个虚拟的边界面，称为"高斯面"，它包围了要研究的极板。这个面可以是任何形状，为了方便起见，此处假设它是一个长方体，它的 6 个面分别垂直于 $x$ 轴、$y$ 轴或 $z$ 轴。然后，对长方体的每个面应用高斯定律的积分形式（式 5.2）来计算从该面出来的通量。例如，将分别通过垂直于 $x$ 方向的正负两个面的通量 $\varGamma_{x+}$ 和 $\varGamma_{x-}$ 相加，并赋予合适的符号，可以得到垂直于 $x$ 方向两个面的净通量 $\varGamma_x$：

$$\varGamma_x = \varGamma_{x+} - \varGamma_{x-} \tag{5.3}$$

一般地，当通量垂直于表面流出时，通量的符号为正。对 $\varGamma_x$ 在长方体的 $x$ 方向两个表面进行积分，得到与 $x$ 方向通量相关的电荷 $Q_x$。$Q_y$ 和 $Q_z$ 可以用同样的方法进行计算。

极板上总电荷量 $Q_{\text{FDTD}}$ 由下式给出：

$$Q_{\text{FDTD}} = Q_x + Q_y + Q_z \tag{5.4}$$

电容 $C_{\text{FDTD}}$ 由任一极板上总电荷 $Q_{\text{FDTD}}$ 与极板之间电位差的比值决定，即：

$$C_{\text{FDTD}} = Q_{\text{FDTD}} / V_{\text{FDTD}} \tag{5.5}$$

$$V_{\text{FDTD}} = \int_{+\text{plat}}^{-\text{plat}} \boldsymbol{E} \cdot \mathrm{d}\boldsymbol{l} \tag{5.6}$$

其中，线积分是从正极板向负极板进行积分。用于计算沿 $x$ 方向分开的电容器极板之间电位差的 FDTD 代码如下所示：

```
Voltage = 0.0d0
Do 2 i = imin,imax
    Voltage = Voltage + EX(i,j,k) * Delx
2 Continue
```

在上述用于电压计算的 FDTD 代码中，因为 $E_y$ 和 $E_z$ 电场分量很小，对其忽略不计。但是，所有电场分量的影响都可以通过沿 $x$ 方向的线积分来进行考虑，代码如下所示：

Voltage = 0.0d0
Do 2 i = imin,imax
  Voltage = Voltage + (EX(i,j,k) + EY(i,j,k) + EZ(i,j,k)) * Delx
2 Continue

  用于计算沉积在极板上电荷的 FDTD 代码可以从下面的例子中获得：

j = (jmin + jmax)/2
k = (kmin + kmax)/2
Do i = 1,nx
  NetFlux = (EX(i+1,j+1,k+1)-EX(i,j+1,k+1)) * Dely * Delz
    + (EY(i+1,j+1,k+1)-EY(i+1,j,k+1)) * Delx * Delz
    + (EZ(i+1,j+1,k+1)-EZ(i+1,j+1,k)) * Delx * Dely
Enddo
Charge = NetFlux * eps0

其中，jmin、jmax 和 kmin、kmax 分别是极板沿 $y$ 和 $z$ 方向的最小和最大延伸距离。

  采用让电容器通过阻值为 $R$ 的电阻放电并测量其放电时间常数的方法对上述方法中求得的电容值进行验证。如果电感效应较小，极板上总电荷衰减时的 e 折时间就是 $RC$ 时间常数，就此可以求出电容值。第 5.2.5 小节给出了该程序的详细信息。

### 5.2.4 闭合开关的 FDTD 模型

  对快速闭合开关简化模型的详细描述将在第 6 章中给出。为了完整起见，这里对其进行简单的描述。

  理想闭合开关由 2 个薄电阻带组成，每个电阻带在 $z$ 方向上具有一个计算单元格的长度，放置在顶部和底部极板的一端，如图 5.1 所示。

  电阻带的材料具有随时间变化的电阻率，该电阻率在电容器充电期间保持无穷大。因此在电容器充电时，没有电荷在带状的终端移动。从完全打开到完全关闭状态，开关材料电导率随时间变化的规律假设为"半高斯"波形：

$$\sigma_0 = \sigma_c \exp[-\alpha_s (t - \tau_s - \tau_0)^2], \tau_0 \leq t \leq \tau_s + \tau_0 \quad (5.7)$$

其中，$\tau_s$ 是闭合时的时间常数，$\tau_0$ 是开关开始导通的时刻，$\alpha_s = (4/\tau_s)^2$，$\sigma_c$ 是完全闭合状态下开关材料的电导率。如同电容器的充电波形，其也可以使用其他形式的函数，尽管半高斯波形在峰值处的二阶导数连续性存在限制[39]，但其仍然更适合对开关进行模拟。

  闭合开关的 FDTD 代码如下所示：

Taus = 7.0e-9

```
aa = (4.0d0 / taus) * * 2
if (t . ge. (tau0 + taus)) then
        sigma(t) = sigma0
else
        sigma(t) = sigma0 * exp(-aa * (t-(tau0 + taus))^2)
endif
```

其中，$\sigma_0$是开关的电导率，它可以由开关的材料特性（电阻率$\rho$）和尺寸（面积$A$和长度$l$）来确定，通过下式进行计算：

$$\sigma_0 = \frac{1}{\rho} = \frac{l}{RA} \tag{5.8}$$

开关闭合时间$\tau_s$通常比电容充电时间$\tau_0$长得多，以便使瞬态过程稳定下来。由于电导率$\sigma(t)$随时间变化，在每个时间步长后均应进行更新。

在电容器的充电-放电问题中，$\tau_0$应该足够大，以使得电容器极板上的电荷密度分布在放电开始之前达到平衡。当$\tau_0 \simeq 5\tau$时，计算得到的结果就会令人满意，这里的$\tau$是指电容器充电的时间常数（式5.1）。选取$\tau_s$时必须避免产生高于FDTD网格能够处理的频率[32]。

### 5.2.5 充电电容器的放电过程

按照第5.2.2节所述对平行板电容器进行充电后，开关在$\tau_0 = 5\tau$时刻开始导通，在$\tau_{sc} = \tau_0 + \tau_s$时刻完全导通。即使在开关导通后，开关电阻也是有限的，因此电容在$t > \tau_0$的某一时刻开始放电。然而，假定的半高斯电导率波形表明只有在开关快要完全导通时电导率才会足够大，因此，只有在$t$足够接近于$\tau_{sc}$时，放电才会变得明显。

电容器通过串联的开关和电阻带放电，它们的总电阻记为$R_{eff}$。开关电导率采用完全导通状态的值$\sigma_c$，它相比电阻带的电阻$R_{sheet}$可以忽略。电阻带的电阻率为$\rho_{sheet}$，则其电阻为：

$$R_{sheet} = \rho_{sheet} \frac{L_{sheet}}{A_{sheet}} \tag{5.9}$$

其中，$L_{sheet}$和$A_{sheet}$分别是负载电阻带的有效长度和横截面积。

如果忽略电感效应，则放电时间常数为：

$$\tau_{dis} = R_{eff} C_{FDTD} \tag{5.10}$$

为了尽量减小电感，选择了带状电阻。在FDTD仿真中，需要监测电容器任一极板上随时间变化的总电荷$Q_{plate}(t)$。以$t = \tau_{sc}$作为放电起点，通过对$Q_{plate}(t)$曲线进行指数函数拟合，可以求得$\tau_{dis}$。因为$R_{sheet}$是已知的，所以基于拟合结果可以计算得到电容值$C_{fit}$，可以基于该电容值对第5.2.3节中另一种方法得到的电容计算值进行相互验证。

## 5.3　仿真结果和分析

### 5.3.1　极板上的沉积电荷

图 5.2 给出了电容器顶部和底部极板上相应单元格中沉积的电荷随时间变化的规律。正如预期所料,两极板上的电荷大小相等,符号相反。电容器极板的宽度 $\omega_p$ 为 2m,间距 $g_p$ 为 0.1m。

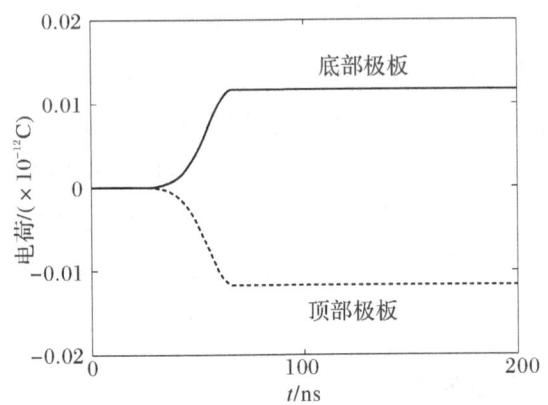

图 5.2　电容器极板上相应单元格中沉积的电荷

在 $x$、$y$ 和 $z$ 方向,计算空间包括 $222 \times 122 \times 122$ 个单元格,每个单元格在 3 个方向上的尺寸分别为 0.5cm、3.34cm 和 3.34cm。

### 5.3.2　电荷密度分布的稳定性

如前所述,在充电周期 $\tau$ 内,电荷通过对表征两个极板间计算区域电磁特性的麦克斯韦方程产生扰动而沉积在极板上。在此期间,假设所施加的电场 $E_x$ 在极板之间的空间中是均匀的。实际上,在一个尺寸有限的带电平行板电容器中,总是存在边缘效应,越接近极板的边缘,电场的幅值越大。也就是说,在电容器的中心区域和边缘区域之间,$E_x$ 有一定程度的变化。$E_x$ 的实际分布和充电期间施加 $E_x$ 的分布之间的不匹配意味着:当 $t > \tau$ 时,整个 FDTD 计算空间中的电场将随时间发生变化,并逐渐达到平衡状态。基于高斯定律从电场计算得到的电荷密度,它在极板上的分布也会以同样的方式达到稳定。如下例所示,确实观察到了这种情况:

假设如 5.2.1 节所示 FDTD 网格中的一个电容,其 $A_s = 20m$,对其进行充电,底部极板中心单元格上(见图 5.1)的电荷如图 5.3 所示。电荷大小的变化呈现出阻尼振荡的规律,振荡周期约为 7.3ns,非常接近极板上的传输时间(从极板一侧至另一侧) 6.7ns。在经历 20～25 个振荡周期后,电荷大小趋向稳定。振荡周期表明在极板内存在阻尼振荡的电荷流动。$t>80$ns 时,振荡幅度约为 0.2%。

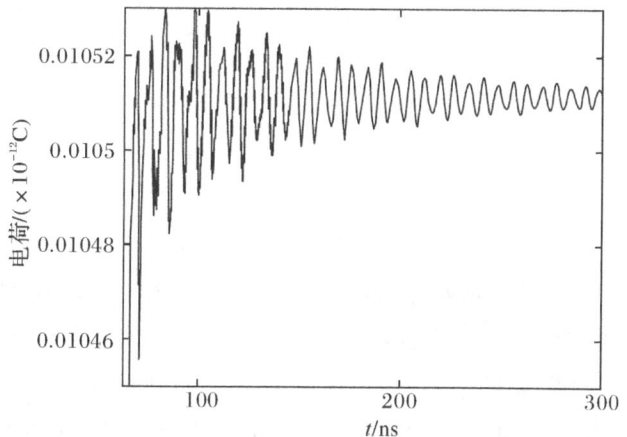

图 5.3　图 5.1 所示底板中心单元格中的电荷稳定过程

然而,极板上的总电荷不会振荡到这种程度。$t>80$ns 时,图 5.4 显示极板上总电荷的最大振荡幅度仅为 $4.8\times10^{-3}$%。这说明从极板中一个单元格中消失的电荷会在极板上的其他地方出现,所以单个单元格中的电荷的振荡是极板上电荷重新分布的结果。

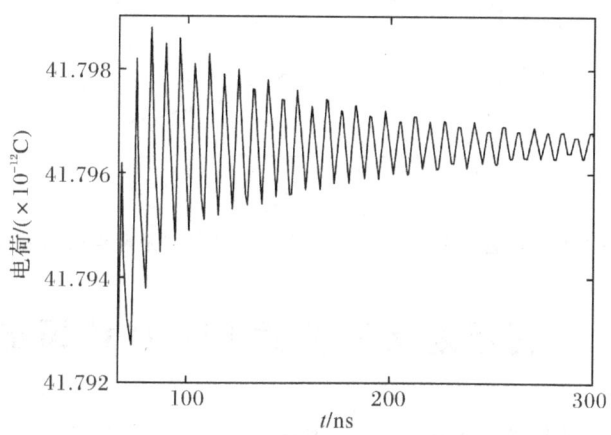

图 5.4　底部极板上的总电荷

### 5.3.3　放电时间常数的确定

图 5.5 给出了两极板中心单元格充电、稳定和放电的波形。按照第 5.2.3 节所述的电容计算流程,可以得到电容容值为 434.8pF,充电电压为 98mV。电容通过串联的 0.02Ω 开关电阻和 100Ω 的负载电阻进行放电。

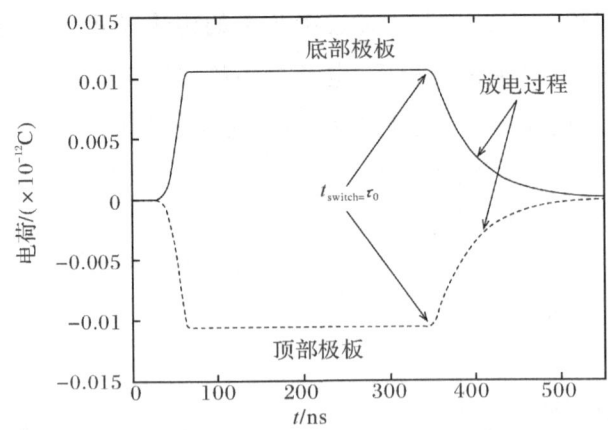

图 5.5　电容器两极板中心单元格上电荷随时间变化的波形

为了确定放电的 RC 时间,将放电的数据拟合成指数衰减曲线,起始时刻在开关电阻变为常数之后,略微滞后于 $t = \tau_{sc}$。这部分数据和其最佳拟合曲线如图 5.6 所示。从拟合曲线计算可得 e 折时间为 44.01ns,与上述基于电阻值和电容值计算得到的 RC 值误差在 1.2% 以内。这验证了第 5.2.3 节中所述电容值计算流程。

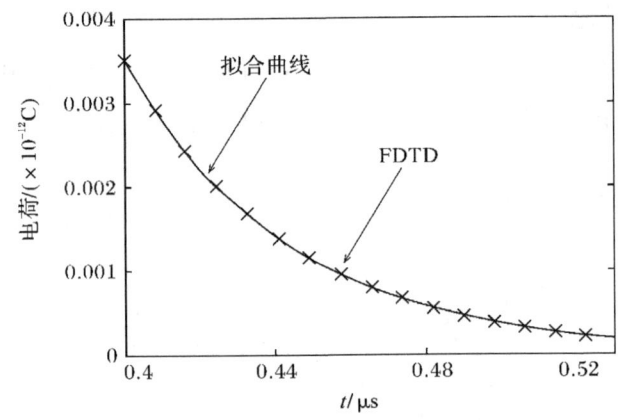

图 5.6　电容器放电 FDTD 仿真计算结果以及最佳拟合曲线

## 5.4　利用矩量法核验 FDTD 计算结果

使用矩量法(MOM)[40]对极板上的电荷分布和由此计算得到的电容进行了验证,矩量法的细节可以从参考文献[40]获得。但是,为了完整性,下面给出了矩量法的几个重要特点。

假设电容器的极板在 $x$ 方向上极薄,在 $y$-$z$ 平面上被分成多个矩形计算网格。同时假设所有矩形中的电荷都集中在它们各自的中心,即"网格点"。这些点电荷对所有网格点的静电电位均有贡献。因此矩量法计算的目标是确定每个网格点的电荷值,使得给定极板上所有的网格点都具有相同的电位,对任一极板上的电位进行计算时均必须考虑两个极板的贡献。

在前述案例中电容器极板是正方形的,这些极板被划分成 $N \times N$ 的正方形网格。从对称性考虑,仅需计算 1/4 网格点的电荷,即总共 $N^2/4$ 个点。为了提高计算精度,$N$ 必须足够大,以使网格尺寸显著小于极板间距。

因此,计算过程中总计有 $N^2/4$ 个线性方程,以及同样数量的未知数。通过求解方程组可以获得每个网格点的电荷,对这些电荷求和,就得到每块极板上的总电荷 $Q_{\text{MOM}}$。利用下式可以求出电容:

$$C_{\text{MOM}} = \frac{Q_{\text{MOM}}}{V_{\text{MOM}}} \tag{5.11}$$

将每个网格点计算出来的电荷除以表面积则得到每个网格中的电荷密度。

### 5.4.1 电容值的检验

下面比较采用 MOM 方法和 FDTD 方法计算不同纵横比电容器容值的结果,纵横比分别取 1、5、10 和 20。在使用 MOM 方法进行计算时,都使用 $N = 80$。

使用第 5.2.1 节中描述的计算网格设置来研究 $A_s = 20$ 的电容器。由于数值计算能力的限制,在 FDTD 计算时,纵横比为 1、5 和 10 的电容器均在 $x$、$y$ 和 $z$ 方向上分别包括 $110 \times 90 \times 90$ 个单元格组成的计算空间中完成。对于所有纵横比,该网格划分方式中的单元格尺寸 $\Delta y = \Delta z = 6.67 \text{cm}$,而对于纵横比 $A_s$ 分别为 1、5 和 10 时,$\Delta x$ 的值分别为 20cm、4cm 和 2cm。上述所有情况中,电容器所在区域包含有 $10 \times 30 \times 30$ 个单元格,电容器边缘与 $x$、$y$ 和 $z$ 方向边界之间区域包含有 $50 \times 30 \times 30$ 个单元格。

表 5.1 比较了两种方法的计算结果,表 5.1 中还给出了无限大平行板电容器的理论电容值。

$$C_{\text{thy}} = \frac{\varepsilon_0 \omega_p^2}{g_p} \tag{5.12}$$

表 5.1 不同电容器纵横比下 FDTD 方法和 MOM 方法计算电容值的比较

| $A_s$ | $C_{\text{FDTD}}/\text{pF}$ | $C_{\text{MOM}}/\text{pF}$ | $100(1 - C_{\text{FDTD}}/C_{\text{MOM}})/\%$ | $C_{\text{thy}}/\text{pF}$ |
|---|---|---|---|---|
| 1 | 48.4 | 61.7 | 21.6 | 17.7 |
| 5 | 136.1 | 145.1 | 6.2 | 88.5 |
| 10 | 241 | 245.8 | 1.95 | 177 |
| 20 | 430.8 | 431.3 | 0.1 | 354 |

从上表中可以注意到 3 点:① 随着 $A_s$ 的增加,两种方法的结果逐渐接近所期望的无限大极板条件下的理论值 $C_{\text{thy}}$;② 除了 $A_s = 1$ 的情况,MOM 方法和 FDTD 方法得到的计算结果比较一致,尽管这两种方法基于不同的假设;③ $A_s$ 增大后,FDTD 方法和 MOM 方法之间的差距越来越小,第 5.4.3 节对这种有规律的收敛进行解释。

### 5.4.2 电荷密度分布的边缘效应

一般地,与中心区域相比,极板边缘附近的电场和电荷密度应该更高,这种边缘效应在一个正方形极板4个角上尤其明显。

在FDTD仿真模拟中观察到了这种效应。图5.7给出了电容器下极板表面上的电荷密度$\rho$的分布,电容器纵横比$A_s = 20(\omega_p = 2\text{m}, g_p = 0.1\text{m})$。FDTD网格的设置同第5.2.1节。对应的电场幅值$|E|$分布如图5.8所示,中心区域的电场几乎是均匀的,但是在4个边角位置幅值陡然上升。

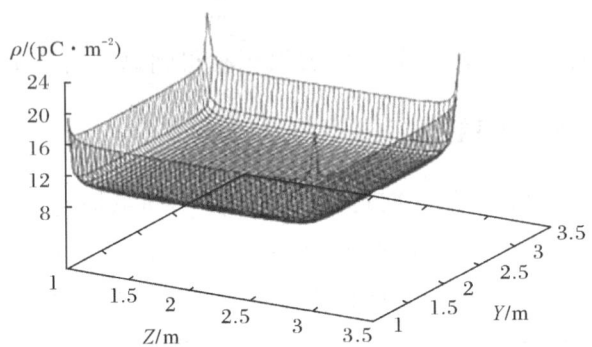

图5.7 FDTD方法计算得到的下极板表面的电荷密度分布(图中pC指的是皮库伦)

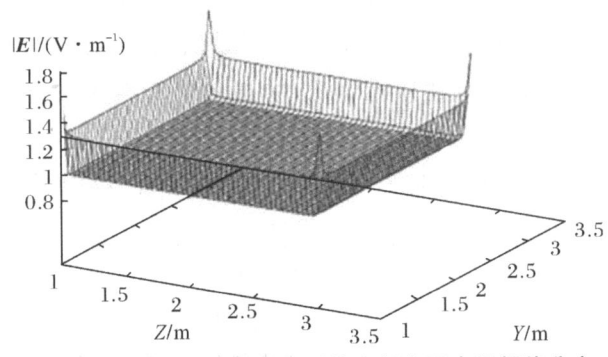

图5.8 FDTD方法计算得到的底板表面电场幅值分布

### 5.4.3 电荷密度分布的验证

对于和第5.4.2节中相同的电容器,分别使用FDTD方法和MOM方法计算其电荷密度分布并进行比较,结果如表5.2所示。

设置了3种不同的网格尺寸,分别对应于MOM网格中的$N = 20$、40和60。对于MOM网格,它是二维的,只覆盖了极板。而FDTD网格是三维的,必须在极板边缘和计算区域边界之间留有一定的距离。因此,对于这3种情况,FDTD网格设置为$110 \times 60 \times 60$,$110 \times 80 \times 80$和$262 \times 120 \times 120$,对应的$\Delta x$、$\Delta y$和$\Delta z$分别为$(1, 10, 10)\text{cm}$、$(1, 5, 5)\text{cm}$和$(0.5, 3.34, 3.34)\text{cm}$。

表 5.2 $A_s = 20$ 时 FDTD 方法和 MOM 方法计算得到的表面电荷密度的比较

| $N_{MOM}$ | $\rho_{FDTD}/(pC/m^2)$ | | $\rho_{MOM}/(pC/m^2)$ | |
|---|---|---|---|---|
| | 低 | 高 | 低 | 高 |
| 20×20 | 9.55 | 13.62 | 9.51 | 15.25 |
| 40×40 | 9.64 | 17.84 | 9.17 | 21.37 |
| 60×60 | 9.52 | 23.26 | 9.24 | 27.82 |

表 5.2 中，符号"高"和"低"分别指极板边角和极板中心的电荷密度。电荷密度单位为皮库每平方米（pC/m²）。

从表 5.2 中可以得出 3 个结论：① 不同条件下计算得到的极板中心区域电荷密度有较好一致性，它对网格密度的敏感性不强。② 提高空间分辨率时，极板边角处的电荷密度增大，这与电荷密度和曲率半径成反比的规律是一致的，由于极板具有直角拐角，即零曲率半径，理论上电荷密度将在拐角处变得无穷大，仿真时使用的网格越细，越接近拐角的真实情况。因此，对应的峰值电荷密度也相应增加。③ 用两种方法计算的"高"值之间有很大的偏差，"高"值的偏差可能是由于两种方法假设的前提不同，在 FDTD 方法中，假设 $E$ 的分量在所有方向上线性变化，从 $E$ 计算了电荷密度，所以每个计算单元格中的电荷密度是恒定的。在 MOM 方法中，假设电荷位于每个网格点。在 $E$ 变化缓慢的区域，如极板中心，这种差异可能不重要，但在拐角附近的影响会很大。

现在可以解释第 5.4.1 节中的计算结果，即随着电容器纵横比的增加，用 MOM 方法和 FDTD 方法计算的电容显示出越来越好的一致性。表 5.3 比较了不同纵横比下使用两种方法计算的电荷密度。第 5.4.1 节描述了这些计算中使用的 FDTD 计算空间，在 MOM 计算中，当 $A_s = 1、5、10$ 时，$N = 30$；当 $A_s = 20$ 时，$N = 60$。

对于所有的 $A_s$，FDTD 方法和 MOM 方法计算得到的中心区域电荷密度相差不到 3%。然而，对于拐角处单元格，MOM 计算得到的电荷密度要高得多，随着 $A_s$ 增大，两者的差异越来越小。这意味着，对于较小的 $A_s$ 值，使用 MOM 方法时，计算得到的极板上电荷密度较高，从而电容值也会偏大。

表 5.3 不同纵横比下 FDTD 方法和 MOM 方法计算得到的电荷密度的比较

| 纵横比 /$A_s$ | $\rho_{fdtd}/(pC/m^2)$ | | $\rho_{MOM}/(pC/m^2)$ | |
|---|---|---|---|---|
| | 低 | 高 | 低 | 高 |
| 1 | 15.54 | 38.12 | 15.65 | 145.22 |
| 5 | 10.36 | 27.9 | 10.08 | 43.45 |
| 10 | 9.77 | 21.25 | 9.45 | 27.26 |
| 20 | 9.52 | 23.26 | 9.24 | 27.82 |

## 5.5 边界条件的影响

在仿真模拟中使用了二阶 ORBC 边界[32],这个边界条件假设计算空间中物体辐射的场是平面波,即场垂直于区域边界。只有当物体到边界的距离至少是一个波长时,这个假设才有效。

当研究的问题涉及很宽的频率范围时,很难严格满足这个条件。一方面,即使被模拟的对象是小尺寸的,总的计算空间尺寸也是由仿真的最低频率所决定。另一方面,网格尺寸必须足够小,以处理研究问题中的最高频率。在上述两个要求下,计算时将需要设置大量的计算单元格。

此外,对于非常低的频率,尤其是零频率,显然不可能满足这个条件。因此,计算肯定会有一些误差,特别是在长时间的响应中。具体来说,对于电容器问题,最终的电荷密度分布很可能会受到电容器极板与计算空间边界距离的影响。

对于电容充电的问题,有一个简单的解决方案。众所周知,边缘场随极板距离的增大而衰减,其特征衰减长度与极板间距的数量级相当。如果边界处的场强很小,应用 ORBC 边界条件后所引入误差对电荷分布的影响都较小。因此,解决方案是保持极板和边界之间的距离是极板间距的若干倍。

研究了 $A_s = 20(\omega_p = 2\text{m}, g_p = 0.1\text{m})$ 时电容器的边界效应。$y$ 和 $z$ 方向上极板和计算空间边界之间距离分别为 $D_y$ 和 $D_z$,均固定为 $1\text{m}$,此时 $D_y/g_p = D_z/g_p = 10$。继续增大该比值时,都不会使结果产生显著变化。第 3 个参数 $D_x/g_p$ 从 $3 \sim 6$ 不等。FDTD 计算空间在 $x$、$y$ 和 $z$ 方向上的网格尺寸分别为 $0.5\text{cm}$、$3.34\text{cm}$ 和 $3.34\text{cm}$。在每种情况下,比较 FDTD 方法计算的电容($C_\text{FDTD}$)与 MOM 方法计算的电容($C_\text{MOM}$),如图 5.9 所示,从图中可知,随着 $D_x/g_p$ 的增加,两者的偏差稳步减小,当 $D_x/g_p = 5$ 时,两者的偏差小于 $1\%$。

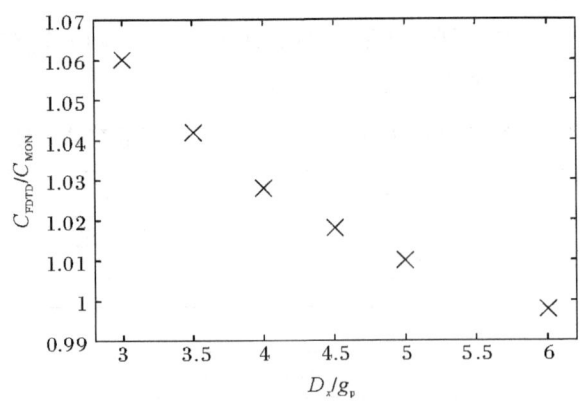

图 5.9　$D_y/g_p = D_z/g_p = 10$ 时 $D_x/g_p$ 对电容值的影响

MOM 和 FDTD 结果的收敛性可以通过修正边界接近物体时的电场分布来解释。图 5.10 和图 5.11 分别给出了 $D_x/g_p = 3$ 和 $D_x/g_p = 6$ 时 $X$-$Z$ 平面上电场 $\boldsymbol{E}$ 的等值线图,两图均给出的是计算空间 $y$ 方向最中间位置,即 $y = 2\mathrm{m}$ 处的电场。

对于 $D_x/g_p = 6$ 的情况,可以看到等值线图关于计算区域中 $x$ 和 $z$ 的中心位置(对应 0.65m 和 2m)对称,然而在 $D_x/g_p = 3$ 的情况下,存在明显的不对称。这表明,对于小值的 $D_x/g_p$,边界条件不仅会显著改变边缘位置的电场,还会显著改变电容器内部的电场分布,显然,这会影响电容器极板上的电荷分布,进而对电容值产生影响。

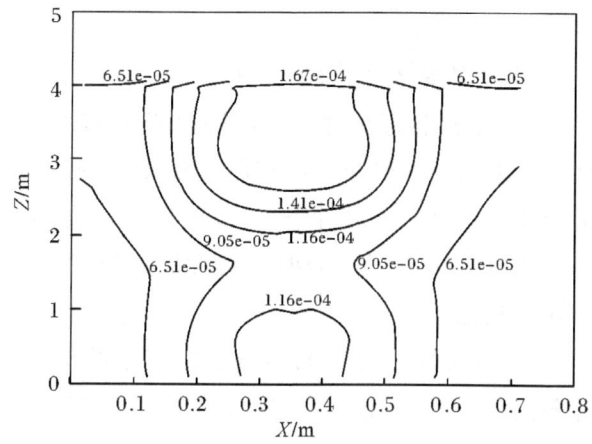

图 5.10  $D_y/g_p = D_z/g_p = 10, D_x/g_p = 3$ 时电场的等值线图

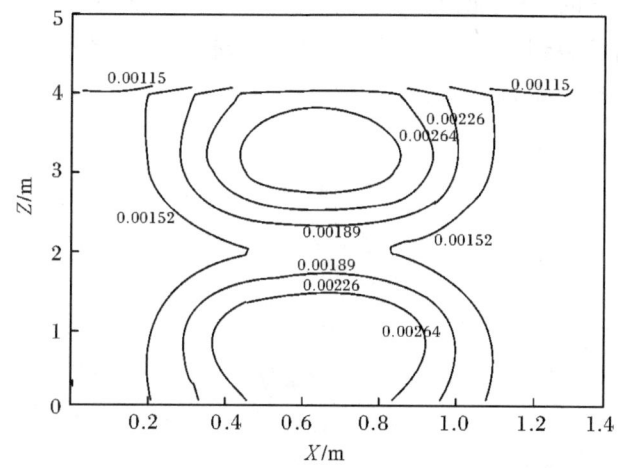

图 5.11  $D_y/g_p = D_z/g_p = 10, D_x/g_p = 6$ 时电场的等值线图

研究表明,在 $x$ 方向,边缘场延伸到大约 5 倍极板间距的距离,在 $y$ 和 $z$ 方向上,延伸到等于 10 倍极板间距的距离后,计算结果趋向稳定。$x$ 方向与 $y$ 和 $z$ 方向之间的差异可以理解如下,电容器的理想导电极板会大大降低 $x$ 方向上垂直于极板平面的边缘场,因此在 $x$ 方向可以采用更小的间距。

## 5.6 本章小结

对由正方形极板组成的气体介质平行板电容器的充电和放电过程进行了三维FDTD仿真分析,对极板充电过程的仿真是通过在一定时间内对表征极板空间内电磁特性的麦克斯韦方程施加一个扰动来实现的。

该仿真模拟给出了充电电容器内电场及其附近边缘场的三维分布的准确结果。除了极板宽度与极板间距可比的情况,FDTD方法获得的电容值与MOM方法的结果相差较小。

这项研究有助于认识和理解数值模拟时必须考虑的几个关键问题:①FDTD计算空间必须足够大,以满足极板和边界之间的间隙是极板间距的5~10倍的要求,这可以从边缘场的角度进行解释;②选择表征充电过程的时变波形时,应要求它的大部分能量所在的频率上限不会高于FDTD网格可以处理的最高频率,当电容器放电时,类似的限制条件适用于表征闭合开关电阻时变特性的波形;③充电阶段结束后,必须留出一些时间让电场达到稳态。

脉冲实验的FDTD模型通常只对FDTD计算空间内的负载(如天线)进行建模,而用其他方法对脉冲源的演化进行建模。本章给出了在FDTD计算空间实现脉冲功率驱动源仿真的一种方法。

研究了一种单一的、简单的几何形状,即具有空气间隙的平行板电容器。然而,该方法可以很容易地扩展到更复杂的系统,它对于研究电容器及其他快速储能和传输设备内部的分布参数效应特别有用。

# 第6章 有界波电磁脉冲模拟器

## 6.1 引 言

电磁脉冲模拟器广泛应用于电子设备在电磁脉冲下易损性的测试。最简单的有界波电磁脉冲模拟器由两个三角形的导电极板组成,两个三角形中间被平行极板区域分隔,构成了可传播横电磁(TEM)波的空间结构[10]。将电容器组充电至预设高压,然后通过短路开关向前端的三角形极板快速放电,电流通过上述结构流向后端的三角板,流过匹配终端并最终通过导电地极板返回。前端极板在较宽的频率范围内均表现出近似恒定的阻抗,在确定电磁脉冲波形方面起重要作用,中段和后端极板则起到导波作用[10]。被试品放置在平行板区域的有界空间内。通过电容器放电在被试品周围产生强烈且快速变化并能覆盖较宽频率范围的电磁场。

本章将有界波模拟器的研究分为两个部分。第一部分由6.2~6.8节组成,主要关注电容-开关-横电磁结构的工作性能,其中阻性终端置于模拟器锥形部分的末端,而测试空间和被试品不包含在内,即仅研究电磁脉冲的形成和传播。第二部分由6.9节组成,对图6.1中所示结构进行建模,其中终端置于平行极板延伸段的末端,并在这一扩展空间中放置简单的被试品,以研究电磁脉冲与被试品之间的相互作用。

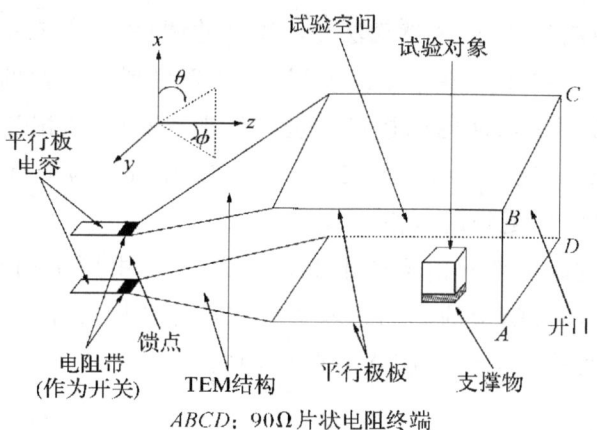

图6.1 具有平行段试验空间和片状电阻终端的电磁脉冲模拟器结构示意图

本章的组织结构如下：6.2 节对本研究中关注的模拟器进行介绍并提供计算模型的相关信息，6.3 节介绍了用于确认所设置的 TEM 结构几何参数正确性的程序，6.4 节中给出了快速闭合开关的时域有限差分（FDTD）模型，6.5 节中，对模拟器和 FDTD 计算空间边界之间合适距离的选取步骤进行了解释，6.6 节中给出了在有界空间中电磁场分布特征的结果，6.7 节中对流过模拟器极板的电流进行了讨论，6.8 节中讨论了开关动作前的预脉冲，模拟器中有被试品存在情况下的工作性能在 6.9 节中进行了研究。利用 FDTD 代码得到的结果需要与简单问题的结果进行验证，部分检验确认在 6.10 节中进行了讨论。最后，6.11 节对本章进行了总结。

## 6.2 几何结构和计算模型

图 6.1 所示为所需建模的系统的结构图。为了说明问题，所选取的脉冲源及 TEM 结构的参数与文献[9]中给出的模拟器参数基本一致。文献[9]中 TEM 结构的特征阻抗为 90Ω，在末端开口处连接有匹配阻性终端，模拟器由充电至 1 MV 的 82 pF 的峰化电容驱动，该模拟器仅有部分数据可供参考。为了便于分析，在某些情况下，因为缺乏相应的数据，在 6.2.1 节中给出了一定的理想化处理。需要注意的是，本研究的目的是说明三维的 FDTD 计算可应用于这类型模拟器，而不是为了精确匹配到实验结果上。该方法可以较为容易地用于分析实际设计的模拟器。

### 6.2.1 理想化假设

（1）文献[9]中没有给出模拟器的试验空间，然而，这类模拟器通常具有很大的实验空间。为了涵盖整个试验空间，需要设置非常大的计算空间，但为了求解高频分量，又需要将网格尺寸限制得比较小；而在当前计算机硬件的限制下，不允许这样处理全系统问题。因此，在不同的研究中，本书假设试验区域的长度一般在 3～9m 之间，即便是在这种限制条件下，依然无法将网格尺寸调整至 1.85cm 以下，这一尺寸所对应的最高频率为 1.6GHz。在本书的模拟中，计算得到的最快的上升时间（10%～90%）为 2.2ns，可以通过前面的网格尺寸进行处理。然而，Schilling 等人在文献[9]中给出了实验中得到的最快上升时间（20%～90%）为 1ns，为了对具有这一上升时间的情况进行计算，则需要更细的网格。

（2）文献[9]中的峰化部分由多个水电容组成，而本书则采用具有单个空气间隙的平板电容器，容值与文献中的相同。电介质材料与结构尺寸的不同意味着电容器内部的传输线效应可能与实际情况略有差异，但这一差异仅会影响非常短时间尺度的现象。

（3）文献[9]中没有给出快速闭合开关的详细信息，因此，在 6.4 节中给出了一个简单模型。这意味着计算出的预脉冲和 TEM 结构中的早期电场部分可能与实验结果不一致。

(4)终端结构尺寸的详细信息同样未给出。一般情况下是通过一系列并联的电阻链连接上下极板,通过选取电阻链的参数获得合适的匹配电阻值。这种布置形式有效地起到了"电阻片"的作用,同时能够减小从有界空间开孔处产生的辐射场外泄。因此,在本研究中,仅在开口处假设了单一的电阻片,然而在一些特定的研究中,本书也研究了使用其他几何形状的电阻的效果,例如使用两个并联的电阻棒。

### 6.2.2 几何结构

图 6.2 中给出了 TEM 喇叭几何结构示意图,并对后面使用的部分符号进行了说明。在所有的情况中,$W$ 为极板在 $y$ 方向上的宽度,$H$ 为 $x$ 方向上极板间距,$S$ 为极板在斜边上的长度,即上极板的边缘上两点的实际长度。下标 f 和 a 分别指代模拟器的馈源处和开口处。

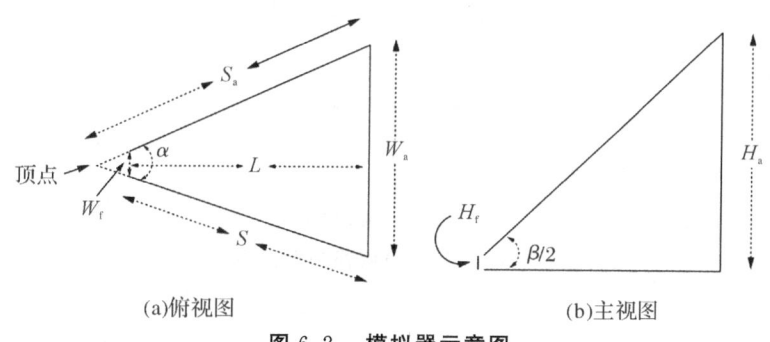

**图 6.2　模拟器示意图**

文献[9]给出的极板尺寸参数包括:末端开口处的极板宽度 $W_a = 2.32$ m,$\alpha = 22°46' \approx 22.77°$,$\beta \approx 30°$。这里 $\beta/2$ 为上极板相对于地极板测得的仰角。这两个角度的关系可表示为

$$\alpha = 2 \tan^{-1}\left[\frac{W}{2H}\sin(\beta/2)\right] \tag{6.1}$$

由此,可计算得到 $W/H = 1.56$。已知 $W_a = 2.32$ m,可得到天线末端开口处的高度 $H_a = 1.49$ m。

接下来考虑馈源的问题。选择馈源的高度 $H_f \simeq 0.055$ m,这个高度必须与 FDTD 网格内设置的电容器和开关的高度相匹配。由于希望 $W/H$ 基本保持恒定,因此馈源处的宽度 $W_f \simeq 0.086$ m,然而,受 FDTD 的网格尺寸的限制,实际上 $W_f = 0.074$ m。

接下来考虑图 6.2 中所示的极板顶点与末端开口间的斜边长度 $S_a$,由图 6.2 可得,$S_a = W_a/[2\sin(\alpha/2)] \approx 5.88$ m。用同样的方法可得到上极板在 $y$-$z$ 平面上的投影长度,即 $L = 5.37$ m,$S = 5.67$ m。

### 6.2.3 FDTD 模型

图 6.3 和 6.4 分别给出了模拟器 FDTD 网格的主视图和俯视图。将文献[9]中由一组水电容组成的峰化电容器在本模型中理想化处理为一个具有平行极板的空气间隙电容器。电容器极板和模拟器均由理想电导体（PEC）构成，峰化电容器充电至约 1 MV。仿真开始时，电容器处于未充电状态，通过在电容器极板之间的区域内施加一个 $x$ 方向上的电场实现对电容器的充电。电场在时域中的波形遵循半高斯曲线，6.8 节中将对该波形进行简要描述。第 5 章中对充电过程已经进行了深入的研究。

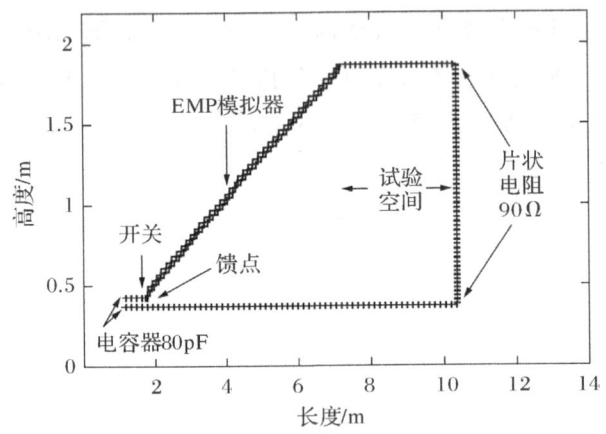

图 6.3 FDTD 网格的正视图

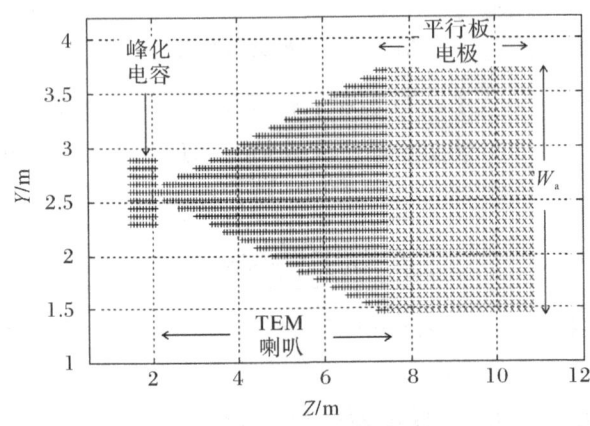

图 6.4 FDTD 网格的俯视图

计算网格可根据研究问题的需要进行调整。典型的网格在 $x$、$y$ 和 $z$ 方向上由 $122 \times 156 \times 365$ 个单元组成，网格单元的尺寸 $\Delta x$、$\Delta y$ 和 $\Delta z$ 均为 1.85cm。根据 Courant 准则，这一网格尺寸对应的时间步长为 35.6ps[32]。由电容器、开关和 TEM 结构组成的有源区域在计算空间中放置的位置与计算空间边界间至少有 20 个网格单元的距离。

## 6.3 TEM 结构几何尺寸验证

如图 6.1 所示,最简单的 TEM 结构由两个具有一定角度的等腰三角形极板组成。在进行详细的时域仿真前,需要确认所建立的 TEM 结构特征阻抗为 90Ω,验证方法包括解析和数值计算两种。

### 6.3.1 解析法验证

将喇叭型的结构等效为一组串联的平行板传输线,每条传输线具有不同的宽度 $W$ 和高度 $h$,但保持着恒定的 $W/h$ 以获得所需的特征阻抗 $Z_c$。所需特征阻抗与 $W/h$ 间的关系由下式确定[41]:

$$Z_c \simeq \frac{\eta_0}{\sqrt{\varepsilon_r}\left[(W/h)+2\right]} \tag{6.2}$$

其中,$\eta_0 = 377\Omega$,为自由空间波阻抗,$\varepsilon_r$ 为极板间介质的相对介电常数,$W$ 为极板的宽度,$h$ 为半高度,即在给定的喇叭形截面上地极板以上的高度。需要注意的是,这只是一个近似公式。可根据如下关系进行误差估计:当 $W/h=1.56$,$\varepsilon_r=1$ 时,可得到 $Z_c=55.4\Omega$,与文献[18]中给出的实测值 50Ω 相比增加了约 10.8%。

应用该公式对本研究中的 TEM 结构进行验证。$W/h=1.56$,得到 $Z_c=105.9\Omega$。利用上面得到的校正系数,修正得到 $Z_c=95.6\Omega$,与文献[9]中给出的 90Ω 相当接近,因此可初步确认尺寸参数的合理性。

### 6.3.2 数值计算法验证

下面将采用数值计算的方法进行检验,结果表明由模拟器极板和终端组成的三维 FDTD 网格中的结构在我们关注的频率范围内的输入阻抗为 90Ω 左右。

原则上,可以通过在 TEM 结构的输入端施加频率为 $\omega$ 的正弦电压波形 $V_0(t)$,然后"测量"相应的输入电流 $I_0(t)$ 来确定输入阻抗。计算中发现 $I_0(t)$ 通常存在一个瞬态响应,平稳后成为一个"理论上"的正弦波并与 $V_0(t)$ 之间存在相位差。电压和电流的幅值之比决定了输入阻抗 $Z$,相位角可将其分解成实部和虚部。

鉴于需要在较宽的频率范围内确定阻抗,计算中需针对大量的频率重复这一过程。一个更简便的方法,也是 FDTD 文献中广泛使用的方法,是施加具有高斯脉冲形式的 $V_0(t)$[32]:

$$E_x(t) = \begin{cases} E_0 e^{-\alpha(t-\tau)^2} & (0 \leqslant t \leqslant 2\tau) \\ 0 & (t<0 \text{ 或 } t>2\tau) \end{cases} \quad (6.3)$$

其中,$\alpha = (4/\tau)^2$,$E_0$ 为峰值场强,特征时间 $\tau = 6/f_{\text{maxcell}}$。这里,$f_{\text{maxcell}}$ 为 FDTD 网格可以处理的最大频率[32]。

$$f_{\text{maxcell}} = \frac{c}{10\Delta}$$

其中,$\Delta$ 是 $\Delta x$、$\Delta y$ 和 $\Delta z$ 中的最大值。

输入电流 $I_0(t)$ 利用安培环路定律 $\oint \boldsymbol{H} \cdot \mathrm{d}\boldsymbol{l}$ 在馈源处测量。输入阻抗 $Z_{\text{in}}(\omega)$ 可由下式给出

$$Z_{\text{in}}(\omega) = \frac{V_0(\omega)}{I_0(\omega)} = -\frac{g_f \times E_x(\omega)}{I_0(\omega)} = R_{\text{in}}(\omega) + jX_{\text{in}}(\omega) \quad (6.4)$$

其中,$g_f$ 为馈入处上下极板的间距。$V_0(\omega) = g_f \times E_x(\omega)$ 为所施加输入电压的傅里叶变换,通常是一个复数。阻抗包括输入电阻 $R_{\text{in}}(\omega)$ 和输入电抗 $X_{\text{in}}(\omega)$。

图 6.5 为终端 90Ω 匹配时,所设计的 TEM 结构在 30~550MHz 频率范围内的响应。可以看出,在低频范围内存在幅值很高的尖峰,而在更高的频率下,这些尖峰逐渐消失,因此平均的输入电阻基本上在 90Ω 附近。TEM 结构输入阻抗的实验测量结果也具有相似的变化趋势[24,42]。

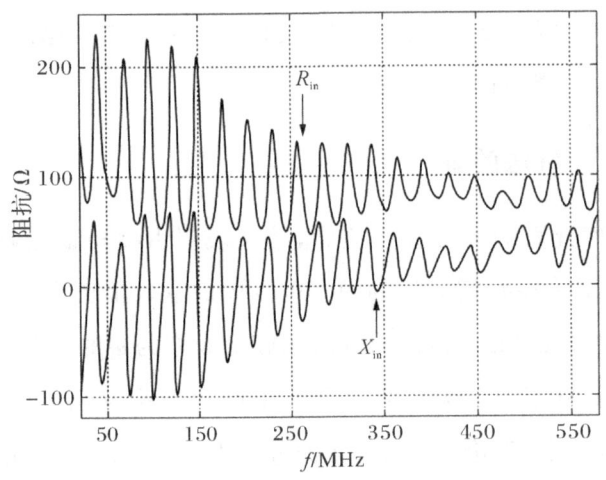

图 6.5　连接 90Ω 片状电阻匹配终端时 TEM 结构的输入阻抗

图 6.6 给出了以两根平行的电阻棒作为终端负载时 TEM 结构的输入阻抗,两根电阻棒的阻值均为 180Ω。在图 6.6 中可以观测到与图 6.5 相似的趋势,通过数值计算再次验证了结构的正确性。

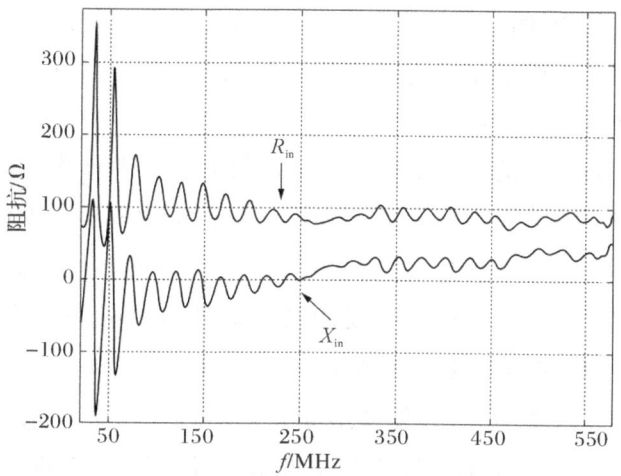

图 6.6 棒状匹配终端时 TEM 结构的输入阻抗

## 6.4 闭合开关的 FDTD 模型

如图 6.1 和 6.3 所示，开关采用了一个简化模型，其由两条电阻带组成，每一条电阻带的长度为一个计算单元，将电容器的上下极板与 TEM 结构的相应极板分隔开。电阻带的材料具有随时间变化的电阻率，其在电容器充电过程中保持无穷大的初始值。这就意味着在电容器充电过程中没有电荷移动到模拟器结构上。然而，由于容性耦合效应，实际上可能存在预脉冲，这将在 6.8 节中进行研究。

实际中开关电阻率的时间变化过程由开关击穿的物理过程决定。由于对开关的详细建模不在本章的研究范围，因此需要选取一个符合物理过程的近似波形用以说明问题。众所周知，对于大多数快速闭合开关，涉及气体或液体的击穿过程，均存在形成时延[43]。对开关间隙施加强电场后，雪崩击穿过程将缓慢建立，在此期间开关仍保持着较高的等效阻抗。形成时延后，雪崩过程迅速建立，导致开关电极上的电压迅速跌落。

能够描述开关从完全断开到完全闭合状态上述特征的波形可由"半高斯"函数给出

$$\sigma = \sigma_c \exp[-\alpha_s(t-\tau_s-\tau_0)^2], \quad \tau_0 \leqslant t \leqslant \tau_s + \tau_0 \tag{6.5}$$

其中，$\tau_s$ 为开关闭合的特征时间，$\tau_0$ 为开关动作起始时间，$\alpha_s = (4/\tau_s)^2$，$\sigma_c$ 为开关在全闭合状态下材料的电导率。$\tau_s$ 在选取时应注意避免其所对应的频率高于 FDTD 模型可处理的频率上限[32]。$\sigma_c$ 这样选取的原因是由于在完全闭合状态下，相较于 TEM 结构的特征阻抗，开关电阻将变得非常小。

可以看到，当 $t$ 接近 $\tau_s + \tau_0$ 之前，开关维持较低的电导率，在一小段时间间隔后，$\sigma$

呈现出快速增长的趋势。因此,该波形在一定程度上表征了"时间延迟"。

半高斯波形的另一优势在于它的一阶导数在开关全闭合状态时下降为零,这将抑制在波形上叠加的高频振荡。

下面讨论半高斯波形的另一个特征。可以看到,在开关动作,即式(6.5)中的 $t = \tau_0$ 时,电导率是不连续的,而在此前的电容器充电过程中电导率设定为零。然而,这一不连续的幅值较小,比开关全闭合状态下的峰值电导率约小 7 个数量级。这一阶跃变化会涉及全部频率,目前,FDTD 网格仅能精确地处理由网格尺寸决定的上限频率,然而,由于该阶跃变化的幅度较小,在数值上是可接受的[32]。

由此引申出一个问题,是否其他波形相较于半高斯波形在某些或全部层面均不存在优势。从 $\sigma$ 在 $t = \tau_s + \tau_0$ 的时间导数角度来看,误差函数的波形会比较好,因为在开关全闭合的状态下,一阶导数和二阶导数都会变成零。然而误差函数存在两个主要的缺点:① 采用该函数时不存在上述讨论的"时间延迟",特别是 $d\sigma/dt$ 波形在 $t = \tau_0$ 时达到最大值,并在开关达到完全闭合的时间内持续减小。② 在开关动作前后存在下述问题。

$\sigma$ 变化所对应的特征频率 $f_c$ 可通过下式进行估计:

$$f_c = \frac{1}{\sigma} \cdot \frac{d\sigma}{dt} \tag{6.6}$$

其中,$\sigma = \sigma_0 \times \text{erf}(x)$,$x = (t - \tau_0)/\tau_s$,$\text{erf}(x)$ 表示自变量为 $x$ 的误差函数。代入 $\sigma$,可得

$$f_c = \frac{2}{\tau_s \sqrt{\pi}} \cdot \frac{e^{-x^2}}{\text{erf}(x)} \tag{6.7}$$

该频率为时间的函数。当开关在 $t = \tau_0$ 时刻动作,可得到 $\sigma = 0$,因此将产生一个无限高的频率。

为解决这一问题,将 $\sigma$ 给定为一有限值,类似于半高斯模型中,定义 $x = (t - \tau_0 + \delta \tau_s)/\tau_s$。此时半高斯模型与误差函数间将存在显著差异。在高斯形式中,当 $\sigma/\sigma_0$ 较小时,函数值及其导数均较小,因此特征频率处于合理的范围内。然而对于误差函数 $\text{erf}(x)$,导数的初始值较大,且随时间逐渐减小,由此使得开关动作时,特征频率变得特别大。例如,当 $\sigma = 10^{-7} \sigma_0$ 时开关动作,此时 $\delta = 8.863 \times 10^{-8}$,$\tau_s = 19.7 \text{ns}$,可得 $f_c = 5.7 \times 10^{14} \text{Hz}$,该频率极高。

为解决这一问题,可进一步增加 $\sigma/\sigma_0$ 的初始值。假设需要将 $f_c$ 限制在 400 MHz 以下,即网格可计算的极限。这就要求在 $t = \tau_0$ 时 $\sigma/\sigma_0 = 0.15$。然而这也会带来非常大的 $\sigma$ 初值跳跃这一新问题,由此产生的高频率会给 FDTD 计算带来很大的误差。

图 6.7 所示为当 $\sigma/\sigma_0$ 分别取 $10^{-7}$ 和 0.15 时,TEM 结构内部的电场波形。相较于第 6.6 节中半高斯波形,根据误差函数计算的结果存在显著的高频噪声。可以认为这

些高频噪声均是由误差函数产生的。

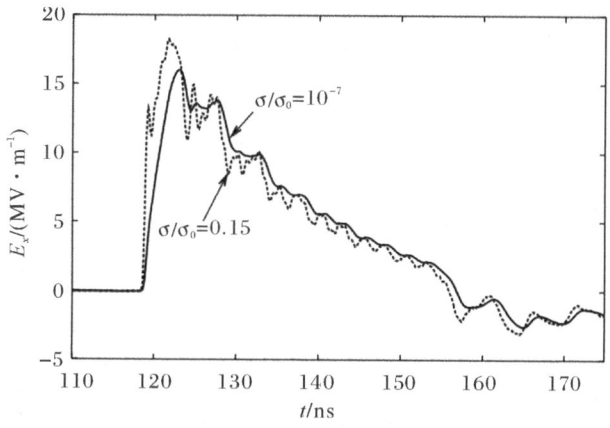

图 6.7　不同 $\sigma/\sigma_0$ 时 TEM 结构馈点处的电场波形

由此可知：尽管半高斯波形在峰值处二阶导数的连续性是有限的，但相较于其他函数，其更适用于开关建模。

这些仿真得到了 TEM 结构馈入电流的时间变化波形，以及结构中的三维电磁场分布。

## 6.5　计算空间边界距离选择

仿真中采用二阶外辐射边界条件(ORBC)。ORBC 只有在模拟器和计算空间边界之间的距离至少在一个波长的量级条件下才适用[32]。当仿真计算涉及超宽带频谱时，这一条件就很难满足。一方面，总的计算空间尺寸由最低的频率决定，同时，网格尺寸由最高频率来决定。当同时满足这两个要求时，所需的计算网格数量将非常庞大。例如，对于非常低的频率，长时间的响应显然是不可能满足这种条件的。文献[18]中给出，当仿真满足上述最高频率的条件时，计算结果和实验结果吻合度较高。

对馈入点波形 $E_x(t)$ 进行傅里叶变换可确定不同开关时间下对应的最高频率 $f_{max}$，将其定义为 $|E_x(f)|$ 下降到其峰值的 0.1% 时对应的频率，可据此选取适当的与计算空间边界的距离。

## 6.6　TEM 结构内部电场

本节介绍充电电容器通过 TEM 结构放电时的仿真计算结果，TEM 结构的终端负载为 90Ω 的完全匹配电阻层。如图 6.3 中所示，仿真中电场的主要分量取为 $E_x$，其中 $x$ 表示高度方向。图 6.8 给出了 TEM 结构中馈入点和开口之间某点的典型电场波形 $E_x(t)$，波形包括预脉冲(开关动作前)和主脉冲(开关动作后)。箭头标识的时间 $\tau_0$ 为开关动作的起始时间。本节着重讨论主脉冲，预脉冲将在第 6.8 节中进行详细讨论。

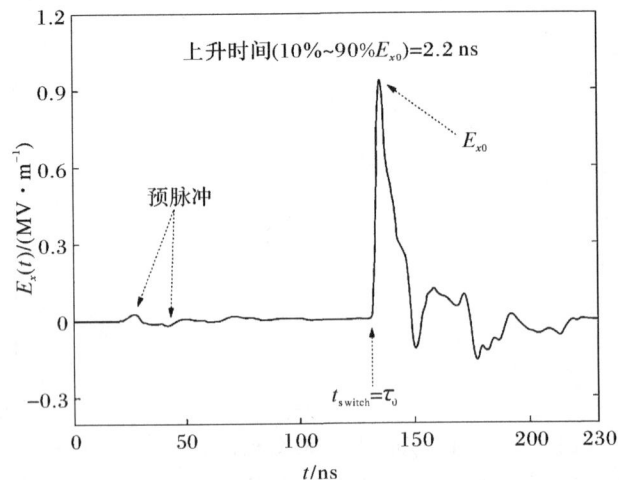

图 6.8　TEM 结构的馈点和开口中间某点上电场的垂直分量

### 6.6.1　开关闭合时间的影响

考虑到 EMP 模拟器的尺寸和成本，设计方通常希望基于相同的 TEM 结构在不同的频率范围内对被试品进行易损性测试。文献[9]中给出了相关案例，其利用上升时间约 1ns 的脉冲源替换掉原有约 7ns 上升时间的脉冲源。更快上升时间允许在更高的频率下对被试品进行试验，但也有可能带来不可接受的副作用。

针对具有 90Ω 阻性终端的 TEM 结构，研究了开关闭合时间的影响。图 6.9 所示为 $\tau_s$ 分别取 19.7、14.8 和 7.4ns 时馈入点的主脉冲波形。当开关闭合时间更小时，计算所需的 FDTD 网格将更细，因此平板电容器 $C_0$ 和充电电压 $V_0$ 在这 3 种情况下略有不同，即 $V_0$ 分别为 917、911 和 906kV，对应的 $C_0$ 分别为 85、82 和 80 pF。这 3 种情况中，$E_x(t)$ 的 10%～90% 上升时间 $\tau_E$ 分别为 4.3、3.7 和 2.2ns，分别对应 0.22、0.25 和 0.30$\tau_s$。

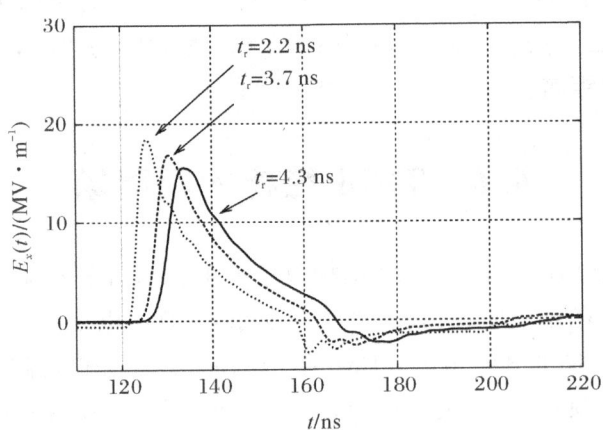

图 6.9　不同开关导通时延条件下馈点处电场波形

$\tau_s$ 与 $\tau_E$ 间的关系可理解如下:式(6.5)描述的开关导通意味着 $\sigma$ 从 $0.2\sigma_c$ 增加到 $\sigma_c$ 需要约 $0.32\tau_s$。可合理地假设为只有当 $\sigma$ 足够高,即 $\sigma > 0.2\sigma_c$ 时,由电容器向 TEM 结构的电荷流动才会变得显著,而 TEM 结构内部电场的建立正是基于这种电荷流动。因此,TEM 结构中 $E_x(t)$ 的上升时间处于 $0.2 \sim 0.3\tau_s$ 的范围内,而上升时间减小导致 $\tau_E/\tau_s$ 增加的原因目前尚不明确,可能与电容器和 TEM 结构之间连接区域的电感有关,也包括开关的电感,这些电感在非常快的上升时间条件下开始起作用。

第 8 章中针对更快上升时间对模拟器泄漏场的不利影响进行了详细研究。第 7 章讨论了快上升时间对模拟器内部模式结构的影响。

### 6.6.2 脉冲保真度

EMP 模拟器用于在有限大小的实验室系统中产生类似于核电磁脉冲(NEMP)环境的电磁脉冲,其目的是使测试对象受到所需频谱的宽带脉冲的影响。目前,由电容器、开关和连接部件组成的脉冲功率源可提供包含合适频谱范围的激励脉冲。然而,同样重要的是要确保 TEM 结构保持脉冲保真度,即不显著改变不同频率的相对重要性。

从简单层面上来看,脉冲的保真度可以通过观测 TEM 结构中不同位置处主脉冲的上升时间进行检验。

图 6.10 所示为 $\tau_s = 19.7\text{ns}$ 条件下,沿 TEM 结构轴线方向上两个不同位置处主脉冲的 $E_x(t)$ 与 $L$ 乘积的波形,两个位置分别位于靠近馈入点处及馈点和末端开孔的中间位置处。其中 $L$ 为观测点距 TEM 结构顶点的距离。对于理想球面波的波前,电场幅度与 $L$ 成反比关系,因此,乘上 $L$ 可获得不同位置处电场幅值的比例因子。

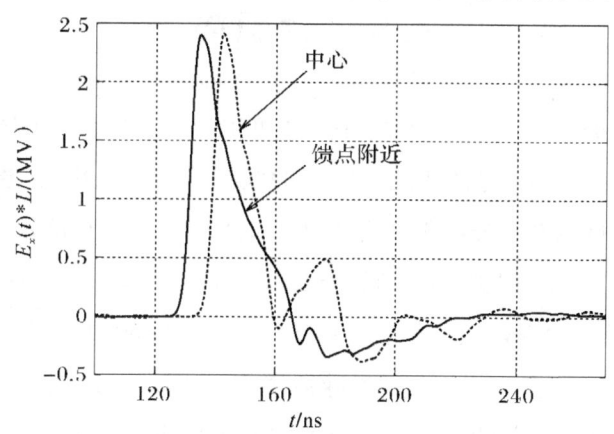

图 6.10 连接匹配片状终端时,不同位置处 $E_x$ 与 $L$ 的乘积

由图 6.10 可以看到,两处波形的上升时间和脉冲形状基本一致,可认为保真度维持在合理的范围内。保持"合理"的保真度并不表示波前是理想的球面波。这里仅是

对两个 $E_x$ 波形按比例放大,以方便进行比较。

## 6.7 模拟器极板电流

对于 $\tau_s = 19.7\text{ns}$ 的情况,图 6.11 给出了靠近末端开口处流过下极板的 $z$ 方向电流的时域波形,电流通过环路积分 $\int \boldsymbol{H} \cdot \text{d}\boldsymbol{l}$ 获得。图 6.11 中电流峰值和图 6.10 中馈源附近的 $E_x * L$ 峰值间 16.5ns 的时间延迟与波在两点间的传播时间一致。

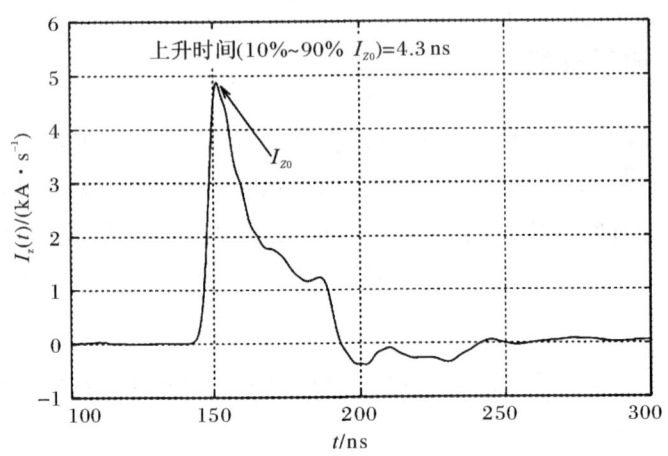

图 6.11 开口附近下极板上流过的沿 $z$ 方向电流。TEM
开口处连接匹配的片状终端,且 $\tau_s = 19.7\text{ns}$

(注:原著纵坐标电流单位为 $\text{kA} \cdot \text{s}^{-1}$,结合上下文,应该为 kA)

## 6.8 预脉冲

当脉冲源电容的充电时间与开关闭合时间相当时,通过开关间杂散电容的位移电流将产生显著的预脉冲。这种情况在实际的模拟器中也会出现,例如在文献[9]中,峰化部分的充电时间约为 10ns,仅比开关闭合时间大 5~10 倍。

图 6.8 为 $\tau_s = 7.4\text{ns}$ 时的 FDTD 仿真结果,可以看到波形上存在预脉冲。图 6.12 为 $\tau_s = 19.7\text{ns}$ 情况下的局部放大图。第一个峰值为预脉冲的主峰,其后为来自开口处的反射波。主脉冲峰值(正峰值)与反射脉冲峰值(负峰值)之间的时间延迟对应了从馈源处到末端开口处 2 倍的传输时间,两点间的距离为 10.8m。

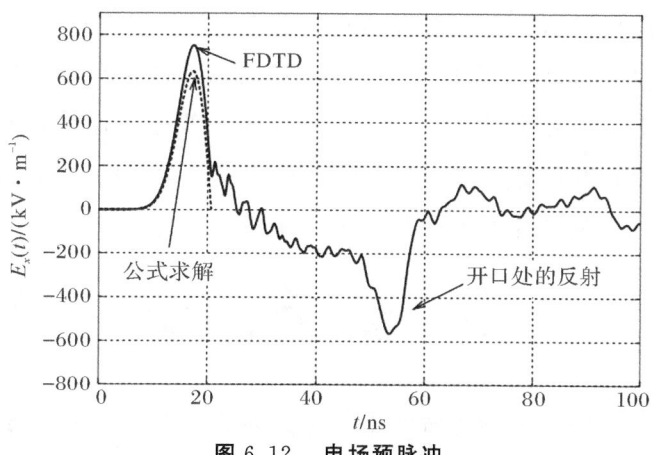

图 6.12 电场预脉冲

下面将简化分析并估计预脉冲,同时与 FDTD 波形进行对比。

位移电流 $I_D$ 可由下式给出

$$I_D(t) = C \frac{dV(t)}{dt} \tag{6.8}$$

其中,$C$ 为开关等效电容,$V(t)$ 为施加在开关极板间的充电电压。

由于文献[9]中实际使用的 $V(t)$ 并未明确给出,因此选取了类似半高斯形式的波形,由下式给出

$$V(t) = \begin{cases} V_0 e^{-\alpha(t-\tau)^2} & (0 < t \leqslant \tau) \\ 0 & (t < 0) \end{cases} \tag{6.9}$$

其中,$\alpha = (4/\tau)^2$,$\tau$ 为充电的特征时间。采用该波形则意味着只有在高斯分布达到峰值时,才会在开关上施加激励。采用 FDTD 进行精确计算需要在所关心的最高频率所对应的一个波长内至少有 10 个计算胞元[32]。因此,所选取的 $\tau$ 值可使 $|V(\omega)|$ 与 FDTD 网格可处理的最高频率时的峰值相比,下降了 7 个数量级。而对于全高斯脉冲,在频率 $f_h \simeq 6/\tau$ 时会出现类似的 7 个数量级的衰减。

对于给定的 $I_D(t)$,TEM 结构内部的电场预脉冲 $E_p(t)$ 可以按以下方法进行估计:鉴于 TEM 结构具有超宽带的特性,其输入阻抗 $Z_{in}$(90Ω)在某些频带内保持恒定,结构内部任何一点的 $E_p(t)$ 可以根据下式进行估计:

$$E_p(t) = \frac{I_D(t) Z_{in}}{H} \tag{6.10}$$

其中,$H$ 为 TEM 结构在关注点处上下极板的间距。

图 6.12 所示为 FDTD 计算结果与合成预脉冲波形的对比。根据 FDTD 计算结果可知,开关电容 $C$ 为 2.25 pF。考虑到实际的模型中,开关包含两个串联的电阻带,这会使得容值减半。有以下 3 点需要注意:①合成波形仅与前向传播的 FDTD 预脉冲比

较,而不与反射部分比较;② 由于在仿真中,当充电波形达到其峰值后将不再施加在开关两端,因此合成波形将会在峰值后降到零;③FDTD 仿真中,电场是在离电容器约 0.3m 的位置处进行测量,因此在 d$V$/d$t$ 与合成曲线之间存在约 1ns 的时延。

FDTD 计算得到的预脉冲主峰与合成预脉冲具有较好的一致性,这表明,这种计算方法可以推广到更复杂开关条件下结构预脉冲的预测。

## 6.9 被试品的影响

被试品通常置于锥形结构之后的平行极板延伸段所形成的试验空间中。试验空间和被试品的存在可能有两方面的影响。首先,从系统中泄漏的总能量与平行极板部分的长度,以及被试品的尺寸、形状和材料有关。为了解模拟器周围场环境的电磁干扰水平,需要明确这种影响的幅度。其次,被试品可能会影响其周围的电磁场结构,尤其是在频谱方面。由于被试品在模拟器中会受到特定频谱的影响,因此需要对频谱分布方面的变化加以关注。

被试品往往具有复杂的特征,如内腔、小孔、复杂结构,以及多种材料。因此,不能利用简单的方法对上面所提及的两方面进行研究,采用三维 FDTD 方法进行计算是很有必要的。

第 8 章将详细研究由于被试品的存在而导致的辐射泄漏的变化。本章主要关注被试品对模拟器内部辐射场特性的影响,同时还将模拟器中被试品所承受的电磁环境与其在自由空间受辐照的电磁环境进行了对比。

在实际的模拟器中,平行极板的延伸部分可能会相当大。受 FDTD 网格的限制,延伸段控制在 3m 长,宽度与锥形部分开口处一致,如图 6.1 所示,据此在 $x$、$y$、$z$ 方向上定义了 3m×2.32m×1.49m 的试验空间。

被试品具有不同的结构和材料。研究的目的是估计被试品会对场环境造成何种类型的影响。因此,研究对象选取了图 6.1 中简单的形状,即一个理想的立方导体。立方体的棱长 $h_{t0}$ 分别选为 0.25m、0.5m 和 1.0m。定义了"相互作用系数"$I_p$($I_p = h_{t0}/h_{pp}$),其中 $h_{pp}$($h_{pp} = 1.49$m)为平行极板的间距。

图 6.13 中 a、b 所示分别为被试品的 1、2 面中心外侧 $x$ 方向电场的垂直分量。当 $I_p$ 由 0.17kV·m$^{-1}$ 增加到 0.67kV·m$^{-1}$ 时,电场强度随之增大。场强峰值大约与被试品和平行极板之间的距离成反比。图 6.13 中 c、d 所示分别为被试品的 3、4 面中心外侧垂直于 $y$ 方向的电场垂直分量,场强随着 $I_p$ 的增大而减小,表明 $E_x$ 被有效地减小。在 5、6 面外侧也发现了类似的电场幅值变化规律。

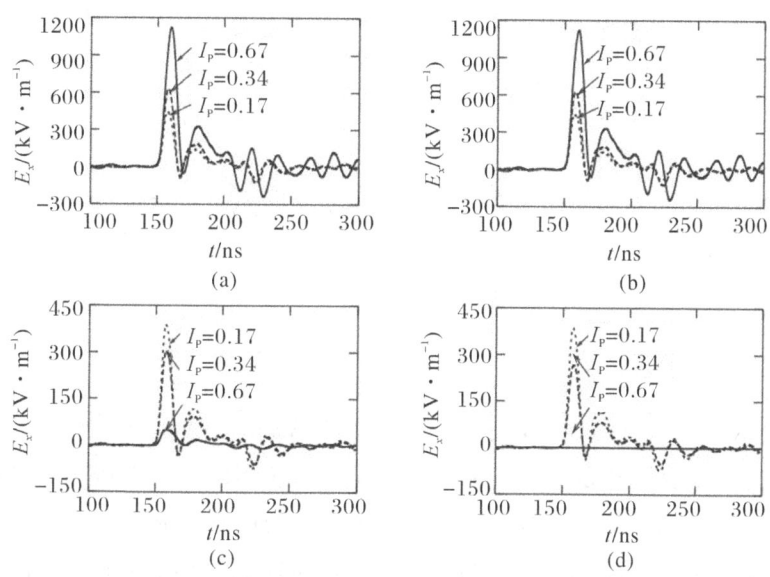

图 6.13　测试对象不同表面附近电场垂直分量的比较($\tau_s = 19.7\text{ns}$)

对于上面的 $I_p$，模拟器锥形部分中的电场垂直分量没有发生畸变，然而，在被试品附近的 $E_x(t)$ 波形发生了显著的畸变。在 $I_p$ 为 0.17、0.34 和 $0.67\text{kV} \cdot \text{m}^{-1}$ 时，上升时间分别为 4.6、4.76 和 6.1ns。这表明了在模拟器和脉冲源参数相同的情况下，较大的被试品将受到较低频率电场的辐照。这里所关注的模拟器可用于测试对象的最大尺寸约 0.5m，此时，功率谱没有明显的改变。

EMP 模拟器是为了构建类似于电磁脉冲通过自由空间与被试品相互作用的电场环境[8]。这就必然要求 TEM 结构馈源处所施加的电场波形需要与所需的 EMP 波形具有类似的频率成分。然而，即便馈源处的波形正常，在经过 TEM 单元组件的散射后，仍会使被试品处辐照场与所需的场波形存在差异，而量化这种差异也是非常重要的。

对 2# 表面正上方（见图 6.1）自由空间（FS）中和模拟器内部（SI）所测得的辐射波形 $E_x(t)$ 进行了比较，结果如图 6.14，其中 $I_p$ 分别为 0.17 和 $0.67\text{kV} \cdot \text{m}^{-1}$。在所有情况中，所施加的 $E_x(t)$ 为具有单位振幅的高斯函数，其中 $\tau = 19.7\text{ns}$。对模拟器内部的波形进行了适当的放大。可以看到，自由空间和模拟器内部的波形在第一个峰值前特征基本一致。而对于这两种被试品，由于 TEM 结构的散射作用，尤其是终端反射，会在模拟器内部的波形上叠加负峰，这一特征在自由空间的波形中是不存在的。同样可以观测到对于小型的被试品，模拟器内部波形具有更小的 10%～90% 的上升时间，表明其具有更多的高频成分。这与本节前面的结果基本一致。

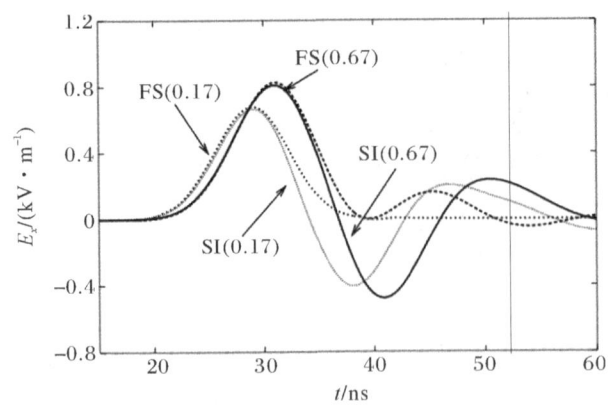

图 6.14　2♯ 表面电场波形

还有一点是需要注意的,所施加的高斯脉冲,其 10% ~ 90% 的上升时间约为 5.7ns。对于 $I_p = 0.17$ 和 $0.67 \text{kV} \cdot \text{m}^{-1}$,所观测到的电场波形 10% ~ 90% 的上升时间分别为 5.9ns 和 6.2ns。这表明存在较小尺寸的被试品时,电场上升时间与所施加激励的上升时间基本一致,而存在较大尺寸的被试品时,电场响应将会变慢。由于被试品上所有点都会对测得的 $E_x(t)$ 产生贡献,且对于大型的被试品,这些影响点的距离会更远。如果所施加的高斯脉冲具有 2ns 左右甚至更快的上升沿,由于通过小型被试品时传输时间十分有限,将会进一步使得两种被试品之间的上升时间差异增大。

这些结果表明,三维 FDTD 模拟在预测被试品结构和组成材料对试验空间中电磁场的影响方面可发挥重要作用。

## 6.10　FDTD 分析的验证

通过 FDTD 代码获得的结果需要根据一些简单问题的已知结果进行验证。下面对已进行的部分验证进行总结。

通过计算偶极子天线随频率变化的输入阻抗 $Z_{in}(\omega)$,对代码的通用性进行了检验,相关参数见参考文献[44]。仿真中,假设 $2\pi r_0/\lambda \ll 1$,其中 $r_0$ 为偶极子半径,$\lambda$ 为波长。这一条件表明在偶极子的截面上没有电流变化。通过在 FDTD 模拟中增加线-网模型能够实现这一条件[32]。由此获得的 FDTD 结果与文献[44]中的结果吻合很好。

采用类似于文献[32-33,45-46]中所描述的近-远场变换对辐射远场进行计算。验证了 3 个不同问题:① 对 Shlager 等人所分析的 50ΩTEM 喇叭的远场 FDTD 计算结果进行重现[18];② 计算结果与文献[32]中报道的细小偶极子的辐射模式相匹配;③ 计算得到的 PEC 板的雷达截面(RCS)与文献[35,47]中结果基本一致。

最后,对 FDTD 计算空间中平行板电容器设置的正确性进行了检验,包括其充电过程及通过已知电阻的放电过程。电荷密度分布和电容利用矩量法(MOM)进行了交叉检验，相关结果已在第 5 章中进行了详细介绍。

## 6.11　本章小结

本章对有界波 EMP 模拟器进行了自洽的三维时域计算，模拟器具有实际的尺寸且存在被试品。计算得到了结构内部、被试品内部及其附近的详细三维电磁场特征。据我们所知，这是首次进行这种详细的研究工作。

正如预期的那样，脉冲沿模拟器的长度方向传播，其脉冲宽度和上升时间基本保持恒定。电场峰值与 TEM 结构高度成反比，而在模拟器平行段的试验空间中电场峰值保持恒定。

正如人们所希望的，在 TEM 结构中，较短的开关闭合时间可获得更快的电场上升时间；然而，随着闭合时间变小，电场上升时间并未成比例地减小，这可能与连接件和开关的电感效应有关。

对于文献[9]中的参数，理论上具有显著的预脉冲，计算结果也的确如此。利用简单的开关容性耦合过程和电容器充电波形，可以对预脉冲波形进行较好的定量解释，而这也是第一次通过三维计算对预脉冲进行详细的解释。这一工作为具有电容器组、开关和负载的复杂结构的预脉冲预估提供了可行方法。

被试品在试验区域的布置方式将显著影响被试品受辐照的场环境。被试品 $x$ 方向面上的垂直电场 $E_x$ 随被试品尺寸增大而增大，而 $y$ 和 $z$ 方向表面之外的 $E_x$ 则表现出相反的趋势。随着被试品尺寸增大，表面电场 $E_x$ 的上升时间逐渐增大，即更大的被试品会使得辐射场频率变低，然而，这种上升时间增大的影响只有在被试品尺寸超过某一临界尺寸时才会变得显著。这一发现在确定给定模拟器中被试品尺寸上限方面具有实际的意义。

在理想条件下，被试品在 EMP 模拟器中所受辐照的电场波形应与其在自由空间所感知的波形类似。然而，在不考虑被试品尺寸时，这两种波形仅会匹配到第一个电场峰值。模拟器结构及被试品的多重散射在模拟波形上产生的特征与其在自由空间结构的情况明显存在差异。

这些发现表明，三维 FDTD 模拟在预测被试品结构和组成材料对试验空间中电磁场的影响方面可发挥重要作用。

# 第7章 有界波模拟器内部的电磁模式

## 7.1 引 言

"理想"的核电磁脉冲(NEMP)模拟器中,加载在被试品上的脉冲应该与自由空间中传播的波类似,是一个具有近平面波前的横电磁波(TEM)。然而在实际的有界波模拟器中,受模拟器结构中不同部分散射、终端反射及模拟器尺寸有限的影响,会在其中激励出高次的横电场(TE)和横磁场(TM)模式的波。这些模式的波来自图6.1所示模拟器内部的较小但非零的电场分量 $E_y$ 和 $E_z$。此外,被试品的存在本身也会影响内部电场。因此,在解释电磁脉冲模拟器的试验结果时应考虑更高次模式的电磁场强度。

TEM 模式被高次模式"污染"的程度很大程度上取决于模拟器自身的设计、所关注的频谱及被试品的结构和材质。鉴于变量的多样性,无法采用简单的方法估计。因此,需要进行细致的分析。本章将在被试品存在的条件下,自洽地确定模拟器内部的场模式结构。

### 7.1.1 模式分析方法的选取

文献[28,29]中,研究人员利用波导理论和保角映射的方法对有界波装置进行了模式分析。然而,这种分析仅限于单频率激励(非宽频带)、平行板波导(而不是 TEM 喇叭天线),且并不考虑被试品。通过对三维时域有限差分(FDTD)的结果进行奇异值分解(SVD)分析的方法[48],已将此类研究工作推广至实际运行中的 EMP 模拟器,模拟器中存在任意类型的被试品且通过宽频带脉冲激励。

模式分析也可通过其他频谱技术来完成,例如傅里叶频谱分析和希尔伯特频谱分析[49]。对FDTD计算的模拟器内部的 $B$ 和 $E$ 进行空间内的傅里叶分析,将会在特定的时间获得其中的空间模式。为确定模式的时间演变,需要在每个时间点进行重复分析。因此这种分析方法自然会在计算方面具有较高的要求。

采用 SVD 具有以下优势[48]。首先,这种方法基于矩形矩阵的对角线化处理。因此,人们可以较为容易地分析从尽可能多的通道上收集到的数据。其次,在单次分析中,SVD 给出了完整的时空模式信息。第三,这种方法是基于对空间相关性的分析,而不是时间相关性分析,因此可以很容易地过滤掉噪声,即任一通道的特征与其他通道不相关。因此,选取 SVD 技术对 FDTD 结果进行分析。

### 7.1.2 本章结构

7.2 节中介绍了本研究中所使用的计算模型,重点是 SVD 方法及其在模式分析中的应用。7.3 节中研究了在没有被试品的情况下模拟器内部的模式结构,7.4 节中则给出了存在被试品时的结果。7.5 节中给出了被试品附近电场增强的物理解释。7.6 节为本章小结。

## 7.2 模型的详细介绍

第 6 章中已经对有界波模拟器的 FDTD 分析方法进行了详细的介绍。本章主要关注 FDTD 计算结果的模式分析,因此,本节将重点介绍 SVD 方法,同时提出了一些与 FDTD 模型数据分析有关的观点。

### 7.2.1 FDTD 模型

模型中平行板部分的长度约 9m,模拟器特征阻抗为 90Ω,并通过电阻片进行终端匹配。

图 7.1 所示为 FDTD 网格以及用于场测量的位置示意。后文中将使用"位置"与"通道"以便和实验数据分析的术语保持一致。这些位置位于 $x$-$z$ 平面中并处于模拟器 $y$ 方向的中点处。计算网格可根据每个问题的需要进行改变。典型的网格由 $x$、$y$ 和 $z$ 方向上的 $270 \times 70 \times 244$ 个元胞组成,其中 $\Delta x$ 为 0.9cm,$\Delta y$ 和 $\Delta z$ 均为 7.4cm。根据 Courant 准则,这一元胞尺寸对应了 28.7ps 的恒定时间步长[32]。由电容器、开关、TEM 结构和试验空间组成的有效区域放置在该计算域中,有效区域与计算域边界间距至少为 20 个单元。

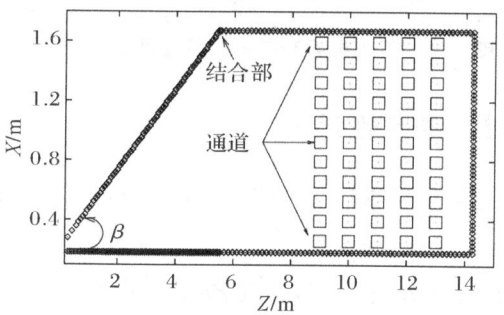

图 7.1 电磁脉冲模拟 FDTD 网格的侧视图

图 7.2 所示为模拟器锥形部分(TEM 喇叭)内任意一点 3 个方向电场分量的时域波形。图中可看出 3 个分量的相对大小关系。由于 $E_x$ 为电容器极板内的主分量,因此预计其在有界试验空间内同样为主要电场分量,从图 7.2 可以看出这一点。纵向电场分量 $E_z$ 虽然较小,但同样较为显著,而横向电场分量 $E_y$ 则可以忽略不计。

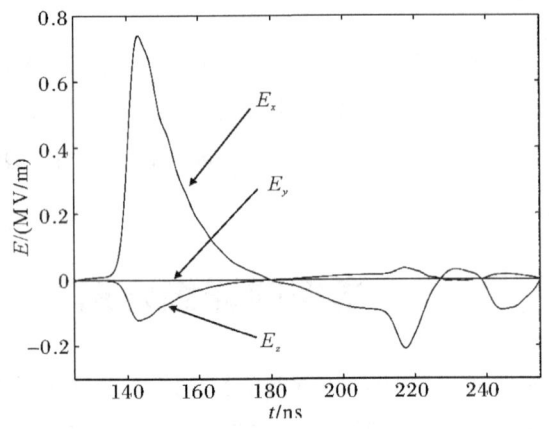

图 7.2　模拟器锥形某一位置电场的 3 个分量

图 7.3 所示为同一位置处 3 个方向磁场分量的时域波形,主成分为 $H_y$,而 $H_x$ 和 $H_z$ 则可忽略不计。这一结果由模拟器的几何结构决定,$H_y$ 主要是由两个极板中 z 方向的"薄片"电流形成。

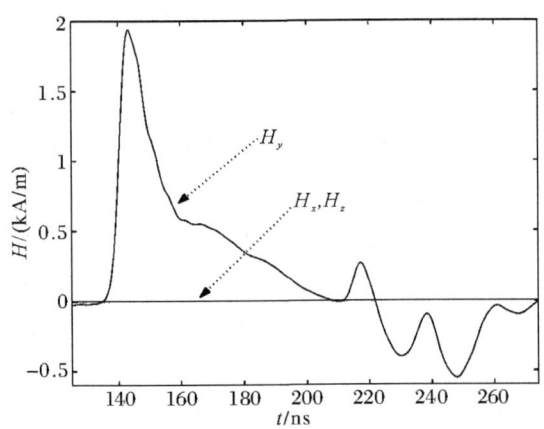

图 7.3　模拟器锥形某一位置磁场的 3 个分量

### 7.2.2　对模式结构的定性讨论

图 7.1 所示的模拟器在 $x$ 方向上存在导电极板,而在 $y$ 方向上为开放状态。因此,仅需在 $x$ 方向上进行模式分析。

对 FDTD 计算结果进行分析之前,首先需要确定在该系统中可能存在的电磁模式。为方便起见,使用平行板波导中有关模式的术语,即 TEM、TE 和 TM,分别对应横电磁波、横电波和横磁波。在平行板波导中,当波在纵向($z$)方向上传播时,TE 模会有非零的$E_y$，但没有$E_z$[50]；另一方面，TM 模会有非零的$E_z$[50]。从图 7.2 中可以看到，在模拟器内部存在显著的$E_z$，而$E_y$可以忽略。另外，在图 7.3 中，仅存在显著的$H_y$，而$H_x$和$H_z$则可以忽略。因此有理由认为，在模拟器内部，除了 TEM 模外，主要存在 TM 模。

在平行板波导中，$\text{TM}_m$特征模式的电场与高度"$x$"之间存在下列关系[50]：

$$E_x = E_{x0}\cos[m\pi x/h] \tag{7.1}$$

其中，$m$为模式数，$h$为极板间距。除了主分量$E_x$外，TEM 模和 TM 模中会存在多个电磁场分量，因此，所期望的模式结构中会表现出一个以上的分量。此时必须要确定在 SVD 分析中应该考虑哪些分量。$E_x$同时存在于 TEM 模和 TM 模中，由于比较关心这两种模式的相对关系，所以$E_x$是最自然的选择。因此，本章在整个研究中选择对$E_x$进行 SVD 分析。

### 7.2.3 SVD 方法在模式分析中的应用

关于 SVD 方法的详细描述，可参见文献[51]或其他文献。下面简要介绍该方法及其在 FDTD 结果模式分析中的应用。

首先考虑这样一种情况，对于物理量$x$，在$m$个不同位置（通道）处同时进行测量，测量过程中在采样间隔为$t_s$的$n$个时间点进行采样。上述测量结果可以通过矩阵来表示，即$x_{ij} = x_j[(i-1)t_s]$，其中行标$i$为时间，列标$j$为通道。矩阵$x_{ij}$的 SVD 可以表示为$\mathbf{X} = \mathbf{USV}^\mathbf{T}$，其中上标$\mathbf{T}$表示矩阵的转置。现在矩阵$x_{ij}$可以被分解成 3 个部分——时间、幅度和空间。时间部分$\mathbf{U}$是一个包含特征值或主值的$n\times m$酉矩阵，幅度部分$\mathbf{S}$是一个称为奇异值的$m\times m$对角矩阵，空间部分$\mathbf{V}$是一个包含$\mathbf{X}$的特征向量的$m\times m$酉矩阵。

这种方法广泛应用于数字信号处理领域，以有效过滤噪声，即其中一个通道的任何特征与其他通道都不相关。文献[48]中对这一方法进行了详细讨论。

需要注意的是：$\mathbf{U}$和$\mathbf{V}$仅是在分析过程中使用到的基础函数，而与各模式的幅值无关，只有奇异值$\mathbf{S}$代表幅值。下面的例子证实了这一点。

文献[48]给出了一个人工生成的信号，表达形式如下：

$$X_{ij} = (1/\sqrt{N})\sum_l a_l \cos[2\pi m_l(j-1)/M - 2\pi v_l t_s(i-1)] \tag{7.2}$$

这个信号是模式数为$m_l$的余弦波的叠加，其中余弦波的频率和振幅分别为$v_l$和$a_l$，通过$M$个等距通道以步长$t_s$采样得到。下标$i$和$j$含义与上述一致。对具有相同$m_l$，不同$a_l$和$v_l$的 3 个余弦函数的叠加进行了 SVD 分析。结果表明，当振幅$a_l$提高 1 倍时，奇异值会相应地增加 1 倍，而基向量保持恒定。因此，在本章的其余部分和第 9 章中，均利用不同模式的$S$值来表征其各自的强度。

### 7.2.4 SVD 结果验证

在利用 SVD 方法对模拟器的有关数据进行处理之前,需要基于已知简单案例的解对计算结果进行验证,通过两种方式验证了 SVD 方法的一致性:① 利用 $\mathbf{X} = \mathbf{USV}^\mathrm{T}$ 的关系,从分解后的分量中重建了原始信号;② 利用单频激励终端匹配的简单平行极板波导,对 FDTD 计算结果进行 SVD 分析,通过分析获得理论期望的本征模形状以及时域波形 $\mathbf{U}$;③ 在多频激励下,即一系列不同频率正弦波的叠加,可得到正确的 $\mathbf{U}$;④ 可以观测到,随着施加频率的提高,预期激励的模数会随之增加。

### 7.2.5 计算样本

对模式结构的计算是在开关时间 $\tau_s = 19.7\mathrm{ns}$ 的情况下进行的。对处于试验空间上下极板间 25 个通道上测量的 $E_x(t)$ 进行了 SVD 分析。从结合部开始,这些测量点在 $z$ 方向上的距离约为 1.5m,如图 7.1 所示。每个通道测量的 $E_x(t)$ 有 11000 个时间点,采样时间为 28.7ps。

将 SVD 方法应用于这些测量结果所形成的矩阵 $E_x$。分解后矩阵的奇异值如图 7.4 所示,共有 25 个奇异值。注意到根据 SVD 过程产生的奇异值按照降序进行排列,因此 $i$ 仅代表序列号,而不是模式数。模式数需要通过检查每个 $i$ 所对应的特征向量 $\mathbf{V}$ 来确定。

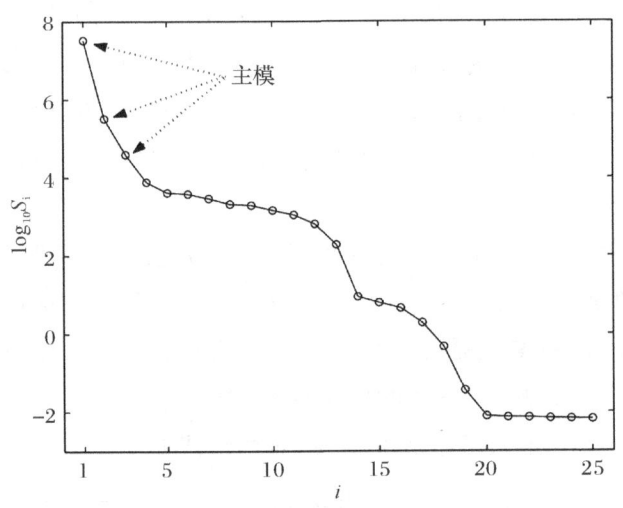

图 7.4 奇异值 $S_i$ 的对数和序号 $i$ 的关系

图 7.4 所示共有 3 个主模式(特征模式)。图 7.5 有(a)~(c)分别给出了对应于这些模式的特征向量,按照 $S$ 值的降序排列。图 7.5(a) 中的特征向量基本恒定,在试验空间的高度方向($x$ 方向)上最大变化率约为 1.2%。这显然与 TEM 模对应。由于这一模式的 $S$ 值比最接近的模式高两个数量级,因此 TEM 模在这个特定位置 $z$ 处占主导地位。这与所期望的 TEM 小室的特征一致。

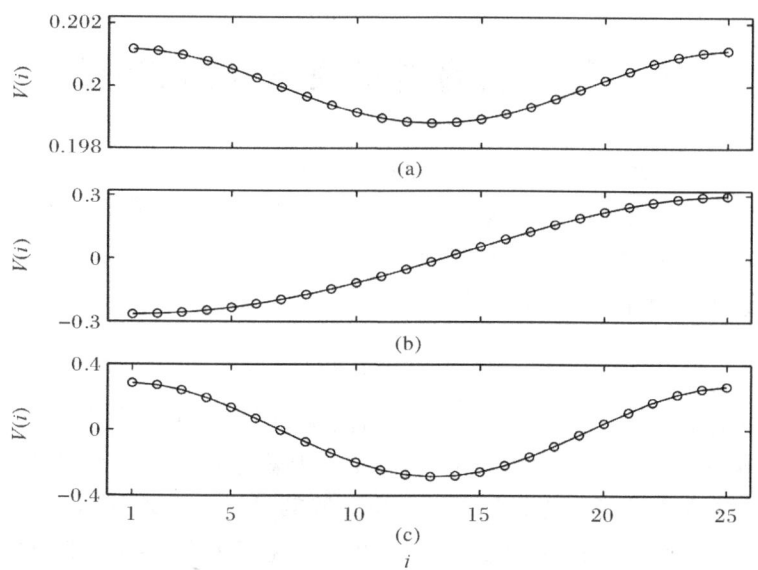

图 7.5　图 7.4 中 3 个主模的特征向量。(a)、(b) 和 (c) 分别对应 TEM、$TM_1$ 和 $TM_2$ 模。
每条曲线表示模式在 $x$ 方向的幅值，横坐标上"$i$"表示 $x$ 方向第 $i$ 个通道

图 7.5(b) 对应于图 7.4 中的第 2 个 $S$ 值。这一特征向量是关于零对称的，且仅有一个过零点，这与平行极板波导的 $TM_1$ 模一致。这里需要注意到一个重要的问题：由于 SVD 是对 $E_x$ 数据进行处理，因此在到达上、下极板时不应下降到零值，只有 $E_z$ 会在极板上下降为零。这就是为什么本章使用特征向量的过零点数量来对模式数进行识别。

图 7.5(c) 具有两个过零点，与 $TM_2$ 模结构匹配。图 7.6(a)～(c) 分别为 TEM 模、$TM_1$ 模和 $TM_2$ 模的时域波形图。和预期一样，主 TEM 模与原始电场波形 $E_x(t)$ 相似，然而，更高次模的波形则完全不同。

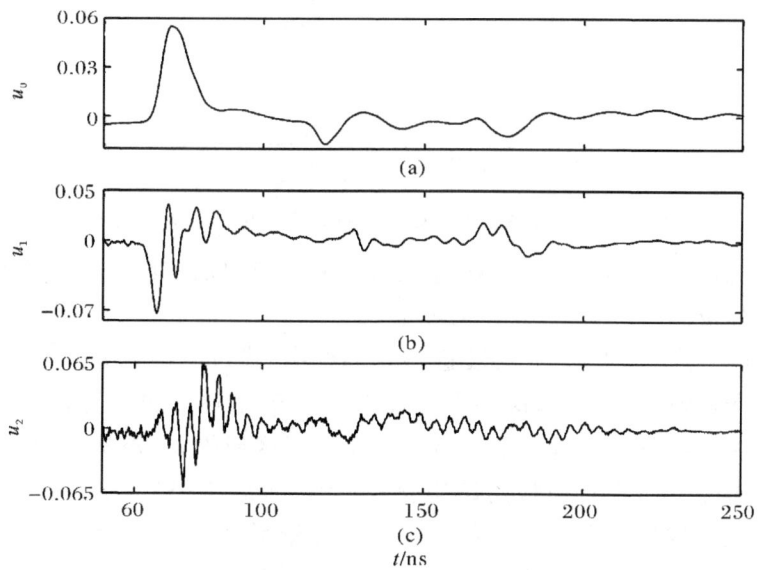

图 7.6　3 种主模随时间变化的关系。(a)、(b) 和 (c) 分别对应 TEM、$TM_1$ 和 $TM_2$ 模

## 7.3 无被试品时模拟器的模式分析

本节研究了无被试品时模拟器内部的模式结构。

电容器通过开关放电可向模拟器中注入宽频带的脉冲,图 7.7 所示为靠近馈源处的电场频谱。功率谱呈快速衰减特征,具有显著能量成分的频率最高约为 240MHz。$TM_m$ 模的截止条件由下式给出

$$f_c(z) = \frac{mc}{2h(z)} \quad (7.3)$$

其中,$c$ 为自由空间中的光速,$h(z)$ 为极板间高度,可表示为 $z$ 的函数。该模式在低于频率 $f_c$ 时迅速减弱,仅在更高频率下传播。在模拟器靠近馈源的区域内,$h(z)$ 是相当小的,因此 $f_c$ 在馈源附近很高,随着向试验区域移动,$f_c$ 逐渐减小。这意味着对于给定的 $TM_m$ 模,其强度应沿馈源向试验区域的方向逐渐增大。此外,由于功率谱基本固定,所以,在给定的 $z$ 位置处,依靠截止频率的增加来激发高次模相当困难。

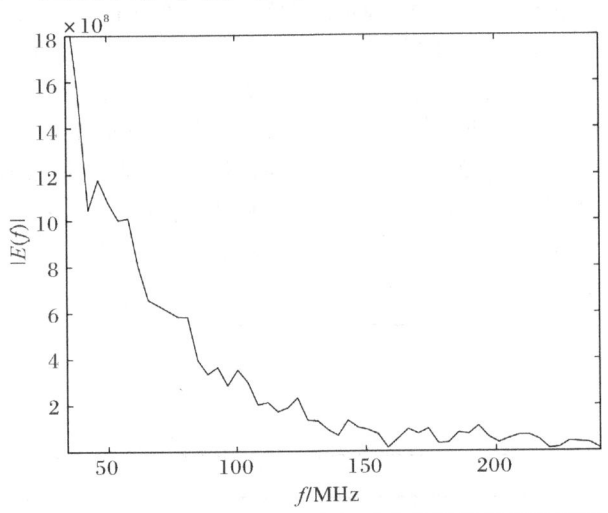

图 7.7 TEM 结构馈源附近电场垂直分量的傅里叶频谱

对于无被试品的模拟器,已对利用 FDTD 分析获得的三维随时间变化的 $E_x$ 数据进行了 SVD 分析。

在介绍这一分析结果前,有必要进行以下说明。式(7.1)中给出了 $TM_m$ 特征模式的表达式,从严格意义上来说,这一表达式仅适用于无限长的平行板波导。这里研究的模拟器,有两方面不满足这一条件。首先,在锥形区域内,上极板相对于下极板是倾斜的,因此并不是一个平行极板的结构。和平行极板结构类似,下极板会使 $E_z$ 减小,而上极板却不会引起 $E_x$ 和 $E_z$ 的减小。这表明在锥形区域中,实际的特征模波形将偏离上面所给出的简单的余弦函数。其次,平行板区域非无限长,而是通过电阻层在终端进行匹配。因此,即使是在平行板区域内,也会在靠近终端附近相较理想情况出现一些偏差。

鉴于上述两点,预计会存在以下的一般趋势。在整个锥形区域内,特征模波形会有显著的偏差。沿着纵向($z$)向平行板区域内移动时,特征模将会逐渐接近于"理想"形式。在终端附近,偏差将会重新增大。然而,考虑到终端匹配,所期望的"最佳"匹配点位于靠近终端的地方而不是锥转平板的节点处。

在本章的其余部分中,当提到特定模 $m$ 时,所指代的均是与该特定模数最相似的模式。例如,$m = 0$ 指的是在 $x$ 方向上近似为常数的模式。

这些趋势如图 7.8~7.11 所示,其分别为特征模 $V_0$、$V_1$ 和 $V_2$ 随纵向位置 $z$ 的变化趋势。对于 $m = 0$ 模式,在靠近结合部时,由于结构的不连续,失真程度逐渐增大。而在经过一小段长度进入平行板区域后,这一情况得到显著改善,特征模波形表现出近似常数的特征。

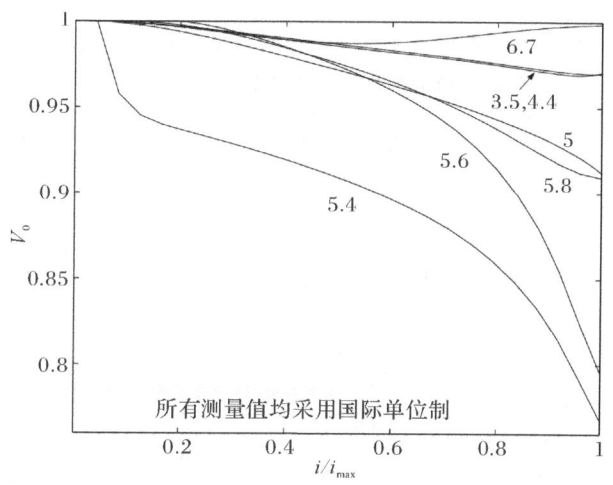

图 7.8　模拟器内部 $m = 0$ 本征模随纵向位置 $z$ 的变化规律,$z$ 的范围为 $3.5 \sim 6.7\mathrm{m}$。锥段内部波形发生了较大的畸变

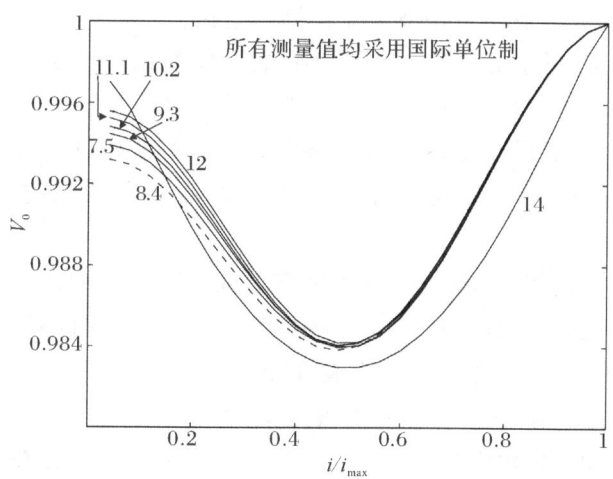

图 7.9　模拟器内部 $m = 0$ 本征模随纵向位置 $z$ 的变化规律,$z$ 的范围为 $6.5 \sim 14\mathrm{m}$

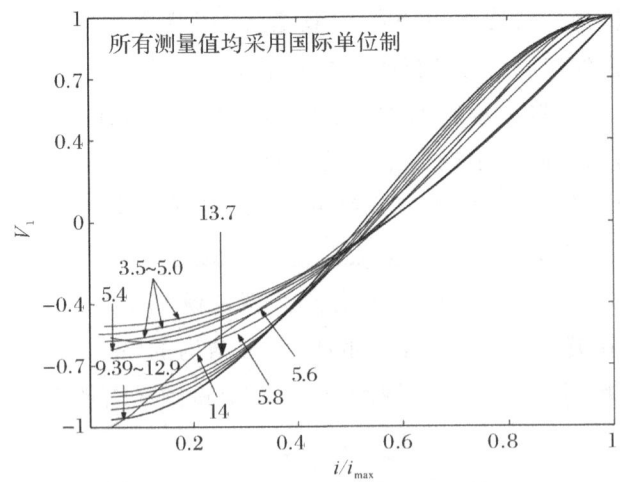

图 7.10　模拟器内部 $m=1$ 本征模随纵向位置 $z$ 的变化规律，
曲线旁边的数字表示 $z$ 的位置(m)

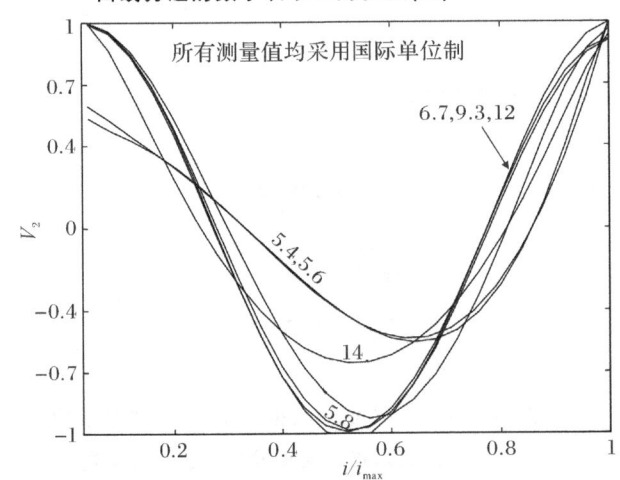

图 7.11　模拟器内部 $m=2$ 本征模随纵向位置 $z$ 的变化规律，
曲线旁边的数字表示 $z$ 的位置(m)

图 7.12(a)～(c)所示分别为 3 个最重要电磁场模式，即 TEM、$TM_1$ 和 $TM_2$ 的奇异值 $S_0$、$S_1$、$S_2$ 在纵向方向($z$)上的变化规律。

图 7.12 中有两点值得注意。首先，在整个有界波试验空间中，$S_0$ 的幅度较其他两个奇异值高了 1～2 个数量级。其次，在 $z$ 方向上 2～4m 的距离内，$S_1$ 单调递增。对这两点的理解如下。

如图 7.1 所示，在馈源点和上极板转接点之间，极板间高度 $h(z)$ 随 $z$ 线性增大。而在转接点与平行板终端之间，$h(z)$ 保持恒定。式(7.3)表明，对于任意给定的电磁场模，沿馈源点到转接点，截止频率均会稳步下降。

鉴于图 7.7 的功率谱，预计在所有频率上传播的 TEM 模一定是主模式。当 $z$ 值较小时，对于 $m=1$ 模式，$f_c$ 相当高，因此仅有小部分的传输能量存在于 $TM_1$ 模中；随着 $z$[和 $h(z)$]的增大，存在于 $TM_1$ 模中的能量比例将逐渐增大，由此导致 $S_1$ 的增大。用一个例子可以说明这一点。当 $z$ 为 2m 和 3m 时，$h(z)$ 分别为 0.65m 和 0.9m，对应的 $TM_1$ 的 $f_c$ 值分别为 230MHz 和 170MHz。从图 7.7 中明显可以看出，$f_c$ 由 230MHz 降至 170MHz 时，能量比例显著增大，由此使得 $TM_1$ 在这一区间中得到增强。

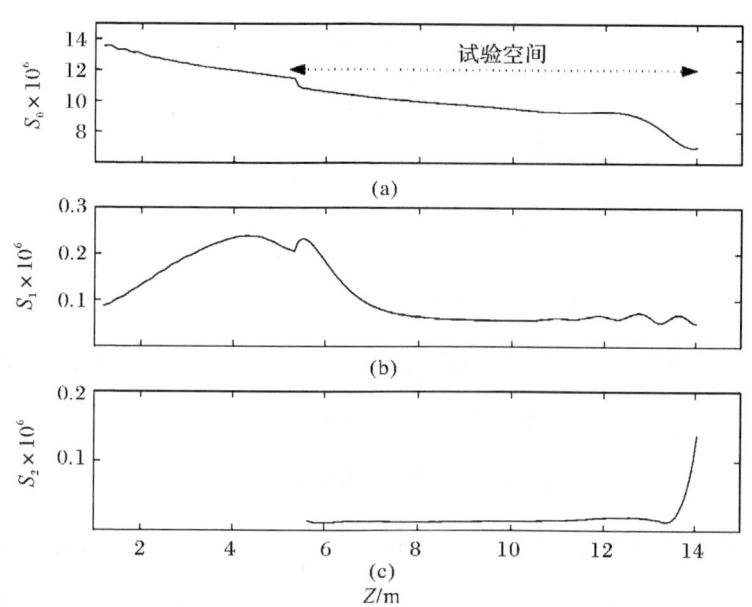

图 7.12 模拟器内部重要模式奇异值随纵向位置 $z$ 的变化规律，
(a)、(b) 和 (c) 分别表示 TEM、$TM_1$ 和 $TM_2$ 模

由于其截止频率过高，因此无法在锥形空间中很好地形成 $TM_2$ 模。

在靠近上极板转接点处，$S_0(S_1)$ 表现出快速降低（增加）的趋势。这可能是由于结构的突变，导致产生了 $E_x$ 的不连续。在计算分析中也已经观察到来自转接点处的小反射[52]。

除了终端附近的一个小区域外，在整个试验空间中，3 个奇异值都是相当稳定的。$S_0$ 在终端附近显著降低，对这一现象解释如下。

图 7.13 所示为靠近终端的试验空间中 $E_x$ 的时空特性。在接近终端时，受来自终端的一系列负反射的影响，脉冲峰值逐渐减小。对于离终端较远的点，当来自终端的反射波到达该点时，前行波的第一个脉冲已经过了上升和下降时间。因此主峰的上升沿和下降沿不会受到影响。随着测点向终端位置移动，由主脉冲"上升"部分所产生的反射会更早地到达该位置。这就意味着主峰仍保持不变，但在主峰后会迅速衰减。在距离终端非常近的位置处，反射波甚至会在主脉冲达到主峰之前就已经到达，导致了初始脉冲峰值的减小。由于 $E_x$ 为主电场分量，TEM 为主模，所以在奇异值 $S_0$ 中也观察到相同的趋势。

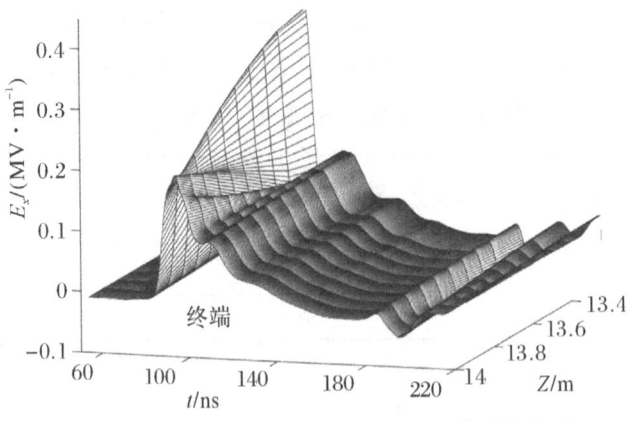

图 7.13　片状终端附近试验空间 $E_x$ 的时空分布

图 7.12 中 $S_2$ 在靠近终端时迅速增加。$m=2$ 模式幅值的增加可以从电流沿终端的高度变化，以及由该电流产生的磁场 $H_y$ 来解释。对于开关时间 $\tau_s=19.7\text{ns}$ 的情况，流经层状终端的瞬态电流随高度 $x$ 的变化趋势如图 7.14 所示。在任意给定的 $x$ 位置处，电流通过沿着环绕层状终端路径的线积分 $\int \boldsymbol{H}\cdot\mathrm{d}\vec{l}$ 进行计算。由于环路紧紧围绕终端，因此传导电流在其中起到主要贡献。线积分在通过终端的电流达到其最大值的时刻计算。可以看到电流在两端达到最大，而最小值则位于靠近中间处。电流的这种不对称性可能是由于上下极板的差异导致的。$x$ 方向上的电流会引起 $H_y$ 产生相应的变化，如图 7.15 所示。$H_y$ 波形类似于叠加了 $m=2$ 模式变化规律的常数方程。此外，$H_y$ 的曲率和幅值随着向终端的移动而逐渐增强。这与在接近终端时 $m=2$ 模式的逐渐增加相对应。

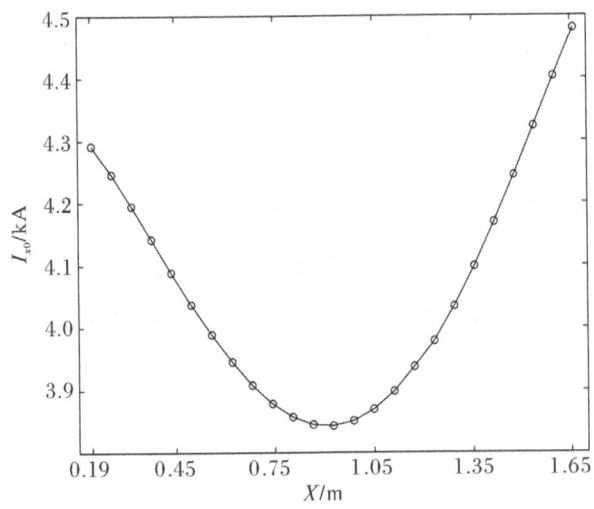

图 7.14　从片状终端底部至顶部 $x$ 方向的瞬态电流

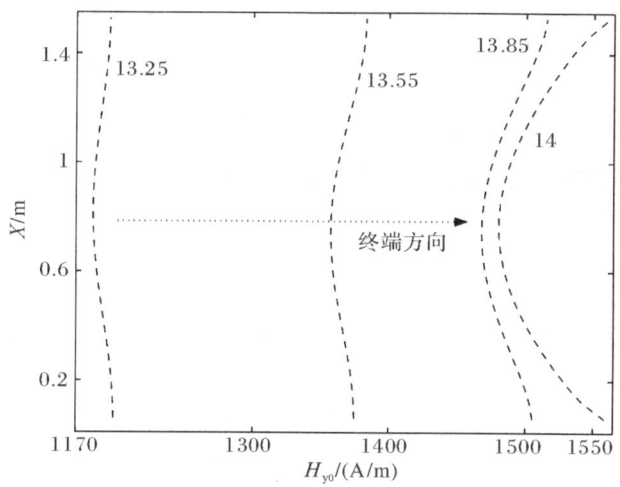

图 7.15　极板间 $x$-$y$ 平面中心位置的磁场峰值

在这一点上可以进行一个简单的定量分析。从图 7.15 可知,在 $z=14\mathrm{m}$ 处,$H_{y0}$ 在 1560～1480A/m 的范围内变化。这相当于幅值约 40A/m 的 $m=2$ 模式叠加在强度约为 1520A/m 的 $m=0$ 模式上。这意味着幅值之比为 $40/1520 \simeq 2.6\%$,与 $z=14\mathrm{m}$ 处奇异值之比 $S_2/S_0 \simeq 2\%$ 相当吻合。

## 7.4　有被试品时模拟器的模式分析

在 EMP 模拟器中,被试品自身的存在会影响其中的场环境,影响的程度取决于被试品的尺寸和组成材料。第 6 章中已经对由不同尺寸被试品对场环境产生的干扰进行了研究。特别的是,发现此处研究的模拟器可以用于对最大尺寸约 0.5m 的理想导电立方体型被试品进行试验,而不会引入显著的失真,同时还发现被试品的尺寸同样会影响辐射场的频谱。

场在空间和时间结构上的这些变化,意味着模拟器内部电磁场的模式结构发生了相应的改变。本节将研究被试品对模式结构的影响。为了说明问题,针对模拟器内部存在边长为 0.5m 的立方体形被试品的情况进行模式分析。

### 7.4.1　定性分析

在开始模式分析前,有必要先明确两个主电场分量 $E_x$ 和 $E_z$ 在有界空间中的变化。当前,希望与模拟器内部无被试品情况进行比较,电磁场结构仅在被试品附近出现显著偏差。因此,主要关注这一区域。

如图 7.16 所示,被试品内部电场 $E_x$ 为零,但在平行极板和被试品之间的空间中不为零,这在被试品周围的区域内引起了 $E_x$ 剧烈的梯度变化。图 7.17 所示为被试品

附近的 $E_x$ 在 $x$-$z$ 平面内的变化。$z$ 方向上的每一个位置的 $E_x$ 值均取自于 $x$-$y$ 平面中心的电场峰值所对应的时刻。可以直观地得出结论：在任何给定的 $z$ 位置，$E_x(x)$ 曲线可以被看作 $m=0$（常数）与数个高次模的叠加，当接近被试品时，高阶分量快速增加。事实上，在被试品所覆盖的 $z$ 范围内，图 7.16 中 $E_x$ 的不连续只能通过无限多的模数来表示。

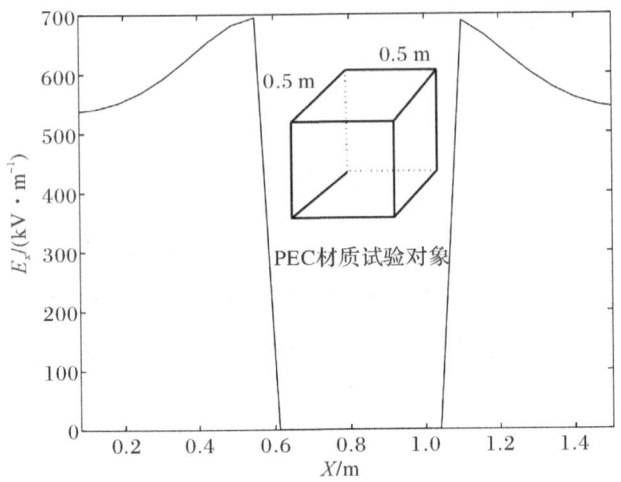

图 7.16 电场峰值达到试验对象附近时，试验对象中心所在的 $y$-$z$ 平面上瞬态电场 $E_x$ 和 $x$ 的关系

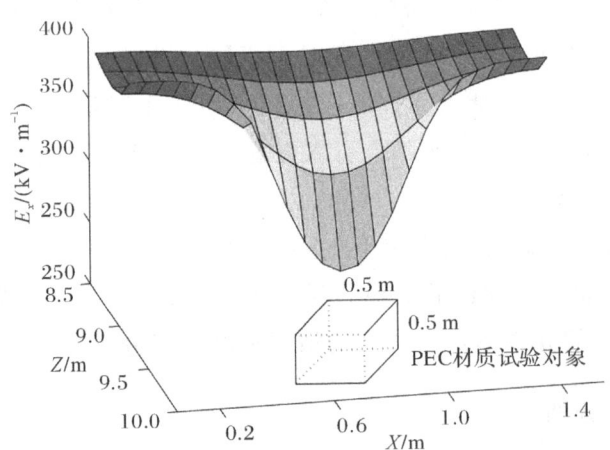

图 7.17 试验对象附近 $x$-$z$ 平面上的 $E_x$。对于不同的 $z$，所选参考时间对应着 $x$-$y$ 平面中心的峰值电场，$y$ 值取为模拟器中心位置

可以从电场为零的角度来解释 TM 模的快速变化。由于 $E_y$ 可忽略不计，因此有

$$\partial E_x/\partial x + \partial E_z/\partial z = 0 \tag{7.4}$$

这表明 $x$ 方向上 $E_x$ 的梯度必须通过 $z$ 方向上 $E_z$ 的梯度进行平衡，同时两者的符

号必须相反。由于被试品是理想导体，$E_z$ 在物体本身的 $z$ 位置上随 $x$ 的变化最为显著；当向两侧移动时，这种变化逐渐减小。式（7.4）表明当接近被试品时，$E_z$ 的幅值将迅速增加。这一点实际上可以从图 7.18 中看出，其显示了 $E_z$ 在 $x$-$z$ 平面内的变化。此外，图 7.16 显示，在被试品位置处，从下极板向上极板移动的过程中，$E_z$ 首先从有限值下降到零，并在整个被试品范围内均为零，然后从零增加到上极板处的一个有限值。这表明了 $\partial E_z / \partial x$ 存在符号上的变化，因此，$\partial E_z / \partial z$ 也必须表现出相同的符号变化，这与高次模结构一致。

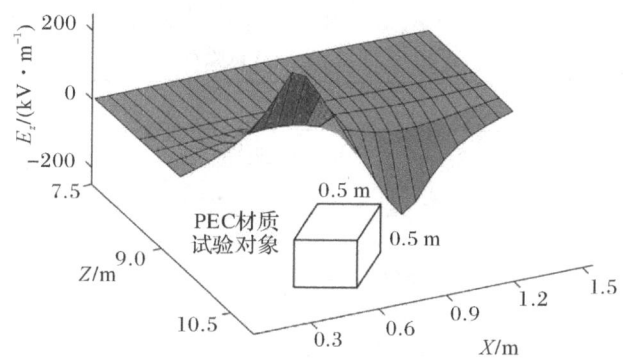

图 7.18　试验对象附近 $x$-$z$ 平面上的 $E_z$。对于不同的 $z$，参考时间对应于 $x$-$y$ 平面中心的峰值电场时间，$y$ 值取为模拟器中心位置

图 7.19 所示为 $x$ 方向的不同 $z$ 位置处，$E_z$ 的变化趋势。在给定的 $z$ 位置上，所有的 $E_z$ 值均归一化到该位置处的峰值，这幅图清楚地表现了所激发出的高阶模。

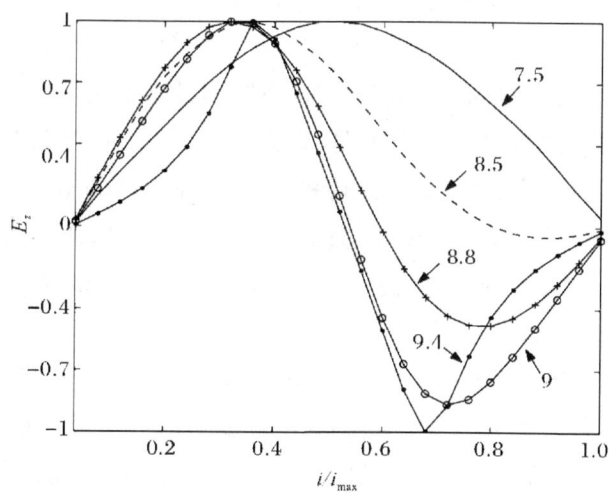

图 7.19　试验对象附近 $x$-$z$ 平面上归一化的 $E_z$。对于不同的 $z$，参考时间对应于 $x$-$y$ 平面中心的峰值电场时间，$y$ 值取为模拟器中心位置

## 7.4.2 利用 SVD 方法对 $E_x$ 数据进行定量分析

下面进行定量化的模式分析。如前所述,理想导体被试品所引起的 $E_x(x)$ 的不连续,只能通过无限多模式来求解。由于没有实际意义,因此,主要关注接近但与被试品所覆盖的 $z$ 值不重叠的范围。

图 7.20(a)～(c)所示分别为馈源点和终端之间 $S_0$、$S_1$ 和 $S_2$ 的变化趋势。被试品位置见图 7.20(a)。

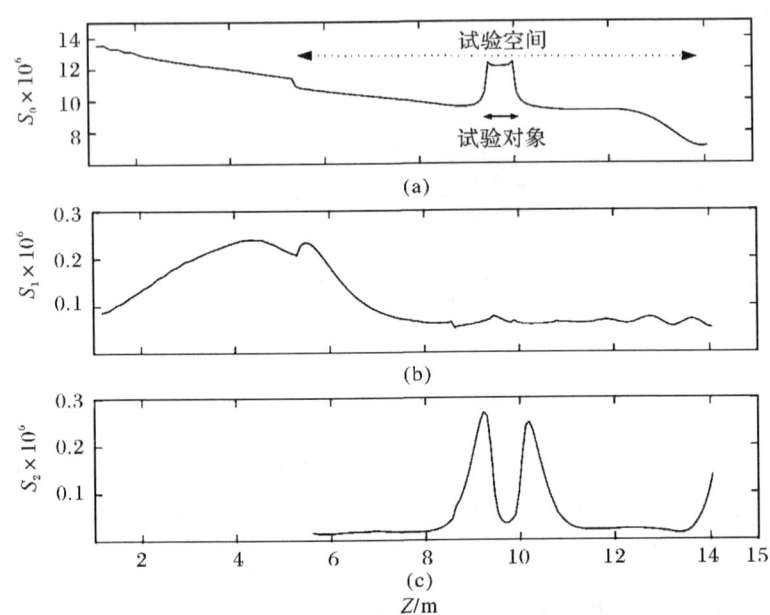

图 7.20 模拟器重要模式奇异值随纵向位置 $z$ 的变化规律。内部存在边长为 0.5m 的 PEC 立方实体,图(a)、(b) 和(c)分别对应 3 种重要模式。

与图 7.12 进行对比可以看出,在锥形部分内,主模式性质没有发生明显变化,在远离被试品的平行极板内也同样如此,然而,在紧邻被试品处,$S_0$ 显著增大。这一现象可以理解如下:理想导体可以等效为短路状态,减小了平行极板之间的有效间距。这意味着间隙中的电场必须变强,才能保持极板间维持合理的电压差。对整个 $E_x$ 数据进行 SVD 分析,由于 $S_0$ 仅代表主模式,且 $E_x$ 为主电场分量,所以 $E_x$ 的增强同样表现在 $S_0$ 上。对于间隙中电场增强的现象,也可以从电磁功率流的角度进行物理解释,这将在第 7.5 节中进行介绍。

现在来考虑特征模的形状。图 7.21～图 7.24 所示为 3 个最强的特征模的形状在纵向上的变化趋势。可以发现这 3 种模式均在被试品附近出现严重失真。图 7.25 所示为被试品中心 $z$ 位置处相同模式的形状,在该处失真达到最大值。由于所使用的 SVD 方法没有对特征模的形式进行约束,从而导致了模式的失真。根据前面的定性讨论可以知道,在任何情况下,这种失真均表明了高次模的存在。

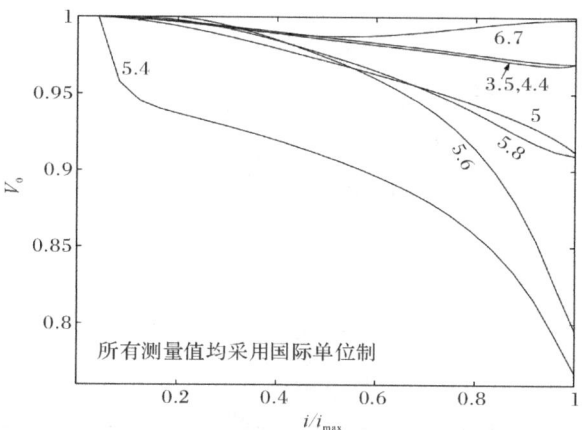

图 7.21 存在试验对象时,模拟器内部 $m=0$ 本征模随纵向位置 $z$ 的变化规律,$z$ 的范围为 $3.5\sim6.7\mathrm{m}$。曲线旁边的数字表示纵向位置 $z(\mathrm{m})$。该区域内的特征模结构几乎没有受到测试对象的影响

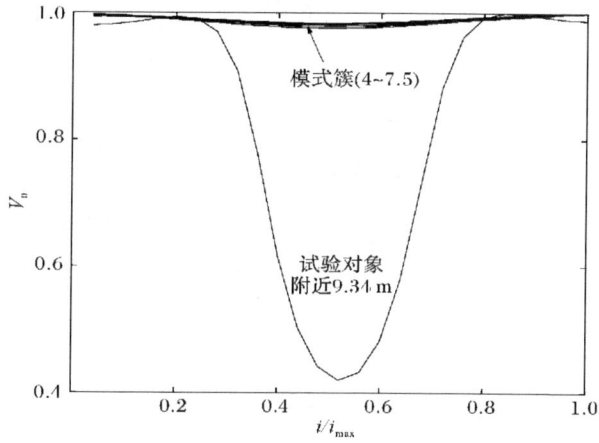

图 7.22 存在试验对象时,模拟器内部 $m=0$ 本征模随纵向位置 $z$ 的变化规律,$z$ 的范围为 $7.5\sim14\mathrm{m}$。曲线旁边的数字表示纵向位置 $z(\mathrm{m})$。可以看出,试验对象附近发生了较大的畸变

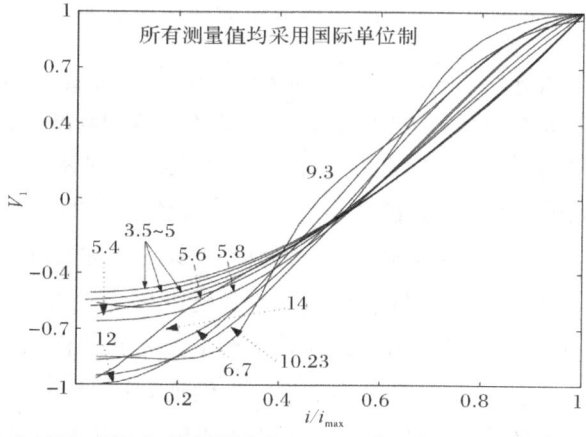

图 7.23 存在试验对象时,模拟器内部 $m=1$ 本征模随纵向位置 $z$ 的变化规律。曲线旁边的数字表示纵向位置 $z(\mathrm{m})$

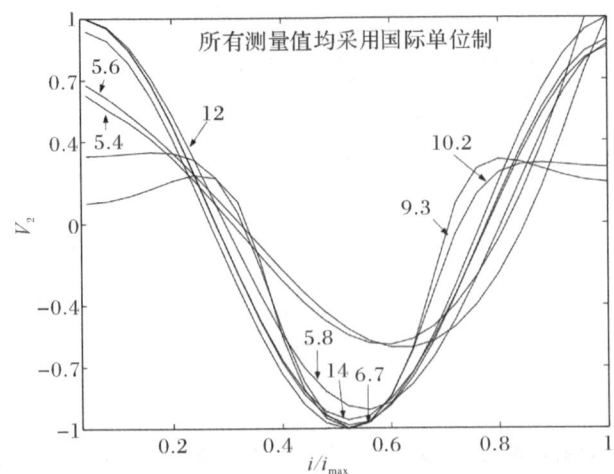

图 7.24　存在试验对象时，模拟器内部 $m=2$ 本征模随纵向位置 $z$ 的变化规律。曲线旁边的数字表示纵向位置 $z(\mathrm{m})$

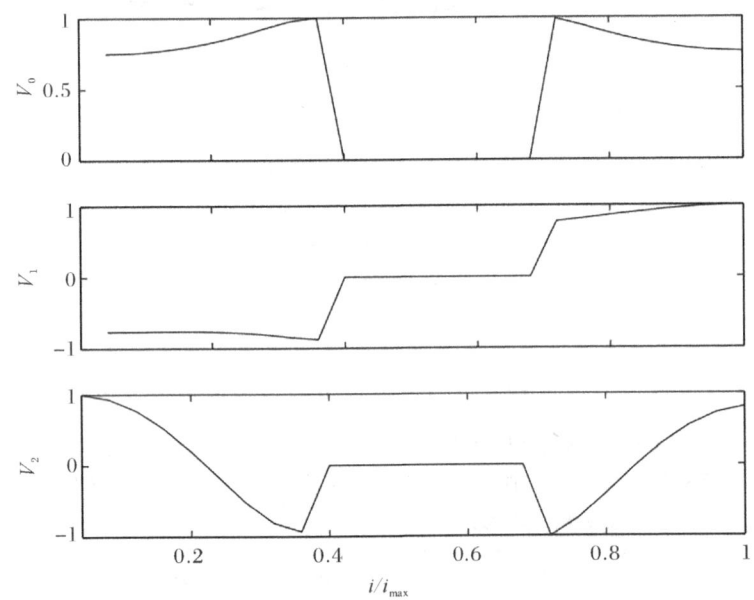

图 7.25　模拟器内 PEC 试验对象中心位置处，$z$ 方向上 3 个最强本征模的形状。可以看出，最大的畸变发生在试验对象内部，其电场降低至 0

图 7.25 所示的奇异值的失真表明，只有在距离大于被试品 0.5m 远时才能准确反映出不同 $m$ 模式的幅值变化。距离被试品越近，$s$ 值仅代表了失真的特征模的强度。

从实际意义上来说，只需要了解被试品处的电场偏离理想平面波的程度。由于特征模式之一往往起到主导作用，因此这种偏离完全可以通过主特征模式的失真量来加以量化，这个失真量是可以获取的。因此，从严格意义上来说，没有必要将这些特征模式进一步分解为由 $m$ 值的积分所表征的模式，然而，如果能进一步将失真分解为由 $m$ 值的积分所表征的余弦模式，将会获得更好的结果。下面将讨论实现这种解析求解的方法。

在本节前面的定性讨论中，解释了为什么期望在接近被试品时逐步出现更高次模。在前面的分析中，对平行极板部分，在 $x$ 方向上利用 25 个通道对其中的电场进行了测量。有理由认为，由于数据的空间分辨率不足以求解被试品附近的高次模，因此，可能会出现失真的特征模。解决方法是在 $x$ 方向上采用空间间隔更小的 FDTD 数据。这一方法仅需要应用在被试品附近，该处进行 SVD 分析时会得到失真的模式。

因此，利用 171 个通道重复了上述分析过程，清晰地求解出了 $m=6$ 这种更高次模，但其奇异值变得相当小。主模式依然表现为高度失真的特征模形状，与利用 25 个通道获得的形状非常相似。这表明空间分辨率是足够的，即特征模的失真一定是由其他影响导致的。

### 7.4.3 利用 SVD 方法对 $E_z$ 数据进行定量分析

这里使用的 SVD 方法，没有对特征模的形状施加任何约束，利用 SVD 方法进行分析的 $E_x(x)$ 数据也没有显示出任何特定的边界条件。这是由于平行极板的试验区域内仅强制使 $E_z$ 为零，但没有对 $E_x$ 进行约束。因此，在场畸变较大的区域内，"最佳拟合"的特征模并不一定是余弦形式的。

可以采用 $E_z$ 替代 $E_x$ 数据进行 SVD 分析。采用这种方法存在一个限制，由于 $E_z$ 在 $x$ 方向的两端均将为零，因此 $m=0$ 模式无法进行求解。但这种方法至少可以对除了 $m=0$ 外的所有模式的相对强度进行比较。同时，希望即使在被试品的附近，本征模也会比以前的 $E_x$ 数据更密切地跟随正弦变化。

图 7.26 所示为不同模式奇异值的比值在 $z$ 方向上的变化规律。随着向被试品的不断接近，$S_2$ 的迅速增加导致了所有比值的逐渐减小，但 $S_3$ 也在一定程度上有所增加，因此 $S_3/S_2$ 减小的程度小于 $S_1/S_2$，$S_4$ 的增加程度，基本和 $S_2$ 一样，因此 $S_4/S_2$ 基本保持恒定。这一分析清楚地表明了高阶模幅值的增加。

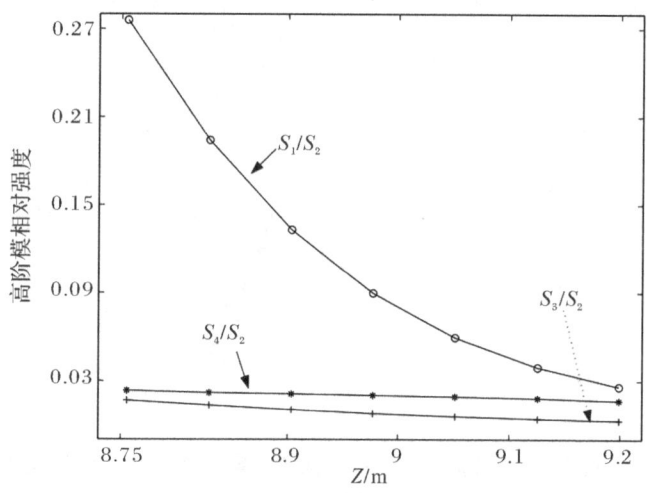

图 7.26 对 $E_z$ 数据开展 SVD 分析获得的试验对象附近 $m=2$ 高阶模的相对强度

图 7.27～图 7.30 所示为特征模式形状在纵向位置上的变化。在远离被试品的位置上，$m=1$ 模式非常接近于正弦波形式。$m=2$ 模式甚至在 $z=9.27\mathrm{m}$ 处仍保持其基本形状，在这一位置利用 SVD 对 $E_x$ 数据进行分析会产生高度畸变模式。$m=3$ 和 $m=4$ 模式都保持其基本形状，尽管负向和正向幅度不尽相同。由于模式的形状基本都是"合理的"，可以说奇异值代表了它们各自的模数 $m$。

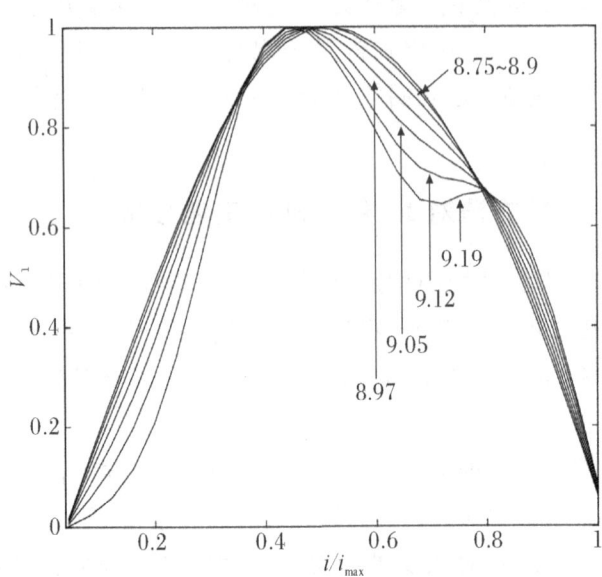

图 7.27 对 $E_z$ 数据开展 SVD 分析，试验对象附近 $m=1$ 本征模的演变。
曲线旁边数字表示纵向位置 $z(\mathrm{m})$

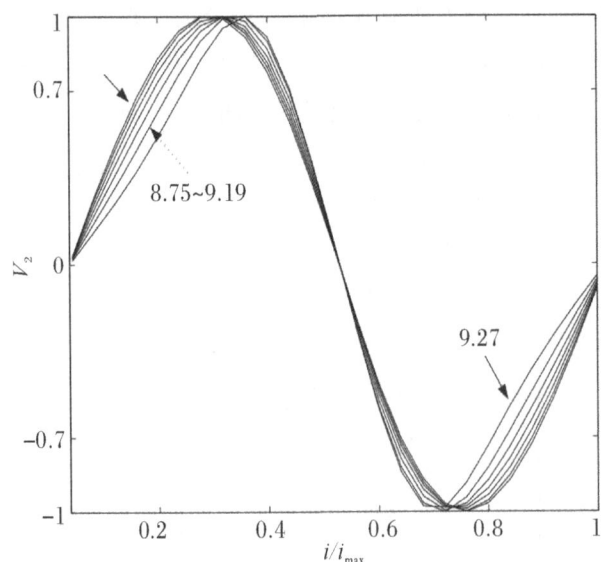

图 7.28 对 $E_z$ 数据开展 SVD 分析，试验对象附近 $m=2$ 本征模的演变。
曲线旁边数字表示纵向位置 $z(\mathrm{m})$

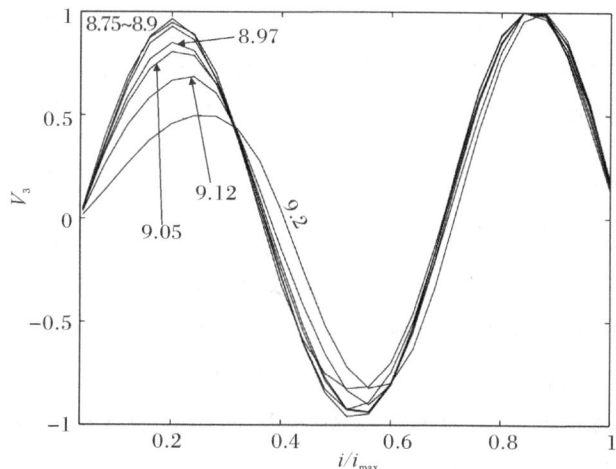

图 7.29　对 $E_z$ 数据开展 SVD 分析，试验对象附近 $m=3$ 本征模的演变。曲线旁边数字表示纵向位置 $z(\mathrm{m})$

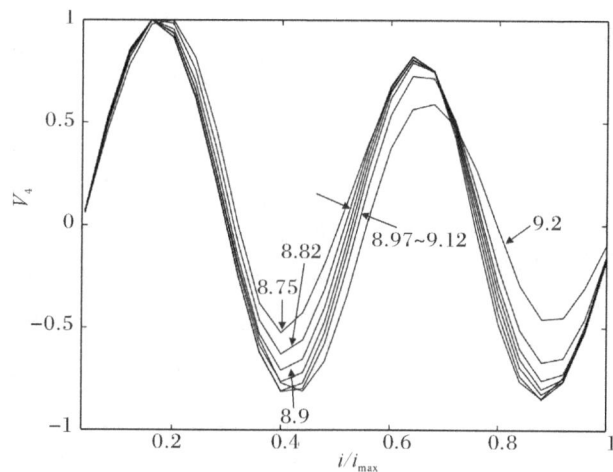

图 7.30　对 $E_z$ 数据开展 SVD 分析，试验对象附近 $m=4$ 本征模的演变。曲线旁边数字表示纵向位置 $z(\mathrm{m})$

从上述分析中可以得出 2 点重要的结论：① 相较于对 $E_x$ 数据的分析，SVD 对于 $E_z$ 数据的分析可以更好地求解所有的 $m$ 值相对应的正弦波模式，两者的差异可能在于边界条件上，其在上下两极板上强制使 $E_z$ 归零；② 分析表明，在被试品附近，$m=2$ 和 $m=4$ 模式中迅速增大，而 $m=3$ 模式略有增大。

因此，存在有一定尺寸规模的被试品时，TEM 模式的"纯度"会显著降低。与自由空间电磁波相比，被试品附近存在强 TM 模是出现的主要偏差。

## 7.5　电场增强的物理解释

在上一小节中，对被试品和上下极板之间的间隙中的电场增强进行了讨论。这一增强效应可以从电磁能量在有界试验空间中流动的角度进行解释。

FDTD 模拟在三维空间和时间尺度内给出了详细的电磁场演变规律。这使得在时间和空间范围内计算坡印廷通量分布成为可能,从而对能量流动有了深入的了解。通过计算试验空间内通过每个 $x$-$y$ 截面的坡印廷通量的瞬态分布,对能量流动进行研究。将坡印廷矢量的 $z$ 分量表示为 $x$ 和 $y$ 的函数,可以通过积分 $\int_S (\boldsymbol{E} \times \boldsymbol{H})_z \mathrm{d}S$ 计算不同 $z$ 位置处的瞬态 $z$ 方向功率 $P_z$,这里,$\mathrm{d}S$ 为 $x$-$y$ 平面中无限小的面积。

图 7.31 给出了 $P_z$ 随纵向 $z$ 位置的变化关系。在模拟器中,一个由理想导体组成的边长为 0.5m 的立方体形被试品被放置在试验空间的中心。在每一个 $z$ 位置处,当电场的第一个峰值到达该点时,获取此时的瞬时电磁场值。图 7.31 中曲线的第一个和最后一个点处于被试品 $z$ 方向上的表面之外,而中间的 3 个点则处于被试品内部。可以看到瞬时功率流的变化在 0.25% 以内,可以忽略不计。这也证实了被试品的存在并不会改变 $z$ 方向上总的功率流。

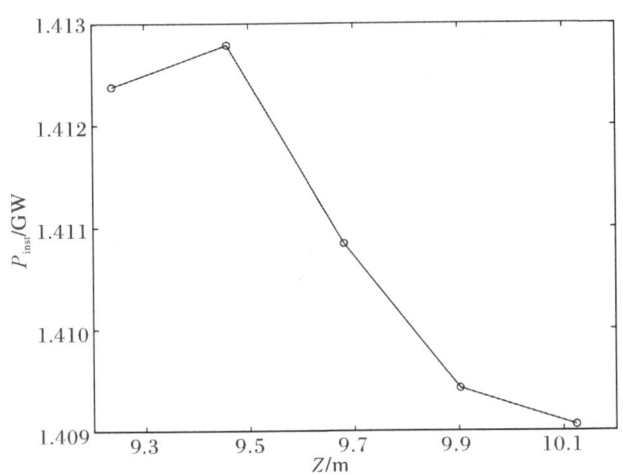

图 7.31　$z$ 方向瞬态功率流和纵向位置 $z$ 的关系

显然,如果由理想导体构成的被试品阻挡了功率流,电磁能量将会在周围流动而不会穿过被试品。这就要求在被试品和模拟器极板之间的间隙中,坡印廷通量变得更高。更高的坡印廷矢量则对应了间隙中更高的电场水平,这与观测结果一致。

图 7.32(a)~(c)所示为在试验空间的某一 $x$-$z$ 截面中,紧靠边长为 0.5m 的理想导体立方体周围,$y$ 方向的中点位置上,坡印廷通量的分布特征。3 幅图分别对应 $t=8.32\tau$、$8.44\tau$ 和 $8.5\tau$ 时坡印廷矢量的瞬时分布特征,其中 $\tau=19.7\mathrm{ns}$。选取这 3 个时间点具有以下意义:第 1 个时间点是在主电场峰值到达被试品前表面之前;第 2 个时间点是脉冲到达被试品中心处的时间;第 3 个时间点则对应于脉冲穿过被试品背面的时间。和预期结果一致,在被试品的"上游",坡印廷矢量主要是 $z$ 方向的;在向被试品接近时,通量趋于发散,能量流过被试品和模拟器极板间的上下间隙;这两个流动通道在被试品的下游重新汇聚。

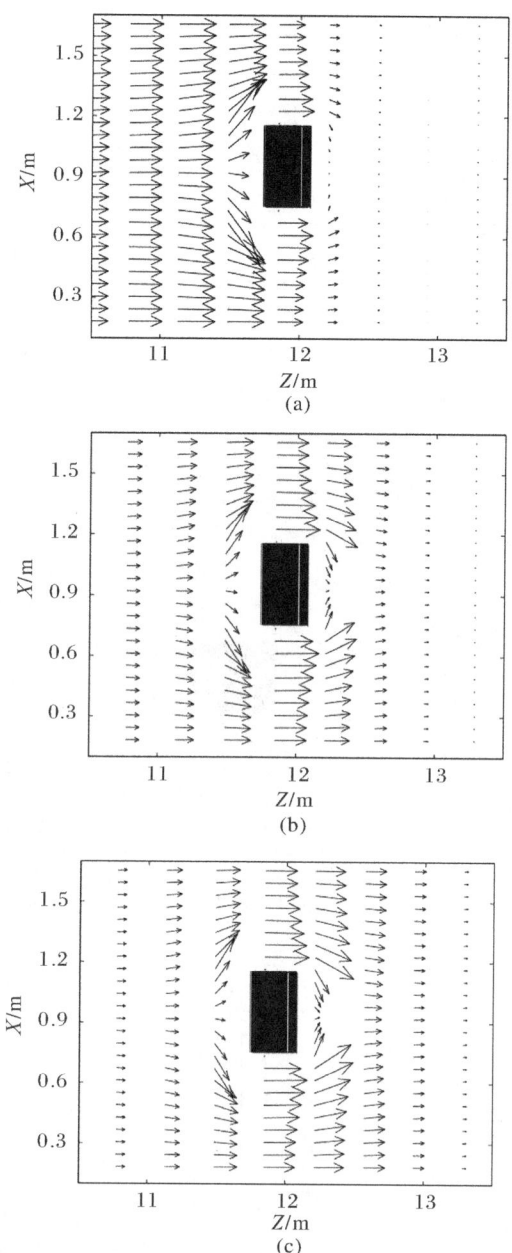

**图 7.32 试验对象附近 $x$-$z$ 平面上坡印廷通量分布**

初看之下,电磁能量在被试品周围的这种流动形式与流体围绕物体流动的方式非常相似,然而,这两种流动形式间存在重大差异。流体在围绕障碍物流动时具有对称性特征;另一方面,坡印廷通量往往只集中在被试品 $x$ 方向表面与模拟器极板的间隙中,而在被试品 $y$ 方向表面几乎没有增强。下面将对这一差异进行讨论。

图 7.33(a)~(c)所示为试验空间中紧邻被试品周围的 $x$-$y$ 截面中坡印廷通量的分布特征,3 张子图对应的时间与图 7.32 中对应的时间一致。每张图均对应电场在

指定时间达到其峰值的 $z$ 方向某个位置。

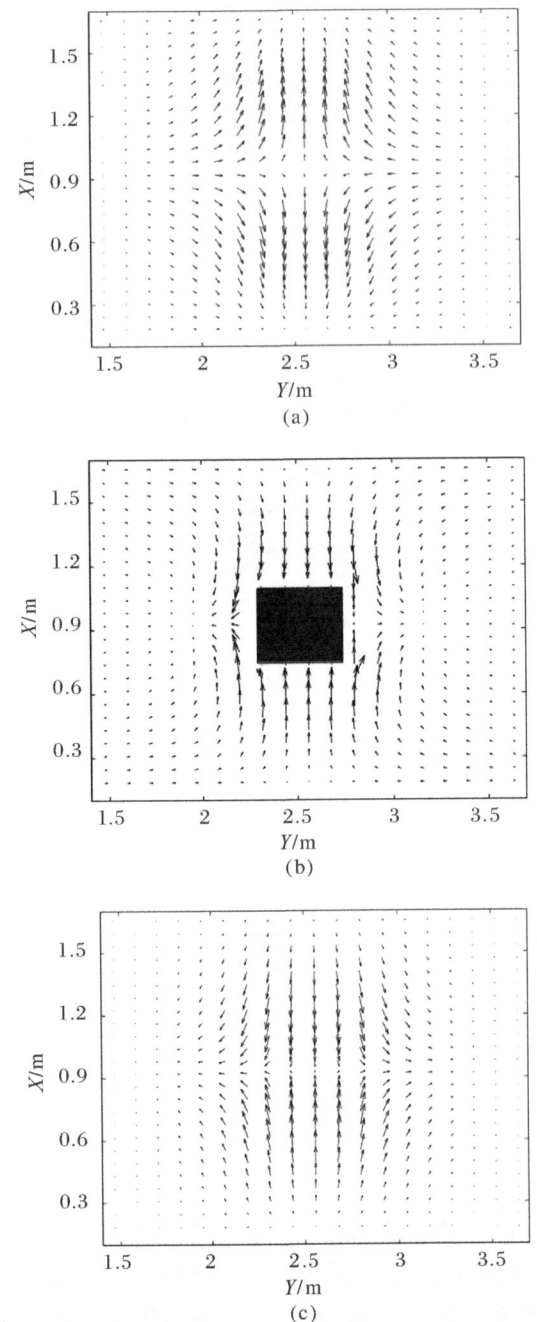

**图 7.33 试验对象附近 $x$-$y$ 平面上的坡印廷通量分布**

$P_x$ 是由 $E_z$ 和 $H_y$ 的结合产生的,后者为主磁场分量,而 $E_z$ 与 TM 模式有关,在被试品附近变得显著。因此,$P_x$ 也在这一区域内变得显著;另一方面,$P_y$ 是由 $E_x$ 和 $H_z$ 或者 $E_z$ 和 $H_x$ 的结合产生的,这两种组合中磁场分量均相对较小。因此,与 $P_x$ 相比,$P_y$ 通常比较小,这就解释了电磁能量的流动往往集中在被试品的上下,而非侧面的原因。

上述讨论强调了可以利用 FDTD 分析从物理层面深入理解脉冲电磁系统的重要性。

## 7.6　本章小结

本章针对有界波电磁脉冲模拟器内部的电磁模式结构进行了分析，包括试验空间中有无被试品两种情况。这一过程是通过应用 SVD 分析方法来实现的，所需时域数据由自洽的三维 FDTD 模拟产生。通过这两种强大方法的结合获取了大量的关于内部模式结构的信息，这也是通过其他方法无法得到的。这一点尤其重要，因为实际使用中的模拟器，其内有真实的试验对象，它具有复杂的几何形状，包括从良导体到电介质的一系列材料，而宽频带激励的存在使这一问题更加复杂。据我们所知，这是第一次进行这样全面的研究。

没有被试品的情况下，$E_x$ 和 $H_y$ 为电磁场的主要分量，还发现在被试品或终端电阻负载附近存在显著的 $E_z$ 分量。这表明存在 TEM 和 TM 模，但不存在 TE 模。

下面给出的结论是针对开关闭合时间为 19.7ns 的情况，对应电场的上升时间为 4.3ns，然而，对于其他开关时间可以较为容易地对分析过程进行重复。

没有被试品时，在整个模拟器长度方向上，TEM 模占主导地位。在长度方向的绝大部分区域内，$TM_1$ 模相较于其他 TM 模更为显著。特别在锥形段中，$TM_2$ 模以及更高次模是不存在的，因为它们的截止频率对上述开关时间激发的频谱来说太高。然而，在接近终端时，TEM 模略有减弱，而高阶 TM 模强度增加。从电阻片中感应电流分布和终端附近磁场的角度对 $TM_2$ 模增强现象进行了解释，从终端反射的角度对终端附近 TEM 模减弱现象进行了解释。

在平行极板部分中放置一个大小合理、传导性能良好的被试品时，会使被试品附近的模式结构发生显著变化。高次 TM 模变得更强，代价是 $m=0$ 模式的失真，这一发现具有相当大的现实意义，因为这意味着被试品所经受的电磁场已严重偏离所需的 $m=0$ 形式，且这种偏离完全是由被试品导致的。随后从被试品上感应电流和其附近所产生的电磁场的角度对这种偏离进行了物理层面的解释。

研究中得到了另一个有趣的发现。利用 SVD 对 $E_x$ 数据进行分析时，在被试品附近所计算出的特征模式发生了显著的失真，主特征模式由 $m=0$ 模和其他高次模叠加组成。之前已经排除了是空间分辨率不足导致的这种失真。相较于对 $E_x$ 数据的分析，SVD 对于 $E_z$ 数据的分析可以更好地求解所有的 $m$ 值相对应的正弦波模式。边界条件可能是引起这一差异的原因，在上下极板附近使 $E_z$ 强制归零，其次，分析结果表明，在被试品附近，$m=2$ 和 $m=4$ 模式迅速增大，而 $m=3$ 模式略有增大。

最后，利用坡印廷通量所代表的电磁能量流动解释了被试品上下表面附近的电磁场增强现象。

# 第8章 有界波模拟器辐射泄漏场的参数研究

## 8.1 引言

第7章介绍了有界波电磁脉冲(EMP)模拟器中电磁波模式的一般特征。本章将重点讨论有界波试验空间外的辐射泄漏。考虑到高功率电磁波的辐射水平,需要尽量减小有界波试验空间外的辐射泄漏,避免对周围设备产生电磁干扰。

已经有学者提出了将电磁能量限制在有界波模拟器中的不同想法。Yang 和 Lee 报道了将平行段延伸后的效果[20],他们使用保角映射变换的方法来计算极板上的电荷分布以及极板内部和外部的电场分布。

King 和 Blejer 给出了有界波模拟器正常工作时的安全频率限制[17],有界波模拟器能够有效传导最小波长与天线高度相当的电磁波,如果波长小于模拟器天线高度,则电磁波会存在泄漏,辐射至周围空间,但是他们的工作仅限于单一频率的激励。

由于馈入的脉冲为宽带信号,且模拟器和试验对象结构复杂,模拟器辐射场的泄漏特性一般是很复杂的。再加上测试对象内部可能存在各种不同材料,包括电介质和导体,更是让模拟器辐射场泄漏特性难以进行分析。上述两种方法中并未给出泄漏场的完整信息,包括泄漏场功率的方向分布和远场特性,这些信息从 EMI 的角度来看是非常重要的。

时域有限差分(FDTD)方法是一种用于分析包含复杂几何结构和多种材料的三维电磁仿真对象的强有力工具[32],因此,它非常适合于分析有界波模拟器的辐射场泄漏。

本章的组织结构如下:8.2节介绍了计算模型的细节,随后的部分讨论了不同设计特征对辐射泄漏场的影响;8.3节讨论了平行段长度对辐射泄漏场的影响;8.4节评估了模拟器极板之间角度的影响;8.5节中讨论了不同电阻匹配终端的效果;8.6节讨论了开关闭合时间的敏感性;8.7节研究了不同尺寸试验对象的影响;8.8节,从物理的角度对仿真结果进行了解释;8.9节总结了本章的主要结论。

## 8.2 计算模型的细节

参考文献[9]中描述的实验装置由初始充电电压约1MV的82pF电容器驱动。在本章的仿真中,对数据进行了微调,最终电容器中储存的能量为35.7J。

标准的FDTD计算空间在$x$、$y$和$z$方向的单元格分别为$119 \times 60 \times 155$,各个方向单元格尺寸保持一致,$\Delta y$和$\Delta z$同为7.4cm,$\Delta x$为1.85cm。根据Courant准则,对应的时间步长为58ps。

在每种情况下,利用FDTD仿真结果计算出FDTD计算空间的净流出功率$P_{net}$。评估泄漏的一种方法为计算仿真结构的远场分布,并在边界上进行积分。本章采用了一种更为简单的方法:在包围整个模拟器的某个边界上对坡印廷通量$\boldsymbol{E} \times \boldsymbol{B}$进行面积积分,可得到FDTD计算空间的净流出功率$P_{net}$。必须注意的是,瞬时功率流包括辐射功率和无功功率两部分,无功功率是指近场中储存能量的变化,可能为正也可能为负,辐射功率是指进入远场的部分。因此,当$P_{net}$为负值时,表明此时向内的无功功率分量超过了辐射功率。将$P_{net}$在时间上积分,直至被积函数$P_{net}$幅值下降至可以忽略,从而得到净流出能量。

仿真时,必须合理选择对坡印廷通量进行面积分的边界面。计算中发现,只要用来积分的面位于FDTD计算空间边界内的几个计算单元格中,$P_{net}$的值几乎不随积分面选择而发生变化。

## 8.3 平行板电极延伸长度的影响

Robertson和Morgan指出,当平行板电极延伸形成一个横电磁波(TEM)喇叭结构时,可以大幅减小反射,特别是对于低频信号[23]。Yang和Lee的研究则表明平行板电极的延伸对于将电磁能量限制在有界波试验空间内起重要作用[20]。他们均使用了保角映射变换的方法来计算极板上的电荷分布,以及上下极板内部和外部的电场分布。

本节研究了不同尺寸的平行板电极延伸方案对限制电磁能量的影响。研究中考虑了3种不同的极板长度,分别为1.5 m、3.0 m和4.5 m,它们均是极板距离$h_a$的整数倍,极板距离大约为1.5m,同时记倍数为$P_{ext}$。3种情况下,极板终端均连接片状匹配电阻。

图 8.1 给出了 3 个不同倍数 $P_{ext}$(1.0、2.0 和 3.0)条件下 $P_{net}$ 随时间的变化规律。净流出功率的计算方法在 8.2 节中已做介绍。仿真一直持续到 $P_{net}$ 回落至非常低的水平。图中曲线与零线包围的面积(零线以上为正,以下为负)是总的流出能量,对于 $P_{ext}$ 为 1.0、2.0 和 3.0 的情况,总流出能量分别为 8.80 J、10.78 J 和 12.03 J。这表明电容器中的初始能量为 35.7 J 时,有 24%～34% 的能量通过泄漏而被损失。

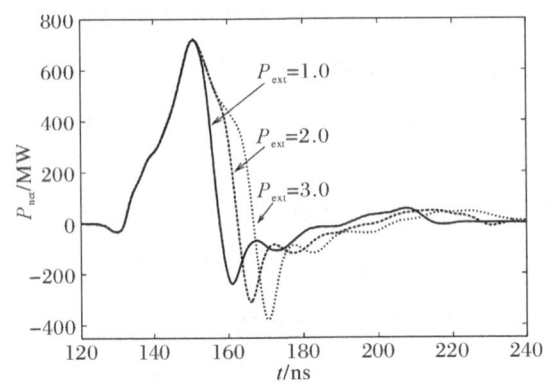

图 8.1　FDTD 计算空间净流出功率与极板长度的关系

上述结果具有以下实际意义。试验空间的长度通常由测试对象的尺寸决定,上述结果表明场的泄漏是一个关键问题,随着试验空间长度的增大,泄漏能量也显著增加。因此,对于给定的模拟器,测试对象尺寸越大,对周围的 EMI 干扰也就越强。

图 8.2 是边界所构成空间前截面和后截面的净功率流,前后截面对应的法向方向分别指向正 $z$ 和负 $z$ 方向的平面。前向的净辐射功率远大于后向的净辐射功率。这说明脉冲源附近回流的功率流很小,从保护脉冲源的角度来看,这是一个非常有利的特性。

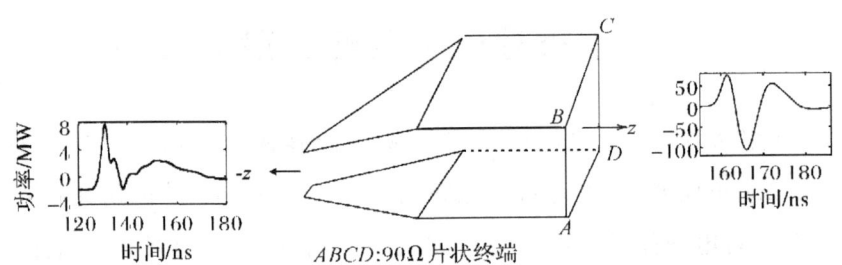

图 8.2　$P_{ext} = 2$ 时的前向和后向净功率流(模拟器末端采用片状电阻匹配)

图 8.3(a) 和 (b) 中,分别给出了 $P_{ext}$ 为 1.0 和 3.0 时的辐射远场,子图中的两个位置分别沿着模拟器轴线($\theta = 90, \varphi = 0$)和侧面开口方向($\theta = 90, \varphi = 90$),这些远场均归一化至 1 m 处幅值。从图中可知,电磁波的旁瓣远小于前向波瓣,增大平行段的长度可以增大前向波瓣,而不会显著影响旁瓣的大小。这说明辐射场泄漏随着 $P_{ext}$ 的增加而增大,同时也会提高模拟器轴线方向的电磁干扰水平。电磁干扰的这种特性使得其

更加易于屏蔽和防护。

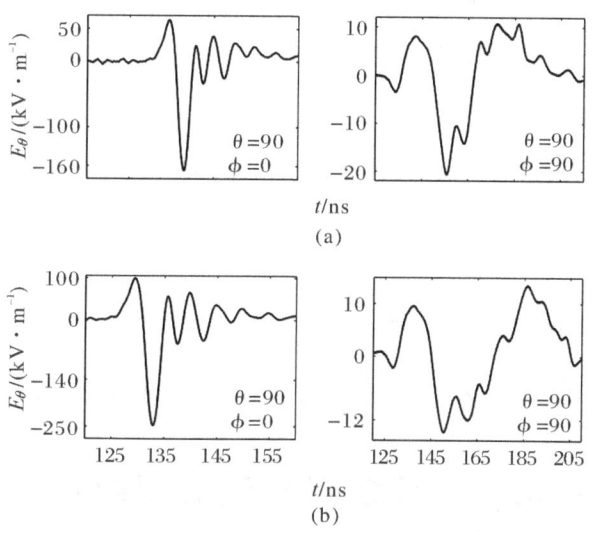

图 8.3 两个不同方位上归一化至 1m 处电场的辐射远场

## 8.4 锥形电极之间角度的影响

Baum 定性地指出,采用较小的锥形电极夹角,可以减少有界波模拟器的电磁能量泄漏[21]。Sancer 和 Varvatsis 基于数值计算,得到了平行板电极的表面电流密度,并用其估算了模拟器工作空间中泄漏的电磁能量[22],他们的结果支持 Baum 在参考文献[21]中的结论。

该结果可以用波导和天线理论进行定性解释。对于波长远大于天线高度 $h_a$ 的电磁波,模拟器像传输线一样工作,对于波长远小于天线高度 $h_a$ 或与天线高度 $h_a$ 可比的电磁波,模拟器表现得更像天线[17-20]。减小天线夹角 $\beta$ 会导致 $h_a$ 变小。馈入的脉冲信号具有超宽的频谱,其中能量较高的高频分量主要由开关闭合时延决定。因此,随着 $\beta$ 的减小,越来越少的频率分量可以通过天线辐射出去,因此可以减小泄漏。

图 8.4 给出了开关导通时延 $\tau_s = 19.7$ns 时,3 种不同 $\beta$ 值(10°、15° 和 20°)条件下模拟器的净功率流。所有的情况下,模拟器的平行板电极试验段的长度均为 9m,终端均采用片电阻进行匹配。$\beta$ 为 10°、15° 和 20° 时,模拟器辐射场的净泄漏能量分别为 9.4J、12.5J 和 15.2J。随着 $\beta$ 的减小,峰值辐射功率和总泄漏能量均有明显的降低趋势。

第 9 章中,在有界波空间内,基于电磁模式结构对上述趋势进行了详细的解释。

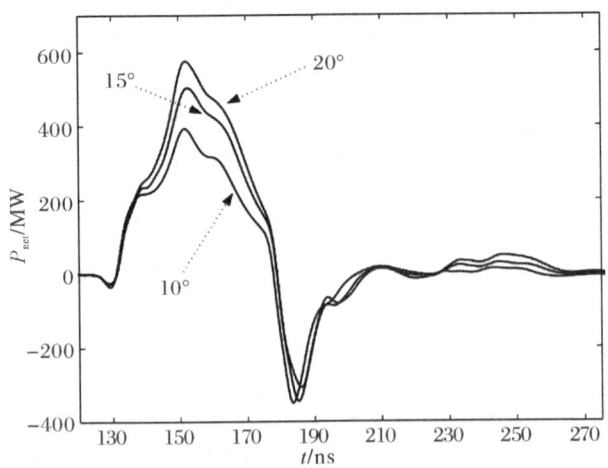

图 8.4　不同角度 $\beta$ 条件下模拟器极板间的净功率流

## 8.5　天线终端类型的影响

终端开路 EMP 模拟器，即极板间不连接匹配阻抗的 EMP 模拟器，对于馈入脉冲的低频部分表现出极高的阻抗，导致模拟器喇叭口阻抗与自由空间阻抗（377Ω）出现极大的不连续。低频段馈入能量的大部分将被反射回脉冲功率源，可能造成脉冲功率源的损坏。

在传输线中，常采用匹配电阻终端以减小电磁波的反射。文献中也给出了多种匹配电阻的替代方案，现将其中几种方法总结如下。

Kanda 在参考文献[24]中对一个 TEM 喇叭天线进行了从顶点到末端的阻性加载，阻值在顶点最低，逐渐地连续增加，在末端达到最大值，求出的辐射场函数形式类似于 Wu 和 King 为了减小偶极子天线末端开路反射而提出的阻性加载方案[25]中的计算结果，馈入点的低阻抗用来匹配馈入传输线，末端的高阻抗用来匹配自由空间。Baum 在参考文献[26]中提出了使用导纳片作为宽频信号的匹配终端，阻性部分可以有效匹配信号较低的频段，电抗部分则适用于信号的高频段，因此，此类终端在一个很宽的频率范围内均有效。

阻性终端的物理形状也是非常重要的，它会显著影响低频段的性能[27]。

在本节中，主要对阻性终端进行研究。考察了两个参数的影响：第一个为终端的几何结构，第二个为终端电阻的阻值。

TEM 喇叭形式的有界波模拟器通常采用多个并联的电阻链作为终端，此类终端的性能介于两种极限情况之中。第一种情况是如图 6.1 所示的理想状态，匹配终端作为一个片状电阻覆盖整个 $ABCD$ 所围区域,当电阻链之间的间距远远小于电磁波波长时,会接近这种理想状态。第二种情况中,匹配终端包含两个阻值相同的棒状电阻,分别连接图 6.1 中的 $A-B$ 和 $C-D$,棒状电阻间是并联的关系,匹配终端的阻值等于单个棒状电阻的一半。本节从辐射场泄漏的角度,对上述两种极限情况进行了研究。

模拟器内部的电磁场分布,以及由此产生的泄漏一定程度上取决于终端电阻阻值。正常情况下,要求终端电阻阻值等于 TEM 结构的特征阻抗。一方面,终端不匹配会增大朝向脉冲源的反射波幅值;另一方面,电磁场分布发生变化,有可能减少电磁场的泄漏和对外的电磁干扰水平。因此,本节研究了 30Ω、90Ω 和 200Ω 3 种不同片状电阻阻值条件下模拟器的电磁辐射特性,仿真模型中的模拟器不包含作为试验空间的平行段,终端直接连接在 TEM 喇叭结构的末端。

首先考虑改变终端阻值对反射的影响。图 8.5 给出了 30Ω、90Ω 和 200Ω 片状电阻,以及 90Ω 棒状电阻 4 种不同终端条件下 TEM 结构馈入点上电场垂直分量 $E_x$ 随时间的变化规律。棒状终端由两个并联的 180Ω 棒状电阻组成。

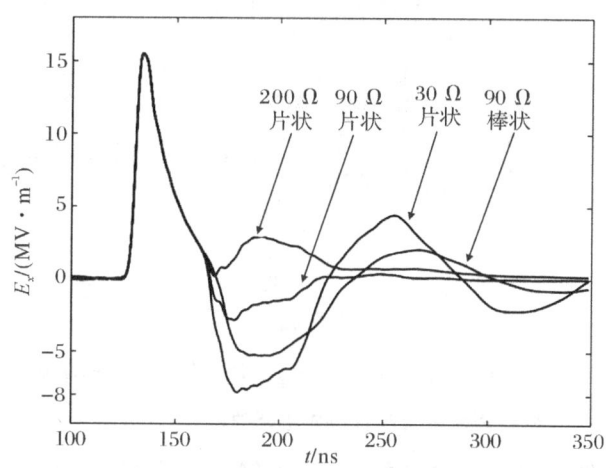

图 8.5　4 种不同电阻终端条件下 TEM 结构馈入点处的电场垂直分量 $E_x$。
TEM 结构中不含平行板电极组成的试验段

如预期所料,对于所有类型的终端,电场波形的主峰基本上保持一致。然而,第 2 个峰之间却有很大的差异,可以从具有阻性终端的传输线反射系数角度来理解,反射系数[41]

$$R = \frac{Z_L - Z_c}{Z_L + Z_c} \tag{8.1}$$

其中,$Z_L$ 是终端阻抗,$Z_c$ 是 TEM 结构的特征阻抗,为 90～95Ω。

以下几点值得注意。首先,上述公式只有在 $Z_L$ 为常数时才是精确的,对于本节考虑的宽频带问题,由于沿着终端长度方向电流幅值的不同,$Z_L$ 随频率而显著变化,所以反射系数 $R$ 受频率的影响很大。因此,式(8.1)和模拟器中实际的反射无法做到完全匹配。其次,当 $Z_L < Z_c$ 时,反射系数 $R$ 是负值,反之为正值,这可以从图 8.5 中看出,200Ω 终端电阻条件下反射信号是正的,30Ω 终端时则得到一个高幅值的负峰,90Ω 的情况介于两者之间,接近于公式的预估结果。

下面从能量泄漏的角度来解释不同终端条件下表现出来的反射特性。图 8.6 是 30Ω、90Ω 和 200Ω 片状电阻以及 90Ω 棒状电阻 4 种不同终端条件下 $P_{net}$ 随时间的变化规律。对于片状电阻,峰值功率水平随电阻阻值的增加而单调增加,在 90Ω 和 200Ω 之间特别明显。模拟器接棒状电阻终端时,峰值功率水平特别高。该现象符合物理上的预期,因为辐射场的泄漏会被片状的终端"阻断",但是可以自由穿过两个棒状电阻。

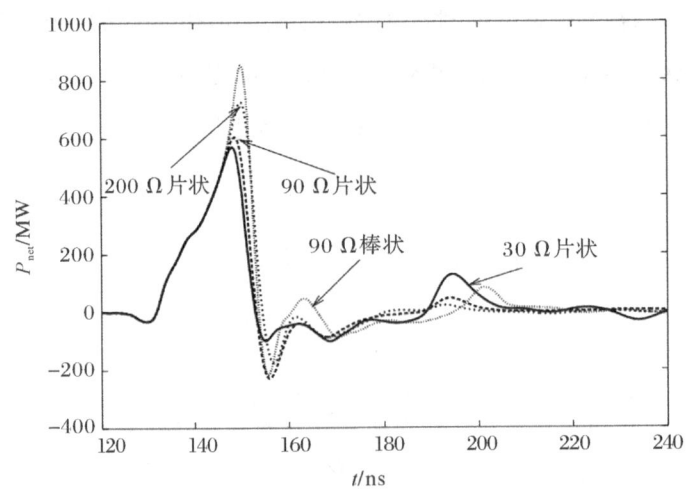

图 8.6 不同电阻终端条件下 FDTD 计算空间向外的净功率流。
**模拟器中不含平行板电极延伸段**

计算图 8.6 中曲线和零线包围的面积(零线以上为正,以下为负),可以得到总的外流能量,4 种情况下分别为 6.52J、6.06J、7.30J 和 7.94J。由于驱动源中电容的总储能为 35.7J,所以上述结果的差异是较大的。

接下来分析导致 $P_{net}$ 发生这种变化的功率流模式的差异性。在片状和棒状匹配终端的情况下确定远场模式时进行过类似分析。图 8.7 是远区电场 $E_\theta$ 随时间的演变图,选取的远场 $E_\theta$ 包括模拟器在水平面($\theta = 90°$)上不同角度 $\phi$ 对应位置上的波形。在时间约为 133ns 时,$\phi = 0$ 位置上的波形有一个高幅值负峰。在两种情况下,$E_\theta(\phi = 90°)$ 的旁瓣都远低于轴线上的波瓣。两种终端下远场波形具有明显的差异,棒状终端条件下 $E_\theta$ 的峰值更高,并且需要更多的时间才能衰减至低水平。

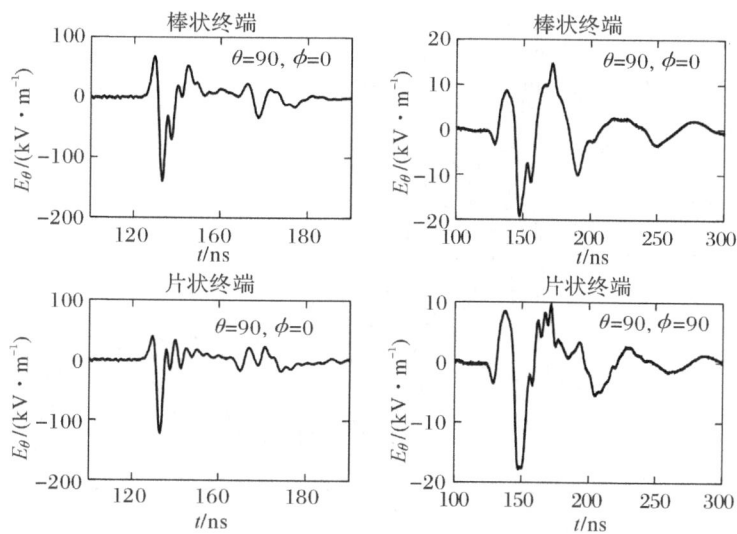

图 8.7　归一化至单位距离上的远区电场开关导通时延均为 $\tau_s = 19.7\text{ns}$

对于 $\phi = 0$ 的情况,棒状终端条件下的负峰大约比片状终端下负峰高 17%。因为坡印廷通量与 $E^2$ 有关,可以得到峰值辐射功率比为 1.36,接近于计算所得到 $P_{\text{net}}$ 的比值。

从上面的分析可知,匹配的片状电阻是模拟器最优的终端,因为它不仅可以减小反射,还能降低从有界波实验空间向外的能量泄漏。

## 8.6　开关导通时延的影响

第 6.6 节中讨论了调节模拟器开关导通时延的必要性,指出导通时延越小,辐射波所含频率成分的上限就越高;同时,导通时延越小,辐射场泄漏越严重,本节主要讨论该问题。

King 和 Blejer 提出了将电磁能量限制在有界波电磁脉冲模拟器试验空间内的一个前提条件[17]:

$$kh_a \ll 1$$

其中,$k$ 为波数,等于 $2\pi/\lambda$,$h_a$ 是 TEM 结构的孔隙高度,即图 6.1 中平行板电极的间距,波长 $\lambda$ 和频率有关。根据上述关系,波长高于 $h_a$ 或者与之可比的电磁波会被限制在有界波试验空间内,而波长小于 $h_a$ 的电磁波则会辐射出去。这说明对于一个给定的模拟器,如果让其辐射具有更高频率的信号,则会导致泄漏的增大。

研究分析了 $\tau_s = 0.8\tau、\tau、2\tau$ 和 $4\tau$ 等 4 种开关导通时延条件下模拟器的泄漏,其中 $\tau = 19.7\text{ns}$。

模拟器馈入点电场 $E_x$ 随时间的变化如图 8.8 所示。正如预期的那样,随着 $\tau_s$ 的减小,波形逐渐被压缩,前沿变快,半宽变窄,$E_x$ 的峰值逐渐增大。下面对其物理机理进行阐述。

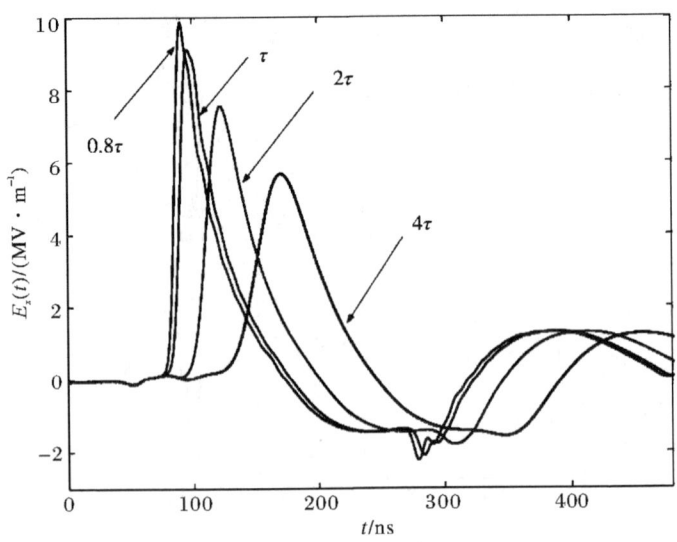

图 8.8　模拟器馈入点 $E_x$ 随时间的变化

$\tau_s$ 的减小缩短了能量流向 TEM 结构所需的时间,这会增大 z 方向任意位置坡印廷通量 z 分量的平均值,这反过来又意味着在给定的 z 位置处 $E_x$ 的值通常较高,如图 8.8 所示。

下面讨论开关导通时延对外向净功率流的影响。图 8.9 给出了 4 种情况下 $P_{net}$ 随时间变化的规律,对外向净功率流进行积分,得到 $\tau_s$ 为 $0.8\tau$、$\tau$、$2\tau$ 和 $4\tau$ 等 4 种情况下的外向总能量分别为 6.5J、6J、4.8J 和 3.3J。如前面所述,辐射脉冲被压缩后显著提高了辐射场的泄漏。

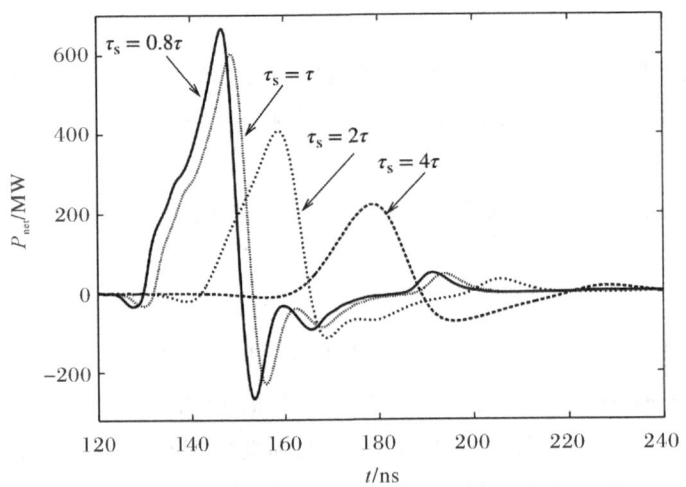

图 8.9　不同开关导通时延条件下净功率流。模拟器不含平行段,末端采用片状电阻终端进行匹配

上述结果也可以从模拟器馈入点脉冲频谱的角度来理解。图 8.10 是不同 $\tau_s$ 值时的频谱 $|E_x(f)|$。$\tau_s$ 取最大和最小值,$|E_x(f)|$ 幅值显著时的频率上限分别为 300MHz 和 150MHz,对应的波长分别为 $1m(<h_a)$ 和 $2m(>h_a)$,因此当 $\tau_s$ 较大时,模拟器对电磁能量限制性能更好。

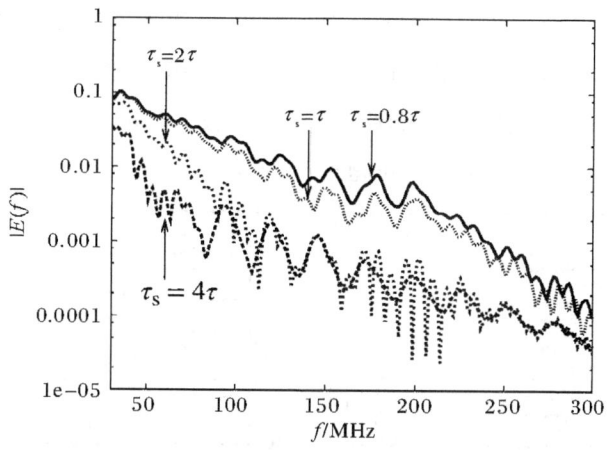

图 8.10 不同开关导通时延条件下模拟器馈入点的频谱。
模拟器终端为 90Ω 片状电阻,无平行段

在第 9 章中,将从有界波试验空间中电磁模式结构的角度对上述差异进行解释。

## 8.7 试验对象的影响

电磁脉冲模拟试验中的试验对象,可以由不同材料组成,并且具有不同的几何结构。试验对象会导致其附近的电磁场发生畸变,进而影响辐射场的泄漏。

为说明上述结论,计算了材质为理想良导体(perfect electrical conductor,PEC)的立方实体试验对象对辐射场泄漏的影响。立方体的边长取了 3 个值,分别为 0.25m、0.5m 和 1m。计算中,平行段长度设置为 3m,末端采用片状电阻进行匹配,开关导通时延 $\tau_s = 19.7$ns。仿真结果表明,不同试验对象条件下的泄漏电磁能量分别为 10.77J、10.73J 和 9.8J。这说明,试验对象越大,辐射场泄漏越少,当然,更大的试验对象也会导致其附近的电场畸变得更严重。

## 8.8 物理上的解释

FDTD 仿真提供了电磁场演化的详细三维图像,进而能够从物理的角度去理解第 8.5 节和第 8.7 节中的内容,而这种理解是可以通过对坡印廷通量分布的分析来获得,本节主要针对该问题进行讨论。在本节的仿真中,开关导通时延 $\tau_s = 19.7$ns,试验对象是边长为 1m 的立方体。

图 8.11 和图 8.12 给出了片状电阻终端和棒状电阻终端条件下坡印廷通量的二维矢量图,坡印廷通量包含图 6.1 所示试验空间中顶部和底部极板间 y-z 平面上的 y 分量 $P_y$ 和 z 分量 $P_z$。为了说明终端的影响规律,矢量的显示区域比试验空间稍大。

图 8.11 和图 8.12 的子图(a)、(b)、(c) 和 (d) 分别对应 $7.8\tau$、$8.0\tau$、$8.2\tau$ 和 $8.4\tau$ 时

刻的截图,其中 $\tau = 19.7\text{ns}$。上述时刻的选取有以下意义,第1个时刻对应着电场峰值刚好接近试验对象前面,第2个时刻对应着电磁脉冲刚好传播到试验对象的背面,子图(c)则表示电磁脉冲刚刚穿过终端后的结果,子图(d)是子图(c)4ns之后的分布。下面将基于图 8.11 和图 8.12 对几个问题进行讨论。

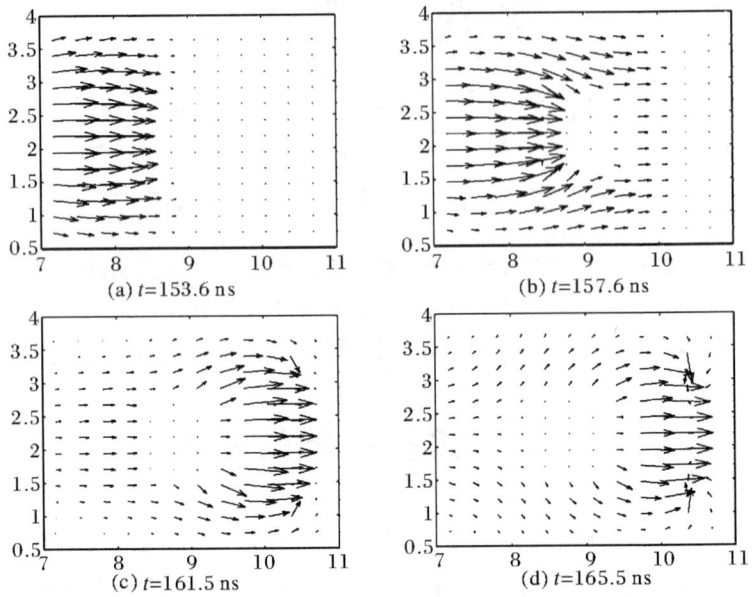

图 8.11　模拟器末端为片状匹配电阻时,试验空间坡印廷通量分布

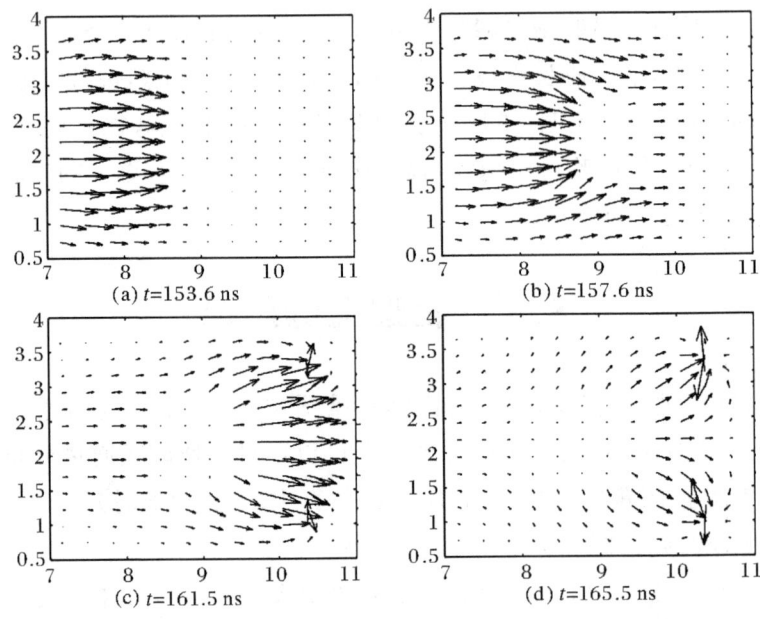

图 8.12　模拟器末端为棒状匹配电阻时,试验空间坡印廷通量分布

(1) 对于两种终端,$y$ 方向边界上的 $P_y$ 均很小,对应着电磁波分布图中的弱旁瓣,该结果和图 8.7 中结果相呼应。唯一的例外出现在图 8.12 的子图(d)中,这将在后面

讨论。

(2) 两幅图中子图(a)和(b)相似,这是因为电磁脉冲中正的主峰尚未达到终端。然而,主峰前面的部分脉冲达到了终端,这导致了两个子图(b)之间存在细微的差异。

(3) 在两幅子图(b)中,坡印廷通量在试验对象附近发生弯曲,并朝向试验对象。这可以理解为:施加的电场 $E_x$ 会在试验对象 $y$ 方向的两个面上感应出沿 $x$ 方向的瞬态电流,将该电流视为 $x$ 方向的理想片状分布电流,可以在两个面上得到幅值相等、方向相反的磁场分量 $H_z$,从而导致 $P_y$ 指向试验对象的两个面,也就是图中观察到的功率流"向内弯曲"现象。

(4) 另一个令人关注的差异是在两幅子图(c)中,对应着电磁脉冲主峰刚好穿过终端的时刻。在片状电阻终端附近[图 8.11(c)],坡印廷通量以 $z$ 方向的分量为主,但是棒状终端[图 8.12(c)]会导致功率流在 $y$ 方向大量地发散。这可以用穿过终端的 $x$ 方向电流所产生的磁场来解释。片状电阻终端上流过的电流主要在有界波试验空间内产生磁场 $H_y$ 分量,它和电场一起形成 $P_z$,而对于棒状电阻终端中的电流,会产生一个环绕其自身的磁场,包含分量 $H_y$ 和分量 $H_z$,在有界波试验空间内,$y$ 方向两个边界上形成的 $P_z$ 幅值相同,但方向相反,所以会出现图中所示发散现象。

(5) 从图 8.11(c)和(d)中可知,相对于片状终端以内区域的值,片状终端以外区域坡印廷通量的幅值有一个明显的减小,而对于棒状终端,减少的幅值不如片状终端明显,这解释了为什么采用片状终端时观察到的泄漏总能量会减少。

## 8.9 本章小结

有界波电磁脉冲模拟器的电磁能量泄漏是一个值得关注的问题,因为它会对周围的设备产生电磁干扰。本章对此类模拟器的辐射场泄漏特性进行了自洽的三维时域仿真计算。

大型的有界波模拟器造价昂贵,建造时间长。假设某一个模拟器建立之初主要运行在较低的频率下,随着高空电磁脉冲波形标准规范的发展,往往需要使用输出脉冲上升时间更短的脉冲源作为馈源,以便在更高的频率下进行试验[9]。但是,从本章的研究可知,这会导致辐射场泄漏增大,必须对此进行权衡。

假设某一个试验对象,在 $z$ 方向上的长度可调,另外两个方向上尺寸固定,则需要增加有界波模拟器试验段的长度以适应更长尺寸的试验对象。增加平行段的长度可显著增强前向的辐射场,而对反射波幅值的影响较小,从保护脉冲源的角度来看,这是有好处的,但是,这样做伴随着总泄漏能量的增加。

相比不匹配的终端,使用片状电阻作为匹配终端时会显著减少反射。如果终端电阻和 TEM 结构的特性阻抗匹配,采用片状几何形状的电阻会比采用两个并联棒状电阻时显著减少反射。

　　匹配的片状电阻相比棒状电阻对有界波试验空间电磁能量的约束会更好，这也从坡印廷通量分布的角度进行了解释。本章仅对片状电阻和棒状电阻两个简单结构进行了研究，在更进一步的研究中，需要使用结构更复杂的匹配终端，以分析进一步减少泄漏的可能性，如参考文献[26]中描述的具有电阻和电感的导纳片终端。

　　试验对象的大小会影响辐射场的泄漏，较大的试验对象会减少泄漏。这个特性随着测试对象形状和电气特性的改变而发生变化。研究了有界波试验空间中坡印廷通量的特性，发现坡印廷通量倾向于向试验对象聚焦，这可以从导体试验对象上产生感应电流的角度来解释。

　　这些结果表明，对于模拟器和试验对象结合后的电磁特性，有必要采用本章描述的方法进行详细的研究。

# 练　　习

　　1.在本章的仿真中，采用了PEC材质的立方体作为被测设备（EUT）；然而，在实际应用中，试验对象可能拥有复杂的形状和结构，并包含多种材料，这应该在详细的研究中加以考虑。

　　2.可以考虑在各种不同连接顶部和底部极板的电阻终端情况下，研究确定有界波模拟器的泄漏。编写计算机代码用来仿真在模拟器极板上采用电阻加载，以及在试验空间末端连接片状导纳时的辐射特性。

# 第9章 有界波模拟器辐射泄漏的模式研究

## 9.1 引 言

在第7章,研究了有界波电磁脉冲模拟器内的模式结构。第8章对有界波电磁脉冲模拟器辐射泄漏进行了定量探讨。横磁(TM)模除了影响横电磁(TEM)模式的品质外,还可以增强模拟器的辐射泄漏。由于以下两个原因,这是不希望出现的:首先,它对周围设备产生电磁干扰(EMI);其次,它减少了耦合到试验对象的可用能量。

许多研究报告提到,高阶 TE 和 TM 模容易导致能量泄漏[28-29],然而,这些研究并没有准确地量化不同模式对辐射泄漏的相对贡献。下面将研究如何在一个实际的EMP模拟器中使用全波时域方法模拟高阶模式和辐射远场之间的关系。

本章的结构如下:9.2节详细介绍了两个信号之间相关性的计算模型,随后的内容讨论了不同设计特征对辐射泄漏模式的影响;9.3节评估了锥形截面极板间夹角的作用;9.4节介绍了脉冲压缩的影响;最后,9.5节概述了这部分研究的详细结论。

## 9.2 计算步骤

这里考虑的 EMP 模拟器中,前向辐射($\theta = 90°, \varphi = 0°$)明显强于侧向辐射($\theta = 90°, \phi = \pm 90°$)[39],角度 $\theta$ 和 $\phi$ 的定义见图6.1。如前所述,TE模式很小,因此对辐射的主要贡献一定来自TM和/或TEM模。因此,只需要估计前向辐射远场与终端附近随时间变化主模的相关性。

两个时变信号之间的关联度可以用相关性来量化,定义如下:

$$C(\tau) = \int_{-\infty}^{\infty} u(t) E_\theta(t-\tau) \mathrm{d}t \qquad (9.1)$$

其中，$E_\theta(t)$ 是辐射远场，$u(t)$ 是在接近终端的 $z$ 位置处的主模成分，$\tau$ 是两个变量的时间延迟，$\tau$ 与前面提到的开关时间无关。如果这两个波在不同的位置测量，$\tau$ 提供了关于波的传播速度、方向和空间相关性的信息[53]。

自相关是对时变物理量，如 $E_\theta(t)$ 的时间一致性的一种量化，定义为：

$$A(\tau) = \int_{-\infty}^{\infty} E_\theta(t) E_\theta(t-\tau) dt \tag{9.2}$$

由于不同模式下 $u(t)$ 值的差别大于一个数量级，将每个变量归一化至其标准差。例如，$u_0(t)$ 和 $E_\theta(t)$ 之间的相关性 $C(\tau)$ 可以表示为：

$$C(\tau) = \int y_1(t) y_2(t-\tau) dt \tag{9.3}$$

其中，$y_1(t) = u_0(t)/\sigma_{u_0}$，$y_2(t) = E_\theta(t)/\sigma_{E_\theta}$。$u_0(t)$ 的标准差 $\sigma_{u_0}$ 可以表示为：

$$\sigma_{u_0} = \sqrt{\frac{1}{N-1} \sum_{j=1}^{N} [u_0(t_j) - \overline{u_0(t)}]^2} \tag{9.4}$$

这里 $N$ 是总的时间点数，$\sigma_{E_\theta}$ 有相似的定义。

## 9.3　锥形极板之间倾角的影响

Baum 的研究结果定性地表明[21]，使用小角度 $\beta$ 的锥形极板可以减少有界波模拟器的电磁能量泄漏，角度 $\beta$ 的定义见图 7.1。Sacer 和 Varvatsis[22] 用数值的方法给出了平行板部分的表面电流密度，并用于估算模拟器工作区域外的辐射电磁能量，这些结果支持了 Baum[21] 的结论。

这一结果可以用波导和天线理论来定性地解释。模拟器用来传输波长比孔径高度 $h$ 大得多的电磁波时的作用就像传输线，而用于传输波长小于或等于 $h$ 的电磁波时的作用就像天线[17,20]，减小角度 $\beta$ 就是减小高度 $h$。目前，脉冲信号具有超宽带频谱的特征，其中，最高频率的能量含量是由开关闭合时间决定的，因此，当减小角度 $\beta$ 时，频谱中越来越小的一部分才可以辐射出去，从而减少了能量泄漏。

### 9.3.1　相关性研究

图 9.1(a)～(c) 给出了模拟器中的夹角 $\beta = 10°、15°、20°$ 时，$\log(S_1/S_0)$ 和 $\log(S_2/S_0)$ 的变化；所有情况下，开关时间 $\tau_s = 19.7$ns。在 TEM 模式下，TM$_1$ 模和 TM$_2$ 模的相对强度随 $\beta$ 的增大而增强。

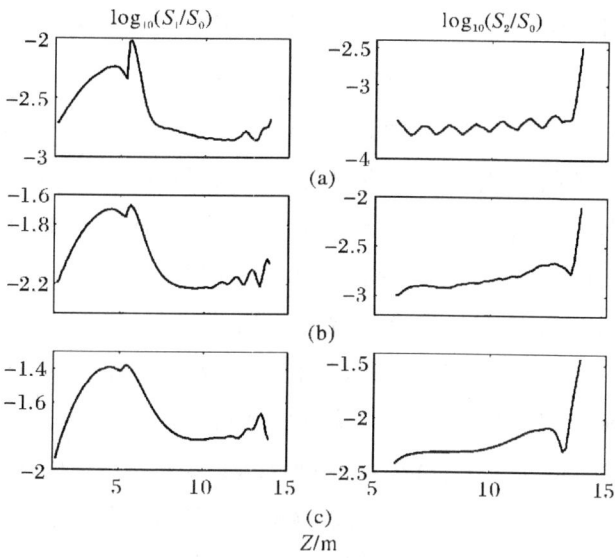

图 9.1　$\beta = 10°、15°、20°,\tau_s = 19.7\text{ns}$ 时,$\log(S_1/S_0)$ 和 $\log(S_2/S_0)$ 的变化

图 9.2(a)~(c)给出了归一化的 $E_\theta$、$u_0$、$u_1$ 和 $u_2$ 时间波形,它们分别是辐射远场的垂直分量和终端附近 TEM 模、$TM_1$ 模和 $TM_2$ 模的主值。所有的图形都经过适当的时间变换,以便在相同的时间范围内显示。

第一步是对波形进行直观检查,以查看 $E_\theta$ 和 $u_i(t)$ 之间的相似性。这表明,对于所有的 $\beta$ 值,$TM_1$ 模和 $TM_2$ 模的 $E_\theta$ 有相当高的相似性,而与 TEM 模的相似性较小。

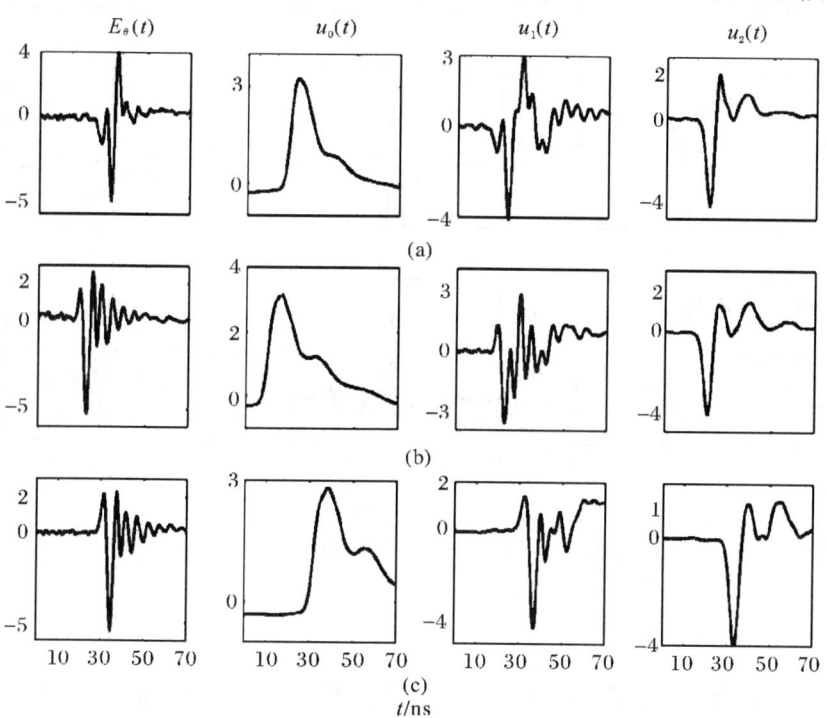

图 9.2　$\beta = 10°、15°、20°,\tau_s = 19.7\text{ns}$ 时,归一化的 $E_\theta$、$u_0$、$u_1$ 和 $u_2$ 时间波形

第二步是相关性计算。图 9.3(a)~(c) 给出了前面提到的 3 个 $\beta$ 值下归一化的交叉关联度 $R_{E_\theta u_0}(\tau)$、$R_{E_\theta u_1}(\tau)$ 和 $R_{E_\theta u_2}(\tau)$，它们都是时间延迟 $\tau$ 的函数，都用因子 $\sqrt{R_{EE}(0)R_{uu}(0)}$ 进行了归一化，其中，$R_{EE}(0)$ 和 $R_{uu}(0)$ 分别是 $\tau=0$ 时，$E_\theta(t)$ 和 $u_i(t)$ 的峰值自相关值。这种归一化是必需的，因为 $E_\theta(t)$ 和 $u_i(t)$ 具有不同的波动幅度，如图 9.2 所示。图中做了适当的时间变换，允许在相同的时间范围内显示图形，这意味着图中所示的时间延迟 $\tau$ 的真实值没有实际的物理意义。

在所有情况下，TM$_1$ 模与远场有很强的长期关联度，这与它们时间波形的相似性是一致的；TM$_2$ 模也显示出强烈的关联度，但只适用于 $\tau$ 值较小的情况，而 TEM 模则是弱相关的。这意味着，如果 3 种模式在模拟器内都有相同的强度，那么 TM$_1$ 模对远场贡献最大，其次是 TM$_2$ 模，TEM 模最小；然而，考虑到 TEM 模在终端附近占据主导地位，它可能仍然对远场有很大的贡献。相关性只用来衡量一种特定模式在辐射方面的效率，而不能作为衡量其对远场贡献的绝对尺度。

第 9.3.2 节对这些结果作了物理解释。

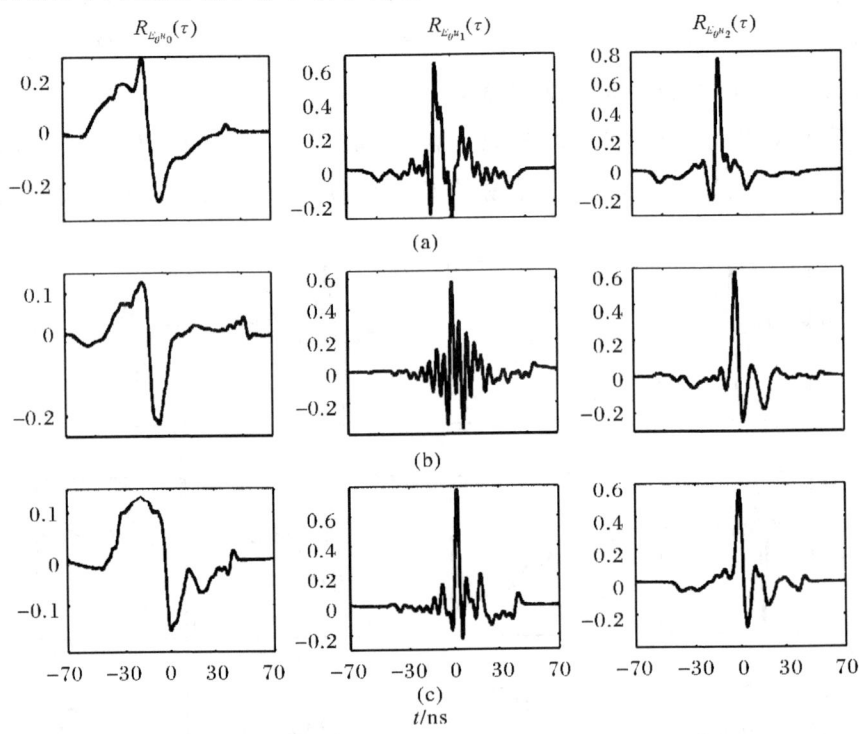

图 9.3　$\beta=10°、15°、20°$，$\tau_s=19.7\mathrm{ns}$ 时，归一化的 $R_{E_\theta u_0}(\tau)$、$R_{E_\theta u_1}(\tau)$、$R_{E_\theta u_2}(\tau)$

### 9.3.2　物理解释

前面已经看到，TM$_1$ 模和 TM$_2$ 模与远场有很强的关联度，而 TEM 模与远场仅有弱相关，有必要用物理关系来理解这一点。

King 和 Blejer[17]获得了将电磁能量限制在有界波 EMP 模拟器内的条件：

$$kh \ll 1 \quad (9.5)$$

其中，$k = 2\pi/\lambda$，是自由空间波长的波数，$h$ 是模拟器平行板之间的距离。根据这个关系，只有波长比模拟器平行板之间的距离大得多的电磁波才会被限制，而其余的均被辐射出去。这意味着传输小于或等于 $h$ 的波长时，模拟器结构表现出类似于天线的行为。因此，不同模式对远场辐射的贡献将取决于它们的功率谱。

首先试着预测这些模式的功率谱。从式(9.3)中可以看出，$\beta$ 固定时，$h$ 的减小增加了对激发高阶模的频率要求。这意味着高阶 TM 模主要存在于高频率下，TEM 模则没有截止频率，可以跨越所有的频率。

图 9.4 给出了 TEM 模、$TM_1$ 模和 $TM_2$ 模的功率谱密度幅度，即 $|s_0 u_0(f)|$、$|s_1 u_1(f)|$ 和 $|s_2 u_2(f)|$，分别对应于它们的时间幅度变化 $s_0 u_0(t)$、$s_1 u_1(t)$ 和 $s_2 u_2(t)$。这些随时间变化的数据是开关时间 $\tau_s = 19.7 \text{ns}$，$\beta = 15°$ 时，在模拟器终端附近获得的。当频率大于 50MHz 时，TEM 模功率谱密度幅度还有相当大的份额，这相当于 6m 以上的波长，远大于 $h(\sim 1.5\text{m})$。根据关联度研究结果，King 的限制条件意味着大部分的 TEM 模能量将被限制，与之相对应，$TM_1$ 模和 $TM_2$ 模的频谱含量都很高，最高可达 225MHz，这相当于 $\sim 1.3\text{m}$ 的波长，小于 $h(\sim 1.5\text{m})$，这意味着，它们能量的很大一部分可以辐射出去，再次符合相关性研究结论。

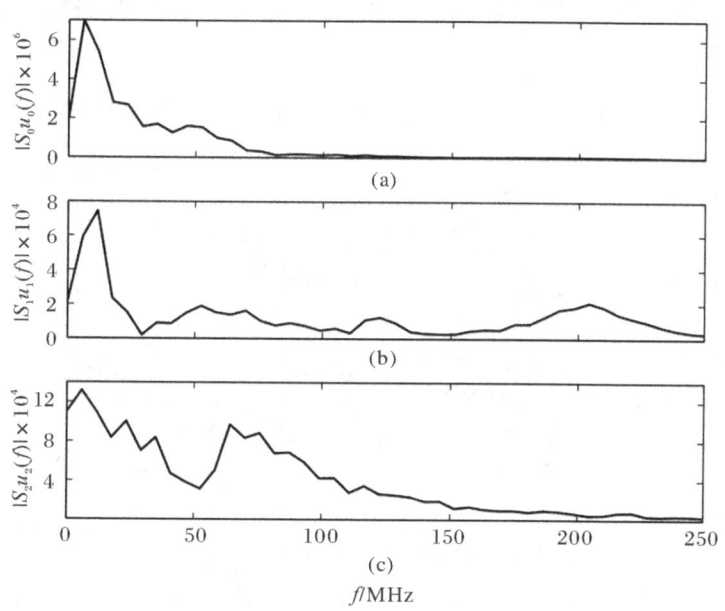

图 9.4  $\beta = 15°$，$\tau_s = 19.7\text{ns}$ 时，TEM 模、$TM_1$ 模和 $TM_2$ 模的功率谱密度幅度

上面的趋势能够通过计算辐射远场和总能量流出得到验证，如后面章节所述。

图 9.4 也显示了一个意料之外的特性：$TM_1$ 模和 $TM_2$ 模在低频时也存在明显的

功率。如果每个模式都有一些较低的截止频率，理想情况下，就不应该存在低于该截止频率的频率。出现这种情况的原因是，在有限长度的波导中，即使是消失的模式也可以存在，尽管它的幅度沿着波导长度方向呈指数衰减[50]。

### 9.3.3 泄漏随极板间夹角的变化

第 8 章讨论了电磁能量泄漏随极板间夹角的变化，为了完整性，这里再做一个简短的讨论。

图 9.5(a)～(c) 分别给出了 $\beta=10°、15°、20°$ 时，辐射远场垂直分量($E_\theta$)的时间变化曲线(按单位距离归一)。图中给出的是水平面($\theta=90°$)上，$\phi=0°、90°$ 两种情况下的结果，角度的定义见图 6.1，其中，$\phi=0°$ 对应于前向(视轴)。对于所有的情况，侧向($\theta=90°,\phi=90°$)与前向($\theta=90°,\phi=0°$)相比是很小的，这与 TEM 小室的特征一致。如预期的那样，辐射远场的总水平随 $\beta$ 的增大而增大，这与图 9.1 所示高阶模的奇异值是一致的。

估计时域有限差分(FDTD)边界的总能量流出也是很有意义的。在包围整个模拟器的表面上，净功率流出 $P_{net}(t)$ 就是坡印廷通量 $\boldsymbol{E}\times\boldsymbol{B}$ 的表面积分，这个方法的细节已经在第 8 章给出。对 $P_{net}(t)$ 做时间积分，直到它的值变得很小，则得到总的能量流出。电容器中的总初始能量为 35.4J，当 $\beta=10°、15°、20°$ 时，净泄漏能量分别为 9.4J、12.5J、15.2J。

因此，通过模式分析可以确定辐射远场和净能量泄漏的变化趋势。

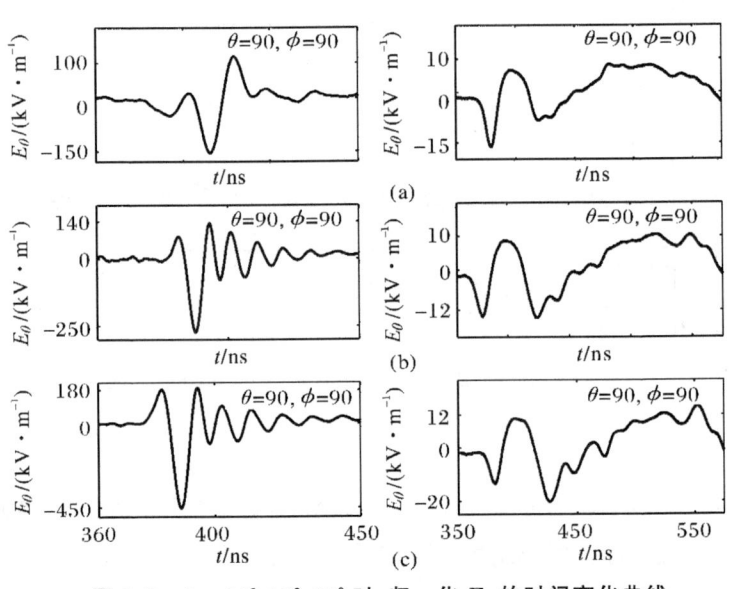

图 9.5 $\beta=10°、15°、20°$ 时，归一化 $E_\theta$ 的时间变化曲线

## 9.4 脉冲压缩效应

在6.6节,已经解释了在给定EMP模拟器上使用不同闭合时间的开关的必要性。Schilling等人[9]已经用不同上升时间的脉冲发生器($\leqslant$7ns 和 $\leqslant$1ns)驱动了90Ω的TEM小室。

脉冲压缩增加了电磁场的高频含量,正如9.3节说明的那样,更高的频率往往被模拟器辐射到更大的范围。本节研究开关时间对辐射远场和总能量流出的影响,然后用远场模式和主导模式之间的相关性来解释这一点。

### 9.4.1 辐射泄漏效应

图9.6(a)~(d)分别给出了$\beta=15°$,($\theta=90°,\phi=0°$)和($\theta=90°,\phi=90°$)两种情况下,开关时间$\tau_s=0.8\tau$、$\tau$、$2\tau$、$4\tau$时,辐射远场垂直分量($E_\theta$,按单位距离归一化)的时间变化曲线。对于所有的开关时间,侧向($\theta=90°,\phi=90°$)与前向($\theta=90°,\phi=0°$)相比幅值是很小的,这与TEM小室的特征一致。前向辐射随脉冲压缩时间的减小而显著增加。电容器中的总初始能量为35.4J,$\tau_s=0.8\tau$、$\tau$、$2\tau$、$4\tau$时,模拟器的总泄漏能量分别为13.0J、12.5J、10.9J和8.4J,这与辐射远场的水平一致。

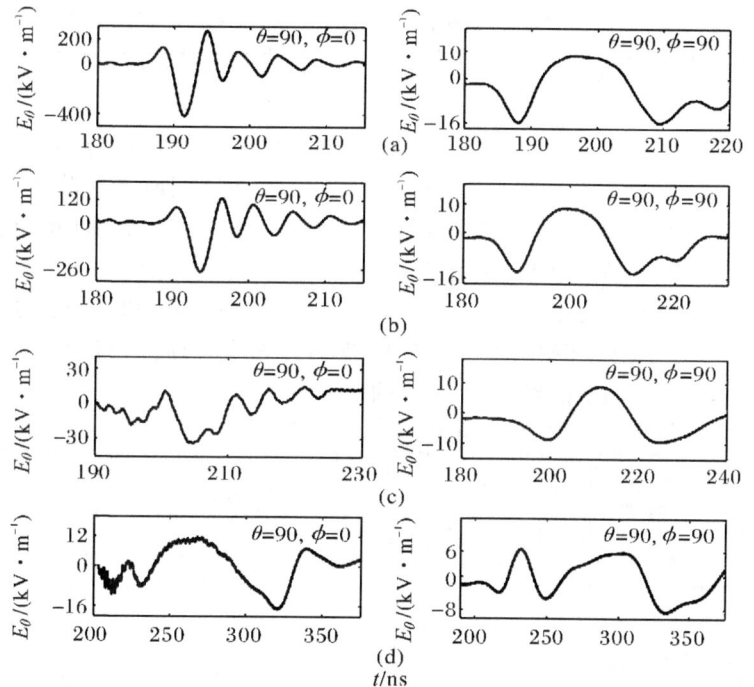

图9.6 $\theta=90°$,$\beta=15°$,$\tau_s=0.8\tau$、$\tau$、$2\tau$、$4\tau$,$\phi=0$ 和 $90°$时,$E_\theta$时间变化曲线

## 9.4.2 基于模式结构的解释

从模式结构的角度解释这种变化是可能的。图 9.7(a)～(d) 给出了开关时间 $\tau_s = 0.8\tau、\tau、2\tau、4\tau$ 时,沿着模拟器长度方向,从馈源到平行极板,$\log(S_1/S_0)$ 和 $\log(S_2/S_0)$ 的变化曲线。可以清楚地看到,相对于 TEM 模,脉冲压缩增加了 $TM_1$ 模和 $TM_2$ 模的相对强度。前面已经了解到,辐射远场与 $TM_1$ 模和 $TM_2$ 模有很强的相关性。这意味着,脉冲压缩是通过增大高阶模的强度来增加泄漏的。

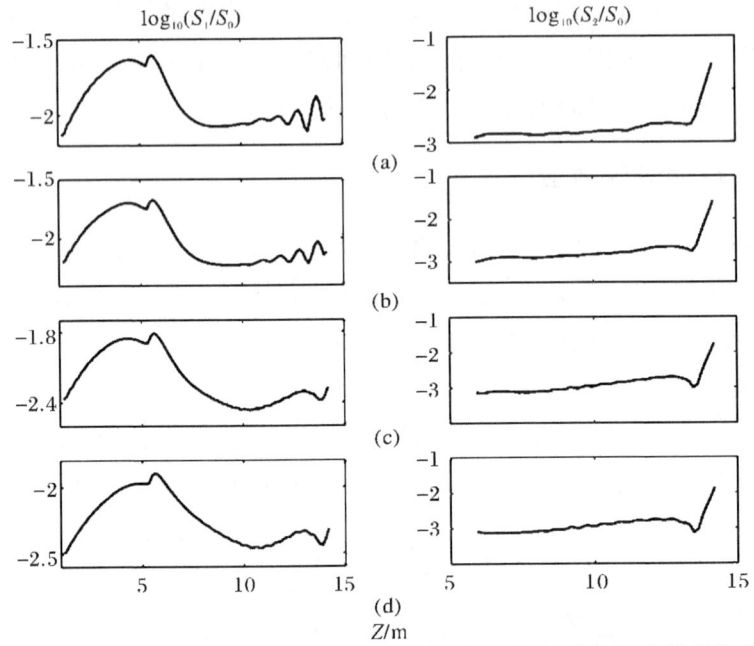

图 9.7 $\beta = 15°$,$\tau_s = 0.8\tau、\tau、2\tau、4\tau$ 时 $\log(S_1/S_0)$ 和 $\log(S_2/S_0)$ 的变化曲线

在 9.3 节中获得了 $\tau_s = 19.7\text{ns}$ 时的相关性。脉冲压缩改变了模拟器内电磁波的频谱,从而改变了 TM 模的功率谱。因此,这些模式与远场的相关性也可能发生改变,有必要确定上述每一个开关时间的相关性。

图 9.8(a)～(d) 给出了 $\beta = 15°$,$\tau_s = 0.8\tau、\tau、2\tau、4\tau$ 时,归一化的 $E_\theta$、$u_0$、$u_1$ 和 $u_2$ 时间波形。在所有情况下,$TM_1$ 模和 $TM_2$ 模波形与 $E_\theta$ 远场波形有很好的相似性,这与先前基于图 9.2(a)～(c) 的结果是一致的。

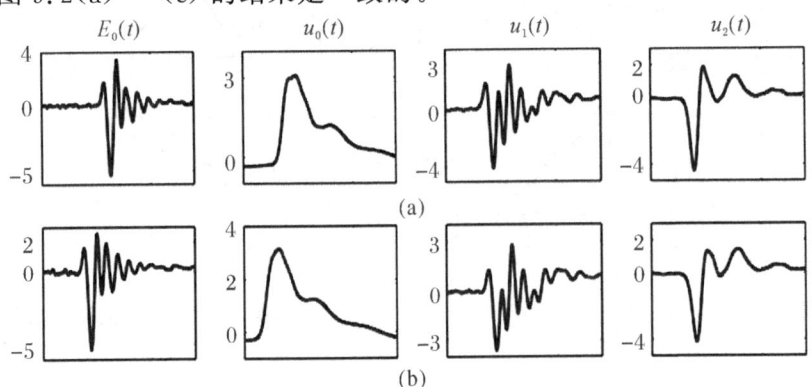

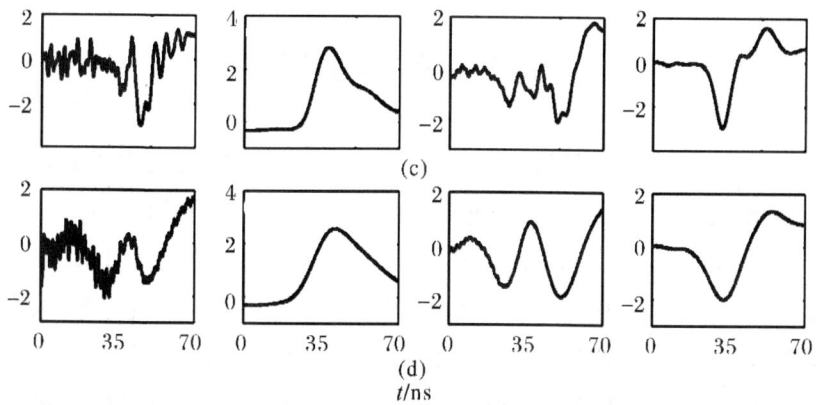

图 9.8 $\tau = 19.7\text{ns}$,$\beta = 15°$,$\tau_s = 0.8\tau$、$\tau$、$2\tau$、$4\tau$ 时,$E_\theta$、$u_0$、$u_1$ 和 $u_2$ 的归一化时间波形

图 9.9(a～d)给出了归一化相关性 $R_{E_\theta u_0}(\tau)$、$R_{E_\theta u_1}(\tau)$ 和 $R_{E_\theta u_2}(\tau)$。在较短的开关时间内,$TM_1$ 模与远场有较强的长期相关性,$TM_2$ 模与远场有较强的短期相关性,TEM 模仅有较弱的相关性。然而,在更长的开关时间内,两个重要的变化变得明显。首先,TEM 模的相关性具有与 TM 模相似的峰值;其次,对于 $\tau_s = 0.8\tau$ 和 $\tau$,在大量延迟值之间存在显著的互相关,这些延迟值被聚集在一起。随着 $\tau_s$ 的增加,这些值的数量变得更小,而且间距也更宽。因此,可以得出结论,脉冲压缩增加了高阶模的相对幅度,以及它们与远场的相关性,从而增强了模拟器的辐射泄漏。

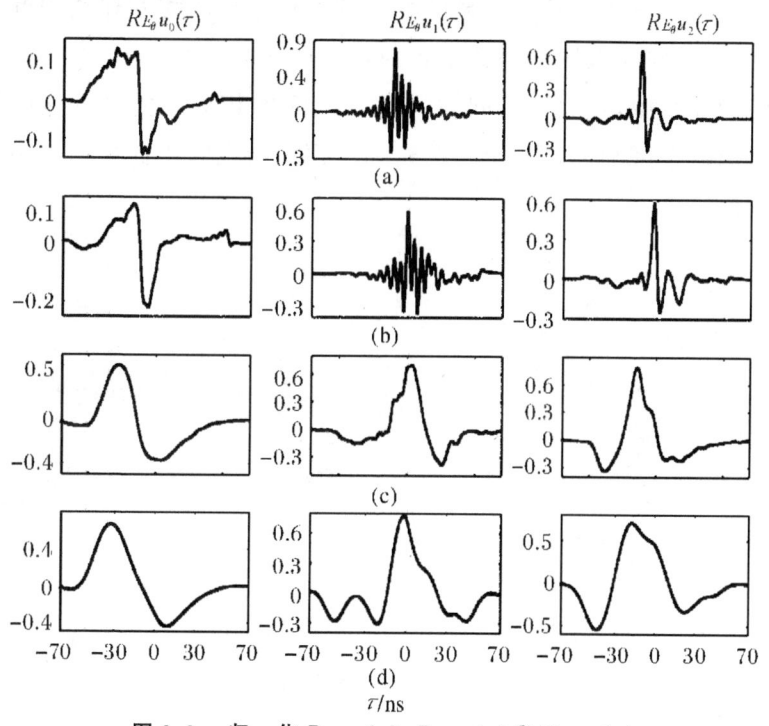

图 9.9 归一化 $R_{E_\theta u_0}(\tau)$、$R_{E_\theta u_1}(\tau)$ 和 $R_{E_\theta u_2}(\tau)$

## 9.5 本章小结

TEM 小室主要向前方辐射,侧向辐射较弱。计算了模拟器中模式与前向辐射远场之间的时间相关性。TEM 主模与远场的相关性较差,主要的 TM 模,如 $TM_1$ 模和 $TM_2$ 模与远场有较强的相关性;$TM_1$ 模与远场呈长期相关性,而 $TM_2$ 模仅为短期相关性。这表明,有界波 EMP 模拟器中,对于给定的模式幅度,与 TEM 模相比,高阶 TM 模更能产生电磁辐射泄漏;然而,考虑到 TEM 模比终端附近的 TM 模大得多,从绝对值来看,它仍然可能对远场有很大的贡献。增大锥形极板间的角度会导致更高阶模的激发,增大它们的强度,从而增加辐射泄漏。对于给定几何形状的模拟器,脉冲压缩会增加高阶模与 TEM 的强度。前面考虑的所有开关时间中,$TM_1$ 模和 $TM_2$ 模与远场表现出相当强的相关性。当开关时间较大时,TEM 模也显示出与 TM 模相当的相关性峰值。以上的结论为了解 EMI 与周边设备之间的关系开辟了一条新的途径。

## 练 习

1. 开展电磁脉冲与各向异性材料所组成试验对象之间相互作用引起的辐射泄漏研究,以及辐射远场与模拟器中场的模式的相关性研究。

2. 在前面的介绍中,建立了时间波形数据之间的相关性关系。这些结果对于开展电磁脉冲模拟器中激励模式的空间变化和从模拟器空间中泄漏出的电磁场研究有一定的推广价值。

# 第 10 章　减少辐射泄漏的空间模式滤波器

## 10.1　引　言

在第 9 章,我们研究了有界波电磁脉冲(EMP)模拟器的辐射泄漏问题,并确定了辐射泄漏的模式。找到抑制这些模式的方法是很有必要的,Giri 等人[29]建议使用被称为空间模式滤波器(spatial mode filters,SMF)的导体来抑制某些模式,然而,这种分析是在几个简单的假设下进行的。例如,SMF 相对于极板的倾角的计算是基于高频假设,即 TEM 喇叭的孔径高度比频率对应的波长要大。在涉及真实几何的自洽全波数值模拟中,对 SMF 的有效性进行评估非常重要。

本章的结构如下:10.2 节提供一个特定类型的 SMF,给出了它的整体设计图片和自洽全波模拟,说明了 SMF 在抑制不需要的模式而不影响期望的 TEM 模方面的有效性;最后,在 10.3 节进行小结。

## 10.2　高阶模式抑制

Giri 等人[29]提出了使用 SMF 来抑制高阶模式的想法,SMF 由安装在脉冲发生器和试验空间之间的二维电阻片组成。一般来说,电阻片纵向($z$ 方向)阻抗 $Z_{TM}$ 和横向($y$ 方向)阻抗 $Z_{TE}$ 由下式给出[29]:

$$Z_{TM} = \frac{Z_0 \sin(\xi)}{2}, Z_{TE} = \frac{2}{Z_0 \sin(\xi)} \tag{10.1}$$

上式中,一个电磁信号通过阻抗为 $Z_0$ 的自由空间,并以 $\xi$ 角度入射到 SMF 上。

在纵向阻抗 $Z_{TM}$ 上,由 $E_z$ 驱动的纵向电流 $I_z$ 产生的磁场 $H_y$ 可以抑制 TM 模;相同的方式,$E_y$ 产生的 $H_y$ 通过横向阻抗 $Z_{TE}$ 可以抑制 TE 模。

一种方案是将 SMF 限制在模拟器的锥形部分,这样它就不会占用试验空间;但是,如果有必要,它也可以扩展到试验空间,以抑制那些只出现在该区域的高阶模式。

图10.1给出了带有SMF和试验对象的模拟器三维示意图。SMF由一组在z方向上延伸、y方向上间距约7.4cm、截面积约13.6cm²的平行棒状结构组成。选择这些尺寸时没有特别的原因,仅仅是由FDTD网格大小决定的;试验空间中的SMF位于y-z平面,图10.2(a)(b)给出了设置的SMF在FDTD网格中的顶视图和侧视图;选择电阻率合适的材料可以得到所需的z向阻抗。

图10.1 带有SMF和试验对象的EMP模拟器三维示意图

优化后的SMF可以降低高阶模的强度,而不会明显降低主模的强度和试验区域内的峰值电场。在确定了SMF的基本几何尺寸之后,需要对下面几个参数进行优化:纵向阻抗$Z_{TM}$、扩展到试验区域的SMF长度,以及SMF相对于水平面的倾角;为了缩小参数范围,我们将SMF的倾斜角定在7.5°,即两个极板夹角的一半。

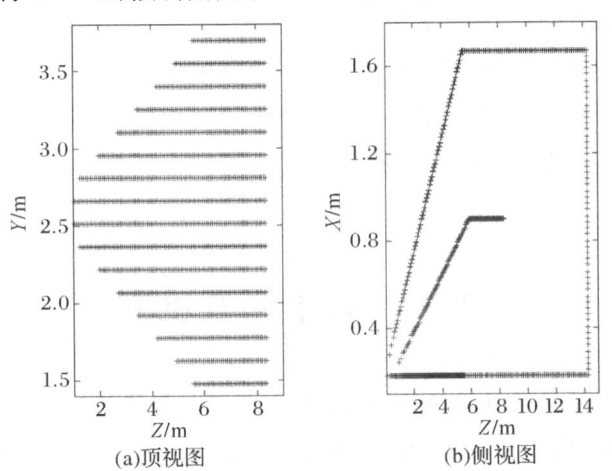

图10.2 EMP模拟器中有SMF时的FDTD网格

优化的细节将在下面的小节中给出,作为一个具有实际意义的问题,同时研究了存在试验对象时SMF的有效性。

### 10.2.1 纵向(z向)阻抗最优值

在没有试验对象的情况下,首先对纵向阻抗$Z_{TM}$进行优化。式(10.1)给出了$Z_{TM}$的一个初始值,围绕这个值对SMF进行优化。对于这个问题,假设入射波的传播方向与SMF近似平行是合理的,这意味着$\xi$是一个非常小的角,对应地,$Z_{TM}$是一个小量。

下面的计算中,假设 SMF 延伸到试验区域的长度约 3m,而试验区域的总长度约 9m,开关时间 $\tau_s = 19.7 \text{ns}$,锥段极板夹角 $\beta = 15°$。

在开始研究 SMF 对模式强度的影响之前,必须确保模式图是可以接受的。图 10.3 给出了 $z = 8.9\text{m}$ 位置处主要的本征模,刚好超过 SMF 的末尾,SMF 阻抗为 132Ω。模式图与理想的余弦波形匹配很好。

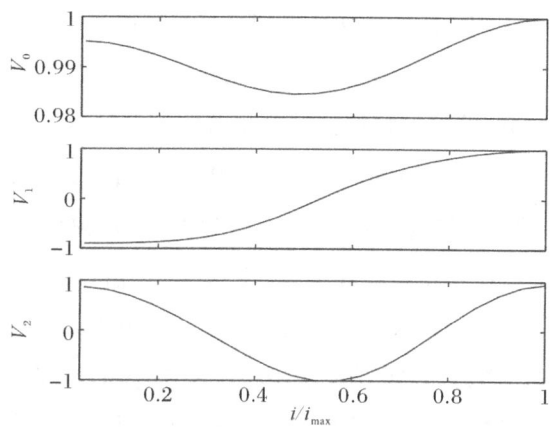

**图 10.3** 试验区域 SMF 长度约 3m、阻抗 132Ω 时,$z = 8.9\text{m}$ 位置处主要的本征模

图 10.4(a)～(c)给出了 3 个不同 SMF 阻抗值时主模式的奇异值。为了提高显示清晰度,只给出了试验区域中 SMF 结束后纵向($z$ 向)的结果。

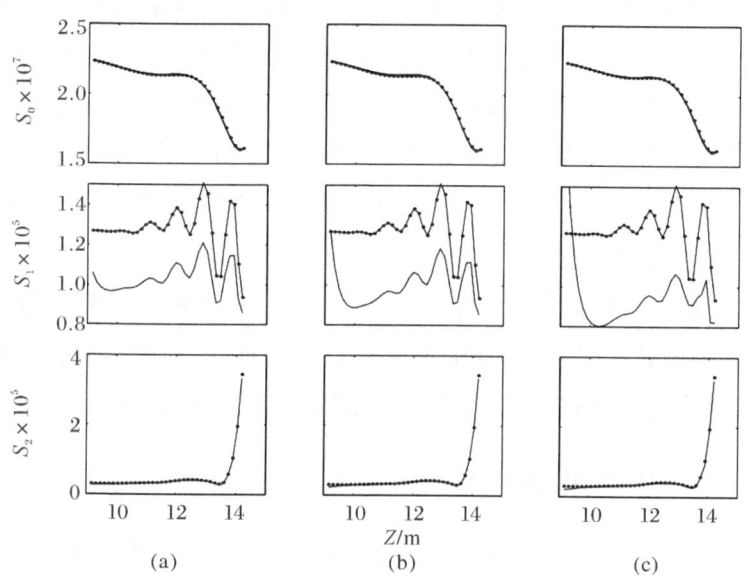

**图 10.4** 无试验对象,TEM、$TM_1$ 和 $TM_2$ 3 种模式时的奇异值,虚线表示没有 SMF。
(a)～(c)SMF 阻抗分别为 52Ω、132Ω 和 528Ω

有 3 点值得注意:

(1) 试验对象可能被放置在试验区域的任何地方,因此,降低整个试验区域的

TM$_1$ 模强度显得很重要。可以看到，通常对于所有的阻抗，TM$_1$ 模在试验区域内是减小的，SMF 的插入使"波导管"的有效高度减半，而截止频率加倍，因此，较小的部分输入功率谱仍然可以得到幅度减小的 TM$_1$ 模。只有在情况(a)中，插入 SMF 后的值在 $z$ 方向所有值中低于没有 SMF 时的值，特别地，情况(c)中，SMF 结束后，实际值会高于没有 SMF 时的值。

(2) 如预期的那样，SMF 的存在并没有明显地影响 TEM 模。

(3) TM$_2$ 模在很大程度上保持不变，对此还没有一个全面的解释，然而就输入功率谱而言可以做有限的解释。前面已经看到，传播的 TM$_2$ 模只出现在试验区域内，在大部分的锥形段内消失。在大部分的试验区域中，TM$_2$ 模至少比 TM$_1$ 模弱一半，这与输入功率谱是一致的，因为 TM$_1$ 模的截止频率只有 TM$_2$ 模的一半，因此，可以获得相当大比例的输入功率。由于 SMF 导致截止频率加倍，这意味着 TM$_2$ 模只能在 400MHz 以上的频率下传播；在这种频率下，能量含量可以忽略不计，因此，在 SMF 区域，TM$_2$ 模是非常弱的。考虑 SMF 之后的区域，TM$_2$ 模在 $x$ 方向上有一个全波结构，$E_z$ 在两个模拟器极板处减小到零，并且在中间还有一个零值；此外，它在这一区域有一个最大值和一个最小值，结构中使用的 SMF 倾向于减小 $E_z$ 分量。因此，放置在两个极板中间的 SMF 试图在该区域中减小 $E_z$ 至零。以上解释了为什么 TM$_2$ 模不受影响。

基于这种逻辑，可以合理地假设在 $E_z$ 最大和最小位置插入两个 SMF，将比上面提到的单一 SMF 能更有效地减小 TM$_2$ 模。选择这些 SMF 之间的倾斜角，使它们的延伸部分与试验区域内极板之间的距离为 $h/4$，$h$ 是试验区域在 $x$ 方向的高度。只有一个 SMF 时，TM$_2$ 模在 SMF 区域是快速衰落的，在双 SMF 情况下也是如此；与单 SMF 情况一样，它在 SMF 结束后重新出现；然而，使用两个 SMF 时，会有对 TEM 模不利的负面影响。因此，可以得出结论，两个 SMF 是不可取的。

本研究只考虑了 3 种阻抗的情况，其中 52Ω 的纵向阻抗得到了最好的结果。但是，不能断言已经确定了最优值，这需要进行系统的优化。不过，研究结果清楚地说明了模态结构对阻抗的敏感性，表明了系统优化是非常值得努力的一个方向。

### 10.2.2 试验区域内抑制器的最佳长度

使用 SMF 的目标是在试验区域中抑制高阶模式。显然，它必须延伸到模拟器的整个锥形部分空间；如果 SMF 在锥形部分的末端停止，可能会在试验区域内出现一些其他模式。例如，当开关时间 $\tau_s = 19.7$ns 时，输入脉冲的主要能量集中在 240MHz 以下。然而，在这个频率下，波导截止条件意味着 TM$_1$ 模首先出现在锥形部分的某个位置，TM$_2$ 模首先出现在测试空间的某个位置。因此，还必须研究将 SMF 扩展到试验区域内一定距离的可能性,当然,这个扩展长度的上限是由试验对象的位置所决定的。

在这一部分中,假设 SMF 阻抗是在前面的(a)情况下确定的值,并由此确定它在试验区域内的最佳长度。检验了 0.75m、1.5m、2.25m 3 个不同长度的情况,图 10.5(a)~(c)给出了有无 SMF 两种情况下的 TEM 模、$TM_1$ 模和 $TM_2$ 模的奇异值随纵向位置 $z$ 的变化曲线,点状线为没有 SMF 的结果。结果表明,最大抑制长度为 2.25m。

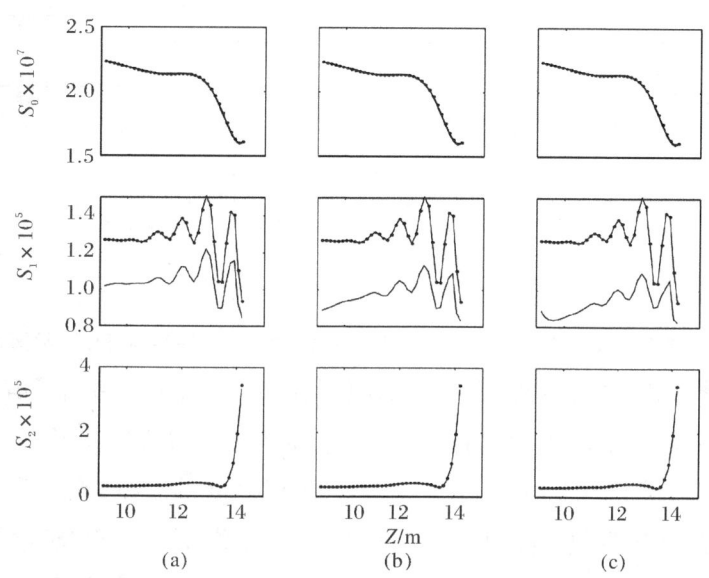

**图 10.5** 有无 SMF 时,TEM 模、$TM_1$ 模和 $TM_2$ 模的奇异值随 $z$ 的变化曲线,点状线为没有 SMF 的结果,(a~c)对应的 SMF 长度分别为 0.75m、1.5m、2.25m

### 10.2.3 试验对象和抑制器共同存在时的模式结构

试验对象会对模式结构产生很大的影响,特别地,我们已经注意到接近试验对象时,高阶 TM 模的比重变得非常大,试验对象没有真正受到所需的"自由空间"辐照。因此,确定 SMF 可以在多大程度上减少试验对象附近的 TM 模比重,这是很有实际意义的。

这一部分中,在"优化"后的 SMF 和一个正方体试验对象同时存在的情况下,确定了模式结构,正方体试验对象材料为理想导体(PEC),棱长 0.5m。优化后的 SMF 纵向阻抗 $Z_{TM}$ 为 52Ω,并且试验区域内的 SMF 长度为 2.25m。

图 10.6 给出了有无 SMF 两种情况下,试验对象前约 0.6m 位置处不同本征模的图形。显然,试验对象和脉冲发生器之间的区域中插入 SMF 后,模式没有明显的失真。

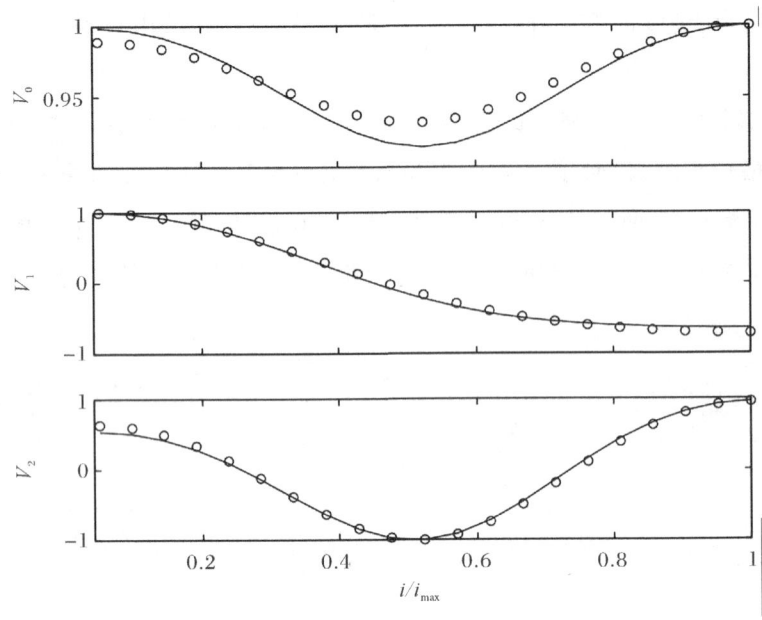

图 10.6　试验对象前约 0.6m 位置处不同本征模的比较(实线有 SMF,圆圈无 SMF)

在验证了模式图之后,现在看它们的幅度。图 10.7(a)(b)给出了有正方体试验对象时,有无 SMF 两种情况下,纵向方向 $S_1/S_0$ 和 $S_2/S_0$ 的变化波形,其中正方体试验对象材料为 PEC,棱长 0.5m。只给出了 SMF 区域之外的结果,实线和虚线分别对应有 SMF 和没有 SMF 两种情况。显然,SMF 的存在显著降低了 $S_1/S_0$,而 $S_2/S_0$ 不受影响。这些结果与 10.2.1 和 10.2.2 节中讨论没有试验对象时的结果一致。

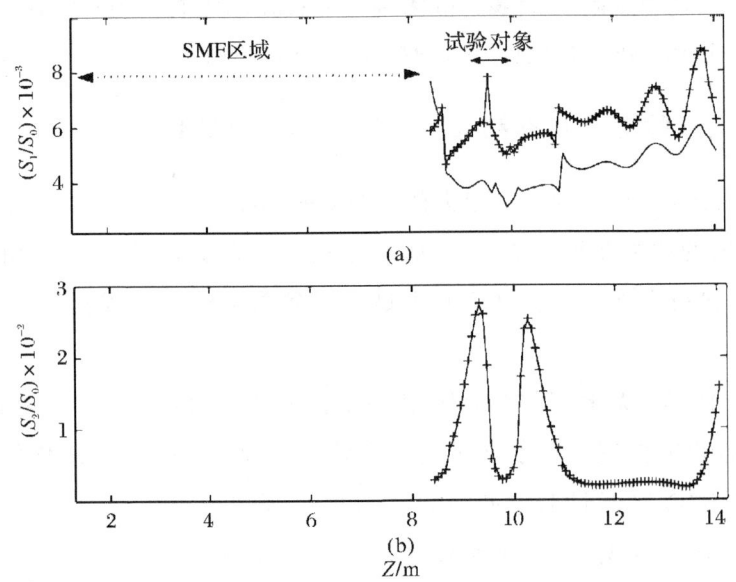

图 10.7　TM 模式相对于 TEM 模的相对强度,(a)TM$_1$ 模(b)TM$_2$ 模。带有交叉的实线和普通实线分别对应于有无 SMF,正方体试验对象的位置如图(a)所示,棱长 0.5m

结论：无论有无试验对象，优化的 SMF 明显降低了 $TM_1$ 模的强度，但对 $TM_2$ 模没有影响。

## 10.3　本章小结

TEM 小室主要向前方辐射，而侧向辐射很弱。在脉冲发生器和试验区域之间放置一个 SMF 可以显著减小 $TM_1$ 模，而对所需的 TEM 模没有明显的影响，然而，$TM_2$ 模在很大程度上也没有变化。利用平行板波导中 TM 模的功率谱和截止频率对这些规律进行了说明，$TM_1$ 模强度的降低容易受到所选择 SMF 参数的影响，如纵向阻抗 $Z_{TM}$ 和试验空间 SMF 的长度。

由于两方面的原因，不建议使用两个等距 SMF。首先，它在抑制高阶模方面没有得到明显的改善；其次，它实际上降低了 TEM 模的强度，这是不可取的。

上述研究从模拟器对周围设备电磁干扰的角度出发，为理解和改进模拟器设计开辟了一条新的途径。

## 练　　习

1. 对设计给定的空间模式滤波器（SMF），系统地优化研究模式抑制对所选择 SMF 参数（如电导率、长度等）的敏感性。

2. 高阶 TM 模是辐射泄漏的主要原因。在传统的低通滤波器的基础上设计一种可以滤除高频分量的 SMF，并验证其有效性。

# 第11章 电磁脉冲与生物组织的相互作用

## 11.1 引 言

在脉冲功率技术的工程应用中，对超宽带(ultra wide band,UWB)短脉冲的模拟是广大学者感兴趣的一个课题。近期对生物细胞的研究为 UWB 脉冲的应用开辟了另一个有价值的领域[54]。对人体细胞的研究表明，UWB 脉冲的效果取决于脉冲的持续时间和强度。文献[54]对一个有趣的应用进行了讨论，结果揭示了亚微秒强脉冲可以诱导生物细胞的程序性死亡，从而减少肿瘤的生长。因此，暴露在 UWB 脉冲环境中，可能对人体有益，也可能造成严重损伤。在人类生存的环境中存在很多种电磁领域的物理现象，其中雷电和静电放电是最为常见的。与之伴生的强电磁脉冲，即人们熟知的雷电电磁脉冲(LEMP)和静电电磁脉冲(ESD-EMP)，其幅值达到每米数百千伏(kV/m)，持续时间达到亚微秒量级。因此，从超短脉冲对生物细胞影响的角度来看，开展超短脉冲的研究是非常重要的。

此类研究的开展过程中，一般将被测生物体放置在 EMP 模拟装置所产生的特定 EMP 环境中，通过测量感应的电磁场来评估相关效应。人体本身非常复杂，它存在于测试空间后，将改变入射电磁场的频谱，这反过来又会影响感应场。同时，由于模拟装置的不同部件和周围环境之间的反射和散射，会导致电磁场发生变化。这些都是实际工程应用中会遇到的现象，在模型中应充分考虑到，这就需要对带有被测生物体的 EMP 模拟装置进行自洽的全波分析。文献[54-55]报道了关于人体的 EMP 效应，但是据作者所知，这些研究的仿真求解过程均不自洽。

第 6 章中，对有界波 EMP 模拟装置进行了自洽分析，同时研究了 EMP 与理想电导体(PEC)立方体之间的相互作用，驱动模拟装置的脉冲源虽然包括气体介质平行板电容器，但是没有对高气压区域进行建模。本章内容是第 6 章的延续，包括以下几个方面的重要改进：①气体介质平行板电容器被一个采用实际介质的紧凑结构平行板电容器所替代；②模拟装置天线起始锥段的紧凑空间充入高气压 $SF_6$ 气体，以避免发生击穿现象，建模过程中考虑了 $SF_6$ 的介质特性和损耗；③仿真过程中采用了更精细的网格，程序运行在 Itanium Ⅱ 160 处理器集群上，可以实现 1.4ns 的上升时间，接近于实验设计中的 1ns[9]；④研究了高功率 UWB 电磁脉冲与手持工作频率 2GHz 手机的人体之间的相互作用。因此，本章的内容是从 EMP 模拟器的实际设计到被应用于一个新的科学领域的重大发展。

本章的结构组织如下：11.2 节描述了建立全波时域有限差分 FDTD 仿真模型的细节；对研究的重要分析、研究结果，以及对结果的讨论集中在 11.3 节；最后在 11.4 节中进行了本章小结。

## 11.2 模型描述

EMP 模拟装置的基本参数，如脉冲源的电容容值、横向电磁波（TEM）小室的特征阻抗等，均与文献[9]中给出的参数类似。图 11.1 给出了有界波模拟装置、置于试验空间人体模型和手机的三维示意图。脉冲功率源包含一个平行板电容器，电容器中介质的相对介电常数 $\varepsilon_r = 14.5$。假设电容器的极板和模拟装置中导体材质均为 PEC。仿真从电容器电压为零时开始，对电容器施加一个随时间变化的半高斯电压，充电至 $V_0 = 1MV$，在第 6 章中对该流程的细节进行了描述。充电完后的电容器通过一个由两条黑色电阻带（如图 11.1 所示）组成的闭合开关向 TEM 小室放电。每条电阻带的长度均为一个计算单元格，分别将电容器的上下极板与图 11.1 中 TEM 结构中对应极板分开。电阻带的材料具有随时间变化的电导率 $\sigma$，在电容器充电过程中，电导率设置为 0。表征闭合开关工作时物理过程的半高斯（详见第 6 章）数学模型如下所示：

$$\sigma(t) = \sigma_c \exp[-\alpha_s (t - \tau_s - \tau_0)^2], \tau_0 \leqslant t \leqslant \tau_0 + \tau_s \quad (11.1)$$

其中，$\tau_s$ 是闭合过程的特征时间，$\tau_0$ 是开关开始导通的时刻，$\alpha_s = (4/\tau_s)^2$，$\sigma_c$ 是开关完全导通时的电导率，$\sigma_c$ 需要远小于 TEM 小室的特征阻抗。在仿真模拟中，设置 $\tau_s = 7ns$，虽然该设置会产生更高的频率，但是 FDTD 网格仍然能够处理。在 FDTD 计算空间中设置电容器、开关和模拟装置，可以实现整个系统完全自洽的仿真，包括电容器通过闭合开关的充电和放电过程。此外，从馈入点（零点）到 $z = 3.25m$ 之间三角形极板所围空间充满 $\varepsilon_r = 1.0623$、$\sigma = 1.0 \times 10^{-7}$ 的 $SF_6$ 气体。在实际的实验中，$SF_6$ 气体介质的引入可能会影响渡越时间。

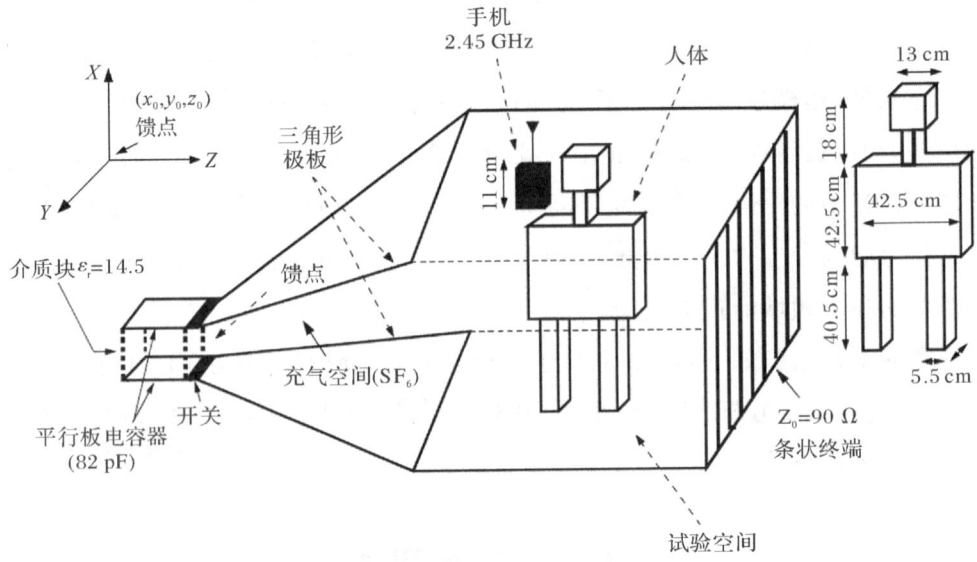

**图 11.1** 有界波模拟装置、置于试验空间人体模型和手机(工作频率 2GHz)的三维示意图。坐标系的原点$(x_0,y_0,z_0)$设置在 TEM 小室$(0.32,1.44,0.45)$m 的顶点

仿真时,计算空间 $x$、$y$ 和 $z$ 方向上被离散为 $100\times156\times600$ 个单元格,每个方向的单元格尺寸 $\Delta x=\Delta y=\Delta z=1.85$cm。仿真程序在 Itanium Ⅱ 的 160 个处理器集群上运行了 15h。由电容器、开关、TEM 结构和试验空间组成的有效区域被包裹在网格均匀划分、离边界至少 15 个单元格的环状空间中。计算空间边缘为 Berenger's 完全匹配层(PML)[36],其占据 8 个均匀分布的单元格。

人体模型被简化处理,假定其介电常数是均匀分布的,$\varepsilon_r=40$,$\sigma=2.1$。手机包含一个 $\lambda/4$ 单级天线,设计工作频率 2GHz,安装在一个材质为 PEC,长、宽和厚度分别为 110mm、90mm 和 55mm 的方形盒中,盒中的子网格需要合理设置以准确模拟天线的特性。

## 11.3 结果和讨论

研究结果包括两个部分。第一部分讨论电磁脉冲在有界波模拟装置中的演变。存在电子设备时,电磁脉冲与人体组织相互作用的细节在第二部分进行讨论。

### 11.3.1 TEM 小室中脉冲的演变

图 11.2 给出了模拟装置锥段内 $z=3$cm 处电场各分量 $E_x$、$E_y$ 和 $E_z$ 的演变过程。因为 $E_x$ 分量是电容器极板之间的主要成分,所以在有界波天线空间内,$E_x$ 分量也是占主导地位。终端反射引起的 $E_x$ 分量虽然幅值相对较小,但是仍比较明显,而 $E_y$ 分量

则几乎可以忽略。下面检查锥段内传播的脉冲是否满足球形 TEM 波的要求，即要求电场的径向分量 $E_r = 0$。存在以下关系式，$RE_r = (x-x_0)E_x + (y-y_0)E_y + (z-z_0)E_z$，其中$(x,y,z)$是观察点的坐标，$R$是原点与观察点之间的距离。观察点坐标取为$(x,y,z)=(0.46\text{m}, 1.44\text{m}, 1.4\text{m})$，时间取为 $E_x$ 分量主脉冲峰值对应的时刻，此时，$E_x = 2.02\text{MV/m}$，$E_y \approx 0$，$E_z = -0.22\text{MV/m}$，可以通过上式计算得到 $E_r = 73\text{kV/m}$，该结果远小于 $E_x$ 和 $E_z$，因此，在实际中可以认为 $E_r \approx 0$。

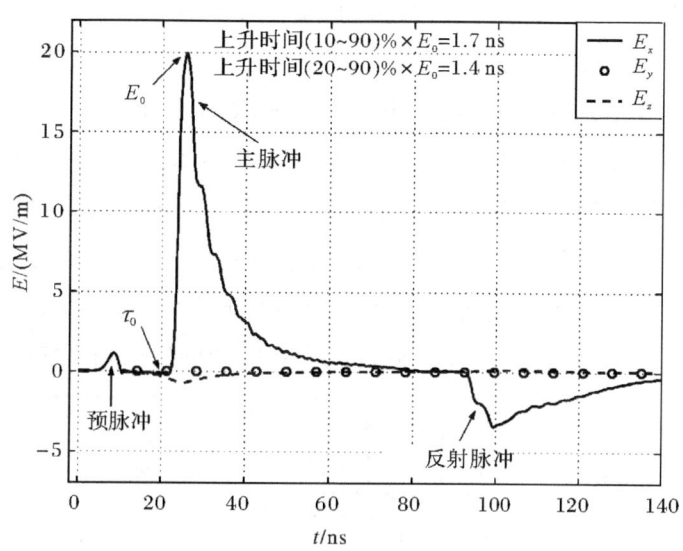

图 11.2　模拟装置锥段内 $z = 3\text{cm}$ 处电场分量的典型值

当开关完全断开时，在电容器的充电阶段（$t < \tau_0 = 20\text{ns}$）会出现"预脉冲"，这个电场是由于位移电流的流动所形成的，位移电流 $I_D(t) = C\text{d}V(t)/\text{d}t$，其中 $C$ 是开关电容，$V(t)$ 是随时间变化的半高斯充电电压波形。对"预脉冲"更为详细的分析见第 6 章。理论上可以对"预脉冲"进行一个简单的估算，"预脉冲"电场幅值 $E_p = I_D(t)Z_0/g$，其中 $Z_0 = 90\Omega$，表示 TEM 小室的特征阻抗，它在一个很宽的频率范围内基本上是常数，$g$ 是观察点处 TEM 结构极板之间的距离。取开关电容为 2.25pF，$g = 7.4\text{cm}$ 时，按上式计算得到 $E_p \approx 940\text{kV}$，接近于仿真结果 1100kV/m。开关在 $\tau_0 = 20\text{ns}$ 时刻导通后，经过一个短时间隔，出现主脉冲。这个短时间隔类似于实际闭合开关中气体或者液体介质击穿过程的"统计时延"。脉冲的上升时间 $t_r$ 是 $\tau_s$ 的 20%～25%，从闭合开关雪崩击穿过程的角度来考虑，这个上升时间从理论上来说是可以接受的[39]，这和文献[9]中设计的上升时间（20%～90%）也很接近。反向脉冲是终端反射的结果。

需要特别提出来的是，电磁波在 $SF_6$ 介质中的传播导致了波形前沿（10%～90%）变慢，从自由空间中的 1.4ns 变化为 $SF_6$ 介质中的 1.6ns。

### 11.3.2 EMP 和人体组织的相互作用

人体组织是由不同化学成分组成的混合物,具有复杂的物理特性(电磁特性是其中的一种)。一般地,物质的电磁特性用复介电常数 $\varepsilon^* = \varepsilon - j\sigma$ 表示,其中实部表示介电常数,虚部则表示损耗的影响。电磁波作用在物质后的响应取决于"弛豫时间" $\tau_r = \varepsilon/\sigma$。因此,研究"弛豫时间"对于深入理解生物组织对于电磁信号的响应是很重要的。举例说明,假设使用生物组织来模拟人体,其相对介电常数 $\varepsilon_r = 40$,电导率 $\sigma$ 分别为 0.05、0.25 和 2.1,对应的 $\tau_r$ 分别为 0.17ns、1.4ns 和 7ns。这些数据与 $\tau_s$ 和 $t_r$ 密切相关。第一个数据大概是 $t_r$ 的 1/10,第 2 个等同于 $t_r$,第 3 个和 $\tau_s$ 对应。这些 $\tau_r$ 值下电磁脉冲对生物组织的影响如图 11.3 所示。具有较高电导率的生物组织能够将电荷快速地重新分布($\tau_r$ 较小),以抵消电磁效应的影响,屏蔽入射的电磁脉冲,这也是为什么 $\tau_r = 0.17$ns 时感应 $E_x$ 最小的原因,但是会随着电导率 $\sigma$ 的增大而增大。这项研究简要总结如下,人体被皮肤覆盖,它的电导率在较高的频率下会增大(见文献[56]中实验),低强度短脉冲可能不会致命,但是强电磁脉冲或者长时间的暴露则可能会导致损伤。

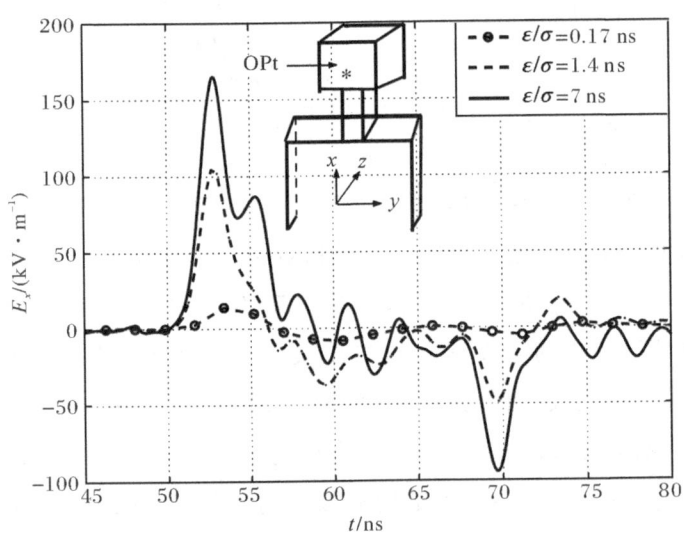

图 11.3 $\tau_r$ 为 0.17ns、1.4ns 和 7ns 时人体头部中心标注为"＊"处的感应电场。
**入射电磁脉冲的参数为** $t_r = 1.4\text{ns}$、$E_0 = 500\text{kV/m}$

为了理解电磁脉冲与现实生活中复杂问题的相互作用,对工作在 2.45GHz 手持电子设备的人体模型进行了仿真。在图 11.4 中,给出了从 $y = 1.15$m 到 $y = 1.65$m、$x-z$ 平面中穿过头部的 $E_x$ 电场分量,横切面正好位于人体头部的中心。该仿真的目的是理解手机等电气、电子设备对于人类大脑的影响。在 PEC 材质盒中手机所在空间,因为 $E_x$ 与屏蔽盒相切所以为零,而在其他位置为非零值。人体头部中的电场遵循前段所讨论的趋势。

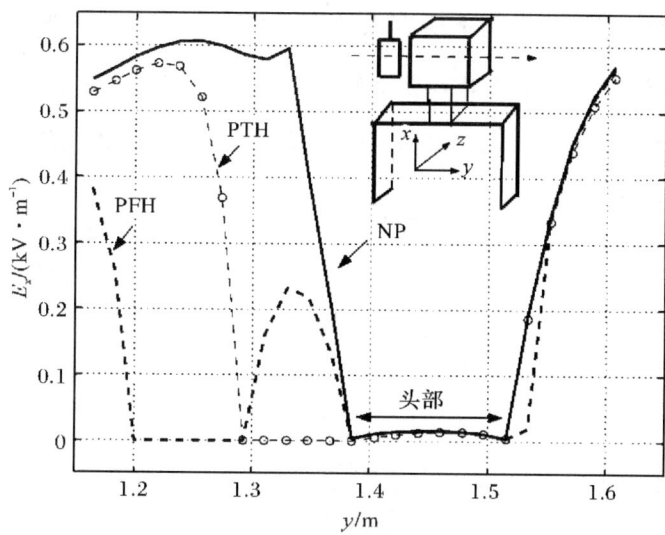

**图 11.4** 穿过头部的 $x$-$z$ 平面上沿 $y$ 方向（虚线所示）电场。首字母缩写 NP、PTH 和 PFH 分别表示无手机、手机与头部接触和手机距头部 92mm 等 3 种情况。人体组织的参数设置为 $\varepsilon_r = 40$ns 和 $\sigma = 2.1$ns，对应 $\tau_r = 0.17$ns

图 11.5 给出了 NP、PTH 和 PFH 3 种情况下随时间变化感应电流的比对结果。为了便于说明，选取了沿人体高度方向、用虚线标记为 $A$ 和 $B$ 的两个不同位置的结果进行比对。这些电流是通过安培回路定律 $\oint \boldsymbol{H} \cdot d\boldsymbol{l}$ 进行计算的。仿真结果表明在 NP、PTH 和 PFH 3 种情况下的感应电流幅值是相同的，但是 $B$ 处感应电流的幅值大约是 $A$ 处的 2 倍，而且波形形状基本一致。两者幅值的差异可以从积分回路包围的 FDTD 单元格表面积来进行估算，分别是 $S_A = 7 \times 7$ 和 $S_B = 23 \times 3$。两者比值 $S_A/S_B = 0.71$，$S_B$ 相比 $S_A$ 增大 71%，剩下的 29% 应该是 $B$ 处附近单元格影响所致。

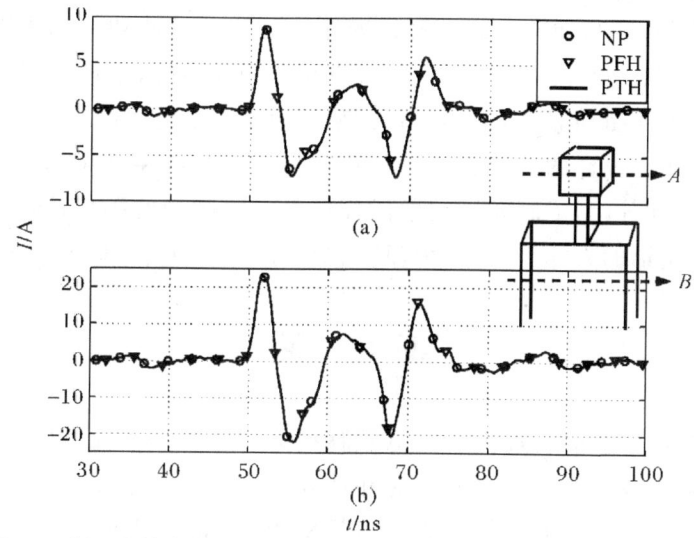

**图 11.5** 图 11.4 所示人体中虚线箭头标记为 $A$ 和 $B$ 两个不同位置上，NP、PTH 和 PFH 3 种情况下感应电流的比对。$A$ 和 $B$ 处的电流分别展现在图(a)和图(b)中。

NP、PTH 和 PFH 3 种情况下所有人体单元格所吸收的功率如图 11.6 所示。吸收功率采用公式 $\int_V \sigma E^2 dV$ 进行计算,积分范围为整个人体所占空间。计算结果表明,PTH 情况下计算得到的吸收功率略小于 NP 和 PFH 两种情况,该差异应是边界条件导致的。

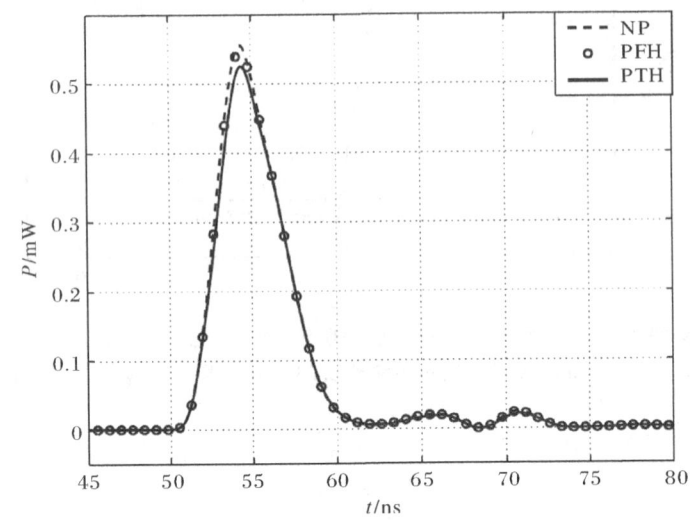

图 11.6　图 11.4 中 NP、PTH 和 PFH 3 种情况下人体所吸收的功率对比

## 11.4　本章小结

从实验设计的角度对有界波电磁脉冲模拟装置进行了三维 FDTD 分析。本研究对于超宽带脉冲的应用,如研究超短脉冲对生物细胞和脉冲功率的影响,具有重要的现实意义。在这项研究中,利用了大量可用的计算资源。对网格进行了细化处理,同时在 Itanium Ⅱ 160 个处理器集群上运行程序,可以实现上升时间为 1.4ns 的仿真,该上升时间十分接近实际设计的 1ns。将产生的电磁脉冲作用在生物细胞上,以探索电磁脉冲对人体的影响。此外,为了研究真实生活环境中电磁脉冲的影响,将研究对象进一步扩展到使用移动电话的人体上,并从物理和数值两个方面对仿真结果进行了解释。

## 练　　习

1. 根据电磁脉冲模拟装置所产生电磁脉冲的峰值功率谱密度(PSD)对手机的单极天线进行优化。研究生物组织的响应并计算特定的吸收率(SAR)。

2. 将人脑生物组织介电常数设置为与频率相关,编制相应 FDTD 代码,研究电磁脉冲对生物组织的影响,并和用于频率无关介电常数的生物组织作为研究对象的 FDTD 计算结果进行比较。

# 第 12 章　FDTD 计算程序

## 12.1　引　　言

在全波计算程序 EMPSIM.F 中,空间是三维的,时间是一维的。该计算机代码是用 FORTRAN 语言编写的,它利用时域有限差分数值方法计算麦克斯韦方程组来模拟电磁脉冲(EMP)环境。该代码可以计算有损耗的介质材料,仿真空间被完全匹配层(PML)边界条件截断,并在代码中加入了远场辐射模拟。

模拟设置从电容器组的充电开始,电容器组在开关闭合后,驱动由锥形 TEM 结构组成的 TEM 单元,试验空间终端连接片状电阻。开关的断开和闭合过程采用半高斯波形的模型。

子程序的命名与其功能是一致的,例如,子程序 ZERO 初始化所有变量,子程序 BUILD 构建研究系统的几何结构。

## 12.2　计算代码

```
C
C PROGRAM:EMPSIM.F
C PURPOSE:SETTING UP AN EMP SIMULATOR
C
PROGRAM EMPSIMA
INCLUDE 'COMMON.H'
INTEGER MFAR,I,J,K,KK,MXDIM,NN,NN1,NN2,NN3,NBOUND
REAL * 8 UXARR(NDIM,MXDIM),UYARR(NDIM,MXDIM),UZARR(NDIM,MXDIM)
REAL * 8 WXARR(NDIM,MXDIM),WYARR(NDIM,MXDIM),WZARR(NDIM,MXDIM)
```

```fortran
      REAL*8 EXSURFY(NX,NZ),EXSURF_Y(NX,NZ),EXSURFZ(NX,NY),
     & EXSURF_Z(NX,NY)
      REAL*8 EYSURFX(NY,NZ),EYSURF_X(NY,NZ),EYSURFZ(NX,NY),
     & eysurf_z(nx,ny)
      Real*8 ezsurfx(ny,nz),ezsurf_x(ny,nz),ezsurfy(nx,nz),
     & ezsurf_y(nx,nz)
      Real*8 hxsurfy(nx,nz),hxsurf_y(nx,nz),hxsurfz(nx,ny),
     & hxsurf_z(nx,ny)
      Real*8 hysurfx(ny,nz),hysurf_x(ny,nz),hysurfz(nx,ny),
     & hysurf_z(nx,ny)
      Real*8 hzsurfx(ny,nz), hzsurf_x(ny,nz), hzsurfy(nx,nz),
     & hzsurf_y(nx,nz)
      Real*8 EXS(NX,NY,NZ),EYS(NX,NY,NZ),EZS(NX,NY,NZ)
      Real*8 HXS(NX,NY,NZ),HYS(NX,NY,NZ),HZS(NX,NY,NZ)
      Real*8 fartimx,fartim_x,fartimy,fartim_y
      Real*8 fartimz,fartim_z,xfar(ndim),yfar(ndim),zfar(ndim)
      Real*8 fartimhx,fartimh_x,fartimhy,fartimh_y,fartimhz,fartimh_z
      Real*8 tt,toffset,xc,yc,zc,tc,tstart,forpicdt,xref,yref,zref,
     & radfar,p,Px,Py,Pz,pxp,pxn,pyp,pyn,pzp,pzn,dum1,dum2,
     & dum3,dum4,dum5,dum6,areax,areay,areaz,tauc,tau0
      Common/ comswitch/ tauc
      Common/ comdischarg/ tau0
C OPEN DATA FILES.
      OPEN(unit=17,file='diags3d.dat',status='unknown')
      OPEN(unit=10,file='nzout3d.dat',status='unknown')
C Define the Cell Size (meter):
      DELX=18.475e-3
      DELy=DELX
      DELZ=DELX
C Assignment for PML SETUP
      ESIGMAM=3.*EPS0*3.E8*ALOG(1./5.E-3)/(2.*NPML*DELX)
      HSIGMAM=ESIGMAM*XMU0/EPS0
C Initialize the electric and magnetic vector potentials array:
      do 1112 nn=1,ndim
```

```
      do 1111 kk=1,mxdim
      uxarr(nn,kk)=0.0d0
      uyarr(nn,kk)=0.0d0
      uzarr(nn,kk)=0.0d0
      wxarr(nn,kk)=0.0d0
      wyarr(nn,kk)=0.0d0
      wzarr(nn,kk)=0.0d0
 1111 continue
 1112 continue
      CALL ZERO
      CALL BUILD
      CALL SETUP
C*********************
C PML SUBROUTINES *
C*********************
      CALL PMLCUBE
      CALL PMLSETUP
C End of initialization block:
      tstart=0.0d0
C Time for the signal to reach the far-zone point:
C tfar=distance of far zone point from the reference / 3.0d8 (units of dt)
C toffset, is the time for the signal to reach the far field point from the
C source which is the radiator in this case.
      radfar=1.0d3
      toffset=radfar / c
      forpicdt=4.0d0 * pi * c * dt
C NUMBER OF CELLS LEFT FROM THE BOUNDARIES IN ALL THE DIREC-
C TIONS FOR
C INTEGRATION OVER THE SURFACE SURROUNDING THE OBJECT FOR
C FAR-FIELD:
      nbound=12
C Assign the reference point of the domain to measure the far field:
      xref=dfloat(iminf + imaxf) * 0.5d0 * delx
      yref=dfloat(jminf + jmaxf) * 0.5d0 * dely
```

zref=dfloat(kfeed)*delz
C ASSIGN THE CO-ORDINATE OF THE FAR-FIELD POINTS：
C We are here scanning the angular locations in the YZ-plane, X=0：
C Here X of the far zone point is always zero.
C theta=-90, -60, -30, 0,30,60,90,120,180
C theta=-90, phi=-90; y<y0
xfar(1)=xref
yfar(1)=yref -radfar
zfar(1)=zref
C theta=-60, phi=-90; y<y0
xfar(2)=xref
yfar(2)=yref -radfar * sin(pi/3.0d0)
zfar(2)=zref + radfar * cos(pi/3.0d0)
C theta=-30, phi=-90; y<y0
xfar(3)=xref
yfar(3)=yref -radfar * sin(pi/6.0d0)
zfar(3)=zref + radfar * cos(pi/6.0d0)
C theta=0, phi=90; y=y0
xfar(4)=xref
yfar(4)=yref
zfar(4)=zref + radfar
C theta=30, phi=90; y>y0
xfar(5)=xref
yfar(5)=yref + radfar * sin(pi/6.0d0)
zfar(5)=zref + radfar * cos(pi/6.0d0)
C theta=60, phi=90; y>y0
xfar(6)=xref
yfar(6)=yref + radfar * sin(pi/3.0d0)
zfar(6)=zref + radfar * cos(pi/3.0d0)
C theta=90, phi=90; y>y0
xfar(7)=xref
yfar(7)=yref + radfar * sin(pi/2.0d0)
zfar(7)=zref + radfar * cos(pi/2.0d0)
C theta=120, phi=90; y>y0

xfar(8)=xref
yfar(8)=yref + radfar * sin(2.0d0 * pi/ 3.0d0)
zfar(8)=zref + radfar * cos(2.0d0 * pi/ 3.0d0)
C theta=150, phi=90; y>y0
xfar(9)=xref
yfar(9)=yref + radfar * sin(5.0d0 * pi/ 6.0d0)
zfar(9)=zref + radfar * cos(5.0d0 * pi/ 6.0d0)
C theta=180, phi=90; y>y0
xfar(10)=xref
yfar(10)=yref + radfar * sin(pi)
zfar(10)=zref + radfar * cos(pi)
C * * * * * * * * * * * * * * * * * * * * * * * * * * * * * *
C MAIN LOOP FOR FIELD COMPUTATIONS AND DATA SAVING
C * * * * * * * * * * * * * * * * * * * * * * * * * * * * * *
T=tstart
DO 100 N=1,NSTOP
WRITE ( * , * ) N
C ADVANCE SCATTERED ELECTRIC FIELD
CALL EXFLD
CALL EYFLD
CALL EZFLD
C Assign fields :
do i=1,NX
do j=1,NY
do k=1,NZ
EXS(i,j,k)=EX(i,j,k)
EYS(i,j,k)=EY(i,j,k)
EZS(i,j,k)=EZ(i,j,k)
enddo
enddo
enddo
C Positive X-directed face:
C * * * * * * * * * * * * * * * * * * * * * * * * * * * * * *
do 191 nn1=1,ndim

```
areax=dely * delz  C area of the x-directed face
xc=dfloat(nx-nbound) * delx
do 121 j=nbound+1, ny-nbound
yc=dfloat(j) * dely
do 121 k=nbound+1, nz-nbound
zc=dfloat(k) * delz
eysurfx(j,k)=0.5d0 * (eys(nx-nbound,j,k)+eys(nx-nbound,j,k+1))
ezsurfx(j,k)=0.5d0 * (ezs(nx-nbound,j,k)+ezs(nx-nbound,j+1,k))
fartimx=dsqrt((xfar(nn1)-xc) * * 2+(yfar(nn1)-yc) * * 2+
&  (zfar(nn1)-zc) * * 2)/c
tc=dfloat(n) * dt + fartimx -toffset
mfar=nint(tc / dt + 0.5d0)  CConvert the real into nearest integer
if(mfar.le.nbound .or. mfar.ge.mxdim)then
go to 121
else
uyarr(nn1,mfar-1)=areax * ezsurfx(j,k) * (0.5d0 -tc/dt
&  + dfloat(mfar)) / forpicdt + uyarr(nn1,mfar-1)
uyarr(nn1,mfar)=areax * ezsurfx(j,k) * 2.0d0 * (tc/dt
&  -dfloat(mfar)) / forpicdt + uyarr(nn1,mfar)
uyarr(nn1,mfar+1)=-areax * ezsurfx(j,k) * (0.5d0 + tc/dt
&  -dfloat(mfar)) / forpicdt + uyarr(nn1,mfar+1)
uzarr(nn1,mfar-1)=-areax * eysurfx(j,k) * (0.5d0 -tc/dt
&  + dfloat(mfar)) / forpicdt + uzarr(nn1,mfar-1)
uzarr(nn1,mfar)=-areax * eysurfx(j,k) * 2.0d0 * (tc/dt
&  -dfloat(mfar)) / forpicdt + uzarr(nn1,mfar)
uzarr(nn1,mfar+1)=areax * eysurfx(j,k) * (0.5d0 + tc/dt
&  -dfloat(mfar)) / forpicdt + uzarr(nn1,mfar+1)
endif
121 continue
C Negative X-direction：
xc=dfloat(nbound + 1) * delx
do 122 j=nbound + 1, ny-nbound
yc=dfloat(j) * dely
do 122 k=nbound + 1, nz-nbound
```

zc=dfloat(k)*delz
eysurf_x(j,k)=0.5d0*(eys(nbound+1,j,k)+eys(nbound+1,j,k+1))
ezsurf_x(j,k)=0.5d0*(ezs(nbound+1,j,k)+ezs(nbound+1,j+1,k))
fartim_x=dsqrt((xfar(nn1)-xc)**2+(yfar(nn1)-yc)**2+
& (zfar(nn1)-zc)**2)/c
tc=dfloat(n)*dt + fartim_x -toffset
mfar=nint(tc/dt + 0.5d0)
if(mfar.le.nbound.or.mfar.ge.mxdim)then
go to 122
else
uyarr(nn1,mfar-1)=-areax*ezsurf_x(j,k)*(0.5d0 -tc/dt
& + dfloat(mfar))/forpicdt + uyarr(nn1,mfar-1)
uyarr(nn1,mfar)=-areax*ezsurf_x(j,k)*2.0d0*(tc/dt
& -dfloat(mfar))/forpicdt + uyarr(nn1,mfar)
uyarr(nn1,mfar+1)=areax*ezsurf_x(j,k)*(0.5d0 + tc/dt
& -dfloat(mfar))/forpicdt + uyarr(nn1,mfar+1)
uzarr(nn1,mfar-1)=areax*eysurf_x(j,k)*(0.5d0 -tc/dt
& + dfloat(mfar))/forpicdt + uzarr(nn1,mfar-1)
uzarr(nn1,mfar)=areax*eysurf_x(j,k)*2.0d0*(tc/dt
& -dfloat(mfar))/forpicdt + uzarr(nn1,mfar)
uzarr(nn1,mfar+1)=-areax*eysurf_x(j,k)*(0.5d0 + tc/dt
& -dfloat(mfar))/forpicdt + uzarr(nn1,mfar+1)
endif
122 continue
C Positive Y-directed face：
areay=delx*delz C area of y-directed face
yc=dfloat(ny-nbound)*dely
do 123 i=nbound+1, nx-nbound
xc=dfloat(i)*delx
do 123 k=nbound+1, nz-nbound
zc=dfloat(k)*delz
exsurfy(i,k)= 0.5d0*(exs(i,ny-nbound,k)+exs(i,ny-nbound,k+1))
ezsurfy(i,k)= 0.5d0*(ezs(i,ny-nbound,k)+ezs(i+1,ny-nbound,k))
fartimy=dsqrt((xfar(nn1)-xc)**2+(yfar(nn1)-yc)**2+

```
      & (zfar(nn1)-zc)**2)/c
      tc=dfloat(n)*dt + fartimy -toffset
      mfar=nint(tc/dt + 0.5d0)
      if(mfar.le.nbound.or.mfar.ge.mxdim)then
        go to 123
      else
        uzarr(nn1,mfar-1)=areay*exsurfy(i,k)*(0.5d0 -tc/dt
      &  + dfloat(mfar))/forpicdt + uzarr(nn1,mfar-1)
        uzarr(nn1,mfar)=areay*exsurfy(i,k)*2.0d0*(tc/dt
      &  -dfloat(mfar))/forpicdt + uzarr(nn1,mfar)
        uzarr(nn1,mfar+1)=-areay*exsurfy(i,k)*(0.5d0 + tc/dt
      &  -dfloat(mfar))/forpicdt + uzarr(nn1,mfar+1)
        uxarr(nn1,mfar-1)=-areay*ezsurfy(i,k)*(0.5d0 -tc/dt
      &  + dfloat(mfar))/forpicdt + uxarr(nn1,mfar-1)
        uxarr(nn1,mfar)=-areay*ezsurfy(i,k)*2.0d0*(tc/dt
      &  -dfloat(mfar))/forpicdt + uxarr(nn1,mfar)
        uxarr(nn1,mfar+1)=areay*ezsurfy(i,k)*(0.5d0 + tc/dt
      &  -dfloat(mfar))/forpicdt + uxarr(nn1,mfar+1)
      endif
123   continue
C Negative Y-direction：
      yc=dfloat(nbound + 1)*dely
      do 212 i=nbound+1, nx-nbound
      xc=dfloat(i)*delx
      do 212 k=nbound+1, nz-nbound
      zc=dfloat(k)*delz
      exsurf_y(i,k)=0.5d0*(exs(i,nbound+1,k)+exs(i,nbound+1,k+1))
      ezsurf_y(i,k)=0.5d0*(ezs(i,nbound+1,k)+ezs(i+1,nbound+1,k))
      fartim_y=dsqrt((xfar(nn1)-xc)**2+(yfar(nn1)-yc)**2+
      &  (zfar(nn1)-zc)**2)/c
      tc=dfloat(n)*dt + fartim_y -toffset
      mfar=nint(tc/dt + 0.5d0)
      if(mfar.le.nbound.or.mfar.ge.mxdim)then
        go to 212
```

```
      else
      uzarr(nn1,mfar-1)=-areay * exsurf_y(i,k) * (0.5d0 -tc/dt
     & + dfloat(mfar)) / forpicdt + uzarr(nn1,mfar-1)
      uzarr(nn1,mfar)=-areay * exsurf_y(i,k) * 2.0d0 * (tc/dt
     & -dfloat(mfar)) / forpicdt + uzarr(nn1,mfar)
      uzarr(nn1,mfar+1)=areay * exsurf_y(i,k) * (0.5d0 + tc/dt
     & -dfloat(mfar)) / forpicdt + uzarr(nn1,mfar+1)
      uxarr(nn1,mfar-1)=areay * ezsurf_y(i,k) * (0.5d0 -tc/dt
     & + dfloat(mfar)) / forpicdt + uxarr(nn1,mfar-1)
      uxarr(nn1,mfar)=areay * ezsurf_y(i,k) * 2.0d0 * (tc/dt
     & -dfloat(mfar)) / forpicdt + uxarr(nn1,mfar)
      uxarr(nn1,mfar+1)=-areay * ezsurf_y(i,k) * (0.5d0 + tc/dt
     & -dfloat(mfar)) / forpicdt + uxarr(nn1,mfar+1)
      endif
212   continue
C Positive Z-directed face :
      areaz=delx * dely C area of z-directed face
      zc=dfloat(nz-nbound) * delz
      do 127 i=nbound+1, nx-nbound
      xc=dfloat(i) * delx
      do 127 j=nbound+1, ny-nbound
      yc=dfloat(j) * dely
      exsurfz(i,j)=0.5d0 * (exs(i,j,nz-nbound)+exs(i,j+1,nz-nbound))
      eysurfz(i,j)=0.5d0 * (eys(i,j,nz-nbound)+eys(i+1,j,nz-nbound))
      fartimz=dsqrt((xfar(nn1)-xc)**2+(yfar(nn1)-yc)**2+
     & (zfar(nn1)-zc)**2)/c
      tc=dfloat(n) * dt + fartimz -toffset
      mfar=nint(tc / dt + 0.5d0)
      if(mfar .le. nbound .or. mfar .ge. mxdim)then
      go to 127
      else
      uxarr(nn1,mfar-1)=areaz * eysurfz(i,j) * (0.5d0 -tc/dt
     & + dfloat(mfar)) / forpicdt + uxarr(nn1,mfar-1)
      uxarr(nn1,mfar)=areaz * eysurfz(i,j) * 2.0d0 * (tc/dt
```

```
      &  -dfloat(mfar)) / forpicdt + uxarr(nn1,mfar)
      uxarr(nn1,mfar+1)=-areaz * eysurfz(i,j) * (0.5d0 + tc/dt
      &  -dfloat(mfar)) / forpicdt + uxarr(nn1,mfar+1)
      uyarr(nn1,mfar-1)=-areaz * exsurfz(i,j) * (0.5d0 -tc/dt
      &  + dfloat(mfar)) / forpicdt + uyarr(nn1,mfar-1)
      uyarr(nn1,mfar)=-areaz * exsurfz(i,j) * 2.0d0 * (tc / dt
      &  -dfloat(mfar)) / forpicdt + uyarr(nn1,mfar)
      uyarr(nn1,mfar+1)=areaz * exsurfz(i,j) * (0.5d0 + tc/dt
      &  -dfloat(mfar)) / forpicdt + uyarr(nn1,mfar+1)
      endif
127   continue
C Negative Z-directed face：
      zc=dfloat(nbound + 1) * delz
      do 128 i=nbound + 1, nx -nbound
      xc=dfloat(i) * delx
      do 128 j=nbound + 1, ny -nbound
      yc=dfloat(j) * dely
      exsurf_z(i,j)=0.5d0 * (exs(i,j,nbound+1)+exs(i,j+1,nbound+1))
      eysurf_z(i,j)=0.5d0 * (eys(i,j,nbound+1)+eys(i+1,j,nbound+1))
      fartim_z=dsqrt((xfar(nn1)-xc) * *2+(yfar(nn1)-yc) * *2+
      &  (zfar(nn1)-zc) * *2)/c
      tc=dfloat(n) * dt + fartim_z -toffset
      mfar=nint(tc / dt + 0.5d0)
      if(mfar . le. nbound . or. mfar . ge. mxdim)then
      go to 128
      else
      uxarr(nn1,mfar-1)=-areaz * eysurf_z(i,j) * (0.5d0 -tc/dt
      &  + dfloat(mfar)) / forpicdt + uxarr(nn1,mfar-1)
      uxarr(nn1,mfar)=-areaz * eysurf_z(i,j) * 2.0d0 * (tc / dt
      &  -dfloat(mfar)) / forpicdt + uxarr(nn1,mfar)
      uxarr(nn1,mfar+1)=areaz * eysurf_z(i,j) * (0.5d0 + tc/dt
      &  -dfloat(mfar)) / forpicdt + uxarr(nn1,mfar+1)
      uyarr(nn1,mfar-1)=areaz * exsurf_z(i,j) * (0.5d0 -tc/dt
      &  + dfloat(mfar)) / forpicdt + uyarr(nn1,mfar-1)
```

uyarr(nn1,mfar)=areaz * exsurf_z(i,j) * 2.0d0 * (tc/dt
& -dfloat(mfar)) / forpicdt + uyarr(nn1,mfar)
uyarr(nn1,mfar+1)=-areaz * exsurf_z(i,j) * (0.5d0 + tc/dt
& -dfloat(mfar)) / forpicdt + uyarr(nn1,mfar+1)
endif
128 continue
191 continue
C ADVANCE TIME BY 1/2 TIME STEP
T=T + DT/2.0d0
C ADVANCE MAGNETIC FIELD
CALL HXFLD
CALL HYFLD
CALL HZFLD
C Assign magnetic field：
do i=1,NX
do j=1,NY
do k=1,NZ
HXS(i,j,k)=HX(i,j,k)
HYS(i,j,k)=HY(i,j,k)
HZS(i,j,k)=HZ(i,j,k)
enddo
enddo
enddo
C Calculate corresponding to electrical surface current：
C X-directed face magnetic field
do 192 nn2=1,ndim
areax=dely * delz C Area of x-directed face
xc=dfloat(nx-nbound) * delx
do 129 j=nbound+1, ny-nbound
yc=dfloat(j) * dely
do 129 k=nbound+1, nz-nbound
zc=dfloat(k) * delz
C positive x ->
hysurfx(j,k)=0.25d0 * (hys(nx-nbound,j,k) +

```
      & hys(nx1-nbound,j,k) + hys(nx-nbound,j+1,k) +
      & hys(nx1-nbound,j+1,k))
      hzsurfx(j,k)=0.25d0 * (hzs(nx-nbound,j,k) +
      & hzs(nx1-nbound,j,k) + hzs(nx-nbound,j,k+1) +
      & hzs(nx1-nbound,j,k+1))
      fartimhx=dsqrt((xfar(nn2)-xc)**2+(yfar(nn2)-yc)**2+
      & (zfar(nn2)-zc)**2)/c
      tc=dfloat(n)*dt + fartimhx -toffset
      mfar=nint(tc / dt + 1.0d0)
      if(mfar.le.nbound.or.mfar.ge.mxdim)then
      go to 129
      else
      wzarr(nn2,mfar-1)=areax * hysurfx(j,k) * (0.5d0 -tc/dt
      & + dfloat(mfar)) / forpicdt + wzarr(nn2,mfar-1)
      wzarr(nn2,mfar)=areax * hysurfx(j,k) * 2.0d0 * (tc / dt
      & -dfloat(mfar)) / forpicdt + wzarr(nn2,mfar)
      wzarr(nn2,mfar+1)=-areax * hysurfx(j,k) * (0.5d0 + tc / dt
      & -dfloat(mfar)) / forpicdt + wzarr(nn2,mfar+1)
      wyarr(nn2,mfar-1)=-areax * hzsurfx(j,k) * (0.5d0 -tc / dt
      & + dfloat(mfar)) / forpicdt + wyarr(nn2,mfar-1)
      wyarr(nn2,mfar)=-areax * hzsurfx(j,k) * 2.0d0 * (tc / dt
      & -dfloat(mfar)) / forpicdt + wyarr(nn2,mfar)
      wyarr(nn2,mfar+1)=areax * hzsurfx(j,k) * (0.5d0 + tc / dt
      & -dfloat(mfar)) / forpicdt + wyarr(nn2,mfar+1)
      endif
129   continue
Ccalculation for negative x-directed face:
      xc=dfloat(nbound+1) * delx
      do 119 j=nbound+1, ny-nbound
      yc=dfloat(j) * dely
      do 119 k=nbound+1, nz-nbound
      zc=dfloat(k) * delz
C negative x ->
      hysurf_x(j,k)=0.25d0 * (hys(nbound+1,j,k)+hys(nbound+2,j,k)+
```

```
&    hys(nbound+1,j+1,k) + hys(nbound+2,j+1,k))
hzsurf_x(j,k)=0.25d0 * (hzs(nbound+1,j,k)+hzs(nbound+2,j,k)+
&    hzs(nbound+1,j,k+1) + hzs(nbound+2,j,k+1))
fartimh_x=dsqrt((xfar(nn2)-xc)**2+(yfar(nn2)-yc)**2+
&    (zfar(nn2)-zc)**2)/c
tc=dfloat(n) * dt + fartimh_x -toffset
mfar=nint(tc /dt + 1.0d0)
if(mfar.le.nbound.or.mfar.ge.mxdim)then
go to 119
else
wzarr(nn2,mfar-1)=-areax * hysurf_x(j,k) * (0.5d0 -tc / dt
&    + dfloat(mfar)) / forpicdt + wzarr(nn2,mfar-1)
wzarr(nn2,mfar)=-areax * hysurf_x(j,k) * 2.0d0 * (tc / dt
&    -dfloat(mfar)) / forpicdt + wzarr(nn2,mfar)
wzarr(nn2,mfar+1)=areax * hysurf_x(j,k) * (0.5d0 + tc / dt
&    -dfloat(mfar)) / forpicdt + wzarr(nn2,mfar+1)
wyarr(nn2,mfar-1)=areax * hzsurf_x(j,k) * (0.5d0 -tc/dt
&    + dfloat(mfar)) / forpicdt + wyarr(nn2,mfar-1)
wyarr(nn2,mfar)=areax * hzsurf_x(j,k) * 2.0d0 * (tc / dt
&    -dfloat(mfar)) / forpicdt + wyarr(nn2,mfar)
wyarr(nn2,mfar+1)=-areax * hzsurf_x(j,k) * (0.5d0 + tc / dt
&    -dfloat(mfar)) / forpicdt + wyarr(nn2,mfar+1)
endif
119 continue
C Y-directed face magnetic field：
areay=delx * delz C Area of y-directed face
yc=dfloat(ny-nbound) * dely
do 124 i=nbound+1, nx-nbound
xc=dfloat(i) * delx
do 124 k=nbound+1, nz-nbound
zc=dfloat(k) * delz
hxsurfy(i,k)=0.25d0 * (hxs(i,ny-nbound,k)+hxs(i,ny1-nbound,k)+
&    hxs(i+1,ny-nbound,k) + hxs(i+1,ny1-nbound,k))
hzsurfy(i,k)=0.25d0 * (hzs(i,ny-nbound,k)+hzs(i,ny1-nbound,k)+
```

```
      &  hzs(i,ny-nbound,k+1) + hzs(i,ny1-nbound,k+1))
      fartimhy=dsqrt((xfar(nn2)-xc)**2+(yfar(nn2)-yc)**2+
      &  (zfar(nn2)-zc)**2)/c
      tc=dfloat(n)*dt + fartimhy -toffset
      mfar=nint(tc / dt + 1.0d0)
      if(mfar.le.nbound.or.mfar.ge.mxdim)then
      go to 124
      else
      wxarr(nn2,mfar-1)=areay * hzsurfy(i,k) * (0.5d0 -tc/dt
      &  + dfloat(mfar)) / forpicdt + wxarr(nn2,mfar-1)
      wxarr(nn2,mfar)=areay * hzsurfy(i,k) * 2.0d0 * (tc / dt
      &  -dfloat(mfar)) / forpicdt + wxarr(nn2,mfar)
      wxarr(nn2,mfar+1)=-areay * hzsurfy(i,k) * (0.5d0 + tc/dt
      &  -dfloat(mfar)) / forpicdt + wxarr(nn2,mfar+1)
      wzarr(nn2,mfar-1)=-areay * hxsurfy(i,k) * (0.5d0 -tc / dt
      &  + dfloat(mfar)) / forpicdt + wzarr(nn2,mfar-1)
      wzarr(nn2,mfar)=-areay * hxsurfy(i,k) * 2.0d0 * (tc / dt
      &  -dfloat(mfar)) / forpicdt + wzarr(nn2,mfar)
      wzarr(nn2,mfar+1)=areay * hxsurfy(i,k) * (0.5d0 + tc/dt
      &  -dfloat(mfar)) / forpicdt + wzarr(nn2,mfar+1)
      endif
  124 continue
C FOR NEGATIVE Y-DIRECTED FACE：
      yc=dfloat(nbound+1)*dely
      do 126 i=nbound+1, nx-nbound
      xc=dfloat(i)*delx
      do 126 k=nbound+1, nz-nbound
      zc=dfloat(k)*delz
      hxsurf_y(i,k)=0.25d0 * (hxs(i,nbound+1,k)+hxs(i,nbound+2,k)+
      &  hxs(i+1,nbound+1,k) + hxs(i+1,nbound+2,k))
      hzsurf_y(i,k)=0.25d0 * (hzs(i,nbound+1,k)+hzs(i,nbound+2,k+1)+
      &  hzs(i,nbound+1,k+1) + hzs(i,nbound+2,k+1))
      fartimh_y=dsqrt((xfar(nn2)-xc)**2+(yfar(nn2)-yc)**2+
      &  (zfar(nn2)-zc)**2)/c
```

```
tc=dfloat(n) * dt + fartimh_y -toffset
mfar=nint(tc / dt + 1.0d0)
if(mfar .le. nbound .or. mfar .ge. mxdim)then
go to 126
else
wxarr(nn2,mfar-1)=-areay * hzsurf_y(i,k) * (0.5d0 -tc / dt
& + dfloat(mfar)) / forpicdt + wxarr(nn2,mfar-1)
wxarr(nn2,mfar)=-areay * hzsurf_y(i,k) * 2.0d0 * (tc/dt
& -dfloat(mfar)) / forpicdt + wxarr(nn2,mfar)
wxarr(nn2,mfar+1)=areay * hzsurf_y(i,k) * (0.5d0 + tc / dt
& -dfloat(mfar)) / forpicdt + wxarr(nn2,mfar+1)
wzarr(nn2,mfar-1)=areay * hxsurf_y(i,k) * (0.5d0 -tc / dt
& + dfloat(mfar)) / forpicdt + wzarr(nn2,mfar-1)
wzarr(nn2,mfar)=areay * hxsurf_y(i,k) * 2.0d0 * (tc / dt
& -dfloat(mfar)) / forpicdt + wzarr(nn2,mfar)
wzarr(nn2,mfar+1)=-areay * hxsurf_y(i,k) * (0.5d0 + tc/dt
& -dfloat(mfar)) / forpicdt + wzarr(nn2,mfar+1)
endif
126 continue
C Z-directed face：
areaz=delx * dely CArea of the xz-plane
zc=dfloat(nz-nbound) * delz
do 125 i=nbound+1, nx-nbound
xc=dfloat(i) * delx
do 125 j=nbound+1, ny-nbound
yc=dfloat(j) * dely
C positive z -->
hxsurfz(i,j)=0.25d0 * (hxs(i,j,nz-nbound)+hxs(i,j,nz1-nbound)+
& hxs(i+1,j,nz-nbound) + hxs(i+1,j,nz1-nbound))
hysurfz(i,j)=0.25d0 * (hys(i,j,nz-nbound)+hys(i,j,nz1-nbound)+
& hys(i,j+1,nz-nbound) + hys(i,j+1,nz1-nbound))
fartimhz=dsqrt((xfar(nn2)-xc) * *2+(yfar(nn2)-yc) * *2+
& (zfar(nn2)-zc) * *2)/c
tc=dfloat(n) * dt + fartimhz -toffset
```

```
mfar=nint(tc / dt + 1.0d0)

if(mfar .le. nbound .or. mfar .ge. mxdim)then
go to 125
else
wyarr(nn2,mfar-1)=areaz * hxsurfz(i,j) * (0.5d0 -tc/dt
&  + dfloat(mfar)) / forpicdt + wyarr(nn2,mfar-1)
wyarr(nn2,mfar)=areaz * hxsurfz(i,j) * 2.0d0 * (tc / dt
&  -dfloat(mfar)) / forpicdt + wyarr(nn2,mfar)
wyarr(nn2,mfar+1)=-areaz * hxsurfz(i,j) * (0.5d0 + tc / dt
&  -dfloat(mfar)) / forpicdt + wyarr(nn2,mfar+1)
wxarr(nn2,mfar-1)=-areaz * hysurfz(i,j) * (0.5d0 -tc / dt
&  + dfloat(mfar)) / forpicdt + wxarr(nn2,mfar-1)
wxarr(nn2,mfar)=-areaz * hysurfz(i,j) * 2.0d0 * (tc / dt
&  -dfloat(mfar)) / forpicdt + wxarr(nn2,mfar)
wxarr(nn2,mfar+1)=areaz * hysurfz(i,j) * (0.5d0 + tc/dt
&  -dfloat(mfar)) / forpicdt + wxarr(nn2,mfar+1)
endif
125 continue
C FOR NEGATIVE Z-DIRECTED FACE：
zc=dfloat(nbound+1) * delz
do 109 i=nbound+1, nx-nbound
xc=dfloat(i) * delx
do 109 j=nbound+1, ny-nbound
yc=dfloat(j) * dely
C negative z -->
hxsurf_z(i,j)=0.25d0 * (hxs(i,j,nbound+1)+hxs(i,j,nbound+2)+
&  hxs(i+1,j,nbound+1)+hxs(i+1,j,nbound+2))
hysurf_z(i,j)=0.25d0 * (hys(i,j,nbound+1)+hys(i,j,nbound+2)+
&  hys(i,j+1,nbound+1)+hys(i,j+1,nbound+2))
fartimh_z=dsqrt((xfar(nn2) -xc) * *2+(yfar(nn2) -yc) * *2+
&  (zfar(nn2) -zc) * *2)/c
tc=dfloat(n) * dt + fartimh_z -toffset
mfar=nint(tc / dt + 1.0d0)
```

```
if(mfar .le. nbound . or. mfar . ge. mxdim)then
go to 109
else
wyarr(nn2,mfar-1)=-areaz * hxsurf_z(i,j) * (0.5d0 -tc/dt
&  + dfloat(mfar)) / forpicdt + wyarr(nn2,mfar-1)
wyarr(nn2,mfar)=-areaz * hxsurf_z(i,j) * 2.0d0 * (tc / dt
& -dfloat(mfar)) / forpicdt + wyarr(nn2,mfar)
wyarr(nn2,mfar+1)=areaz * hxsurf_z(i,j) * (0.5d0 + tc / dt
& -dfloat(mfar)) / forpicdt + wyarr(nn2,mfar+1)
wxarr(nn2,mfar-1)=areaz * hysurf_z(i,j) * (0.5d0 -tc / dt
& + dfloat(mfar)) / forpicdt + wxarr(nn2,mfar-1)
wxarr(nn2,mfar)=areaz * hysurf_z(i,j) * 2.0d0 * (tc / dt
& -dfloat(mfar)) / forpicdt + wxarr(nn2,mfar)
wxarr(nn2,mfar+1)=-areaz * hysurf_z(i,j) * (0.5d0 + tc / dt
& -dfloat(mfar)) / forpicdt + wxarr(nn2,mfar+1)
endif
109 continue
192 continue
C ADVANCE TIME ANOTHER 1/2 STEP
T=T + DT / 2.0d0
C CALCULATION OF POWER RADIATED OUT FROM THE FDTD-DOMAIN AT AN INSTANT OF
C TIME USING POYNTING FLUX:
C CALCULATION OF POYNTING FLUX:
Px=0.0d0 C Net power from x-face
Py=0.0d0 C Net power from y-face
Pz=0.0d0 C Net power from z-face
pxp=0.0d0 Cpower along the positive directed x-face
pxn=0.0d0 Cpower along the negative directed x-face
pyp=0.0d0 Cpower along the positive directed y-face
pyn=0.0d0 Cpower along the negative directed y-face
pzp=0.0d0 Cpower along the positive directed z-face
pzn=0.0d0 Cpower along the negative directed z-face
C X-DIRECTED FACE -
```

```
      do 147 j=nbound+1,ny-nbound
      do 147 k=nbound+1,nz-nbound
C positive x --->
      dum1=eysurfx(j,k) * hzsurfx(j,k) -
     & ezsurfx(j,k) * hysurfx(j,k)
      pxp=pxp + dum1 * dely * delz
C negative x --->
      dum2=eysurf_x(j,k) * hzsurf_x(j,k) -
     & ezsurf_x(j,k) * hysurf_x(j,k)
      pxn=pxn + dum2 * dely * delz
C Net power-density in +x-direction (W/m2)
      px=px + dum1 -dum2
147   continue
C Net power in x-direction (W)
      px=px * dely * delz
C Y-DIRECTED FACE -
      do 148 i=nbound+1,nx-nbound
      do 148 k=nbound+1,nz-nbound
C positive y --->
      dum3=ezsurfy(i,k) * hxsurfy(i,k) -
     & exsurfy(i,k) * hzsurfy(i,k)
      pyp=pyp + dum3 * delx * delz
C negative y --->
      dum4=ezsurf_y(i,k) * hxsurf_y(i,k) -
     & exsurf_y(i,k) * hzsurf_y(i,k)
      pyn=pyn + dum4 * delx * delz
C Power-density in +y-direction (W/m2)
      py=py + dum3 -dum4
148   continue
C Net power in + y-direction (W)
      py=py * delx * delz
C Z-DIRECTED FACE -
      do 149 i=nbound+1,nx-nbound
      do 149 j=nbound+1,ny-nbound
```

```
C positive z --->
dum5=exsurfz(i,j) * hysurfz(i,j) -
& eysurfz(i,j) * hxsurfz(i,j)
pzp=pzp + dum5 * delx * dely
C negative z --->
dum6=exsurf_z(i,j) * hysurf_z(i,j) -
& eysurf_z(i,j) * hxsurf_z(i,j)
pzn=pzn + dum6 * delx * dely
C net power density in +z-direction (W/m2)
pz=pz + dum5 -dum6
149 continue
C Net power in z-direction (W)
pz=pz * delx * dely
C Net power flow out of the domain:
p=Px + Py + Pz
write(31,50) t,pxp,pxn,pyp,pyn,pzp,pzn,px,py,pz,p
50 format(1x,11(d12.6,1x))
C SAMPLE FIELDS IN SPACE AND WRITE TO DISK
CALL DATSAV
C For discharge the capacitor bank, make the switch on:
tau0=2.0d0 * tauc
if (t .ge. tau0) call setup
100 CONTINUE
T=NSTOP * DT
WRITE (17,200) T,NSTOP
200 FORMAT(T2,'EXIT TIME= ',E14.7,' SECONDS, AT TIME STEP',I6,/)
C SAVE THE DATA OF POTENTIAL ARRAY OF DIFFERENT POSITIONS IN DISK:
open(unit=1, file='fort1', status='unknown')
open(unit=2, file='fort2', status='unknown')
open(unit=3, file='fort3', status='unknown')
open(unit=4, file='fort4', status='unknown')
open(unit=5, file='fort5', status='unknown')
open(unit=6, file='fort6', status='unknown')
```

```
open(unit=7, file='fort7', status='unknown')
open(unit=8, file='fort8', status='unknown')
open(unit=9, file='fort9', status='unknown')
open(unit=10, file='fort10', status='unknown')
open(unit=11, file='fort11', status='unknown')
do 193 nn3=1, ndim
do 194 j=1, mxdim
tt=tstart + dfloat(j-1) * dt
write(nn3,1235) tt,uxarr(nn3,j),uyarr(nn3,j),
& uzarr(nn3,j),wxarr(nn3,j), wyarr(nn3,j),
& wzarr(nn3,j)
1235 format(7(d12.6,1x))
194 continue
193 continue
C * * * * * * END OF ASSIGNMENT FOR SAVING DATA OF POTENTIAL ARRAY * * * * * *
CLOSE(10)
CLOSE(17)
STOP
END
C * * * * * * * * * * * * * * * * * * * * * * * * * * * * * *
SUBROUTINE BUILD
C Geometry setup routine.
INCLUDE 'common.h'
Integer mtype,kfeed,kaperture,iminf,imaxf,jminf,jmaxf,imina,
& imaxa,jmina,jmaxa
Real * 8 xapex,yapex,zapex,wbyh,sleng,gamma,fraclen,
& al2,be2,gam2,projlen,projfeed,widthf,widtha,heightf,
& heighta,tangam2,tanbet2,d1,d2,xmidt,xmidb,xmint,xminb,
& xmaxt,xmaxb,ymin,ymax,transit_max,xmaxcapb,
& transit_min,freqmax,freqmin,sleng_act
Real * 8 xmidcapt,xmidcapb,x,y,z,xmincapt,xmaxcapt,xmincapb
Integer kmidcap,jmidcap,iminfcap,imaxfcap,jminfcap,
& jmaxfcap,kfeedcap,kaperturecap
```

```
      Real * 8 tauc
      Real * 8 xmaxsf6,xminsf6, zmaxsf6
C NEW DEFINITION：
      Real * 8 betaby2,sleng_feed
      Common / comcapacloc / iminfcap,imaxfcap,jminfcap,jmaxfcap,
     & kfeedcap,kaperturecap
      Common/ comswitch/ tauc
C THIS SUBROUTINE IS USED TO DEFINE THE SCATTERING OBJECT WITHIN
C THE FDTD SOLUTION SPACE. USER MUST SPECIFY IDONE, IDTWO AND
C IDTHRE AT DIFFERENT CELL LOCATIONS TO DEFINE THE SCATTERING
C OBJECT. SEE THE YEE PAPER (IEEE TRANS. ON AP, MAY 1966) FOR
C A DESCRIPTION OF THE FDTD ALGORITHM AND THE LOCATION OF FIELD
C COMPONENTS.
C
C GEOMETRY DEFINITION
C
C IDONE, IDTWO, AND IDTHRE ARE USED TO SPECIFY MATERIAL IN CELL I,J,K.
C IDONE DETERMINES MATERIAL FOR X COMPONENTS OF E
C IDTWO FOR Y COMPONENTS, IDTHRE FOR Z COMPONENTS
C
C SET IDONE,IDTWO, AND/OR IDTHRE FOR EACH I,J,K CELL =
C 0 FOR FREE SPACE
C 1 FOR PEC
C 2-9 FOR LOSSY DIELECTRICS
C
C SUBROUTINE DCUBE BUILDS A CUBE OF DIELECTRIC MATERIAL BY SETTING
C IDONE, IDTWO, IDTHRE TO THE SAME MATERIAL TYPE. THE MATERIAL
```

```
C TYPE IS SPECIFIED BY MTYPE. SPECIFY THE STARTING CELL (LOWER
C LEFT CORNER (i. e. MINIMUM I,J,K VALUES) AND SPECIFY THE CELL
C WIDTH IN EACH DIRECTION (USE THE NUMBER OF CELLS IN EACH
C DIRECTION). USE NZWIDE=0 FOR A INFINITELY THIN PLATE IN THE
C XY PLANE. FOR PEC PLATE USE MTYPE=1. ISTART, JSTART, KSTART ARE
C USED TO DEFINE THE STARTING CELL AND NXWIDE, NYWIDE AND NZWIDE EACH
C SPECIFY THE OBJECT WIDTH IN CELLS IN THE X, Y, AND Z DIREC-
TIONS.
C INDIVIDUAL IDONE, TWO OR THRE COMPONENTS CAN BE SET MANU-
ALLY
C FOR WIRES, ETC. DCUBE DOES NOT WORK FOR WIRES (I. E. NXWIDE=0 AND
C NYWIDE=0 FOR EXAMPLE)
C++ User input section ++
C Coordinates of apex of TEM Cell
xapex=15.0d0 * delx
yapex=dely * dfloat(ny/2)
zapex=12.0d0 * delz
C Width at aperture (m)
widtha=2.32d0
C Height at feed (m)
heightf=3.0d0 * delx
C Angle (deg) by which the antenna plate flares-out :
alpha=22.76666d0
C Angle converted into radians
alpha=alpha * pi / 1.8d2
C Angle (deg) by which the top plate is elevated with respect to image-plane
C (GROUND, which is lower plate in this problem)
betaby2=15.0d0
betaby2=betaby2 * pi / 1.8d2
C Slant length of plate (m) from apex (tip of feed)
sleng=widtha / 2.0d0 / sin(alpha/2.0d0)
```

C Length in z-direction from apex to feed point (m):
projfeed=heightf / tan(betaby2)
C Slength from apex to feed point (m):
sleng_feed=projfeed / cos(alpha/2.0d0) / cos(betaby2)
C Ratio of z-coordinates at feed & aperture
fraclen=sleng_feed / sleng
C Width at feed:
widthf=widtha * fraclen
C End of user-input section
al2=alpha * 0.5d0
be2=betaby2
tanbet2=tan(be2)
C Length of antenna in z-direction (m) (apex to aperture):
projlen=sleng * cos(al2) * cos(betaby2)
C Actual slant length i.e. slant length from feed to aperture:
sleng_act=sleng -sleng_feed
C Calculate the angle "gamma" (see Fig. (2) of Shlager):
gamma=2.0d0 * atan(tan(al2) / cos(betaby2))
gam2=gamma * 0.5d0
tangam2=tan(gam2)
C Width to height (from image plane) ratio:
wbyh=widthf / heightf
C Axial length from apex to center of aperture (m):
zleng=projlen -projfeed
write(14,335) alpha * 1.8d2/pi,2.0d0 * be2 * 1.8d2/pi,
& wbyh,fraclen,sleng,sleng_act
335 format('(alpha,beta,W/H,fraclen)= ',4(d12.6,1x),/,
& ' Slant length from apex (m)= ',e10.4,/,
& ' Actual slant length (m)= ',e10.4,/)
write(14,334) gamma,gam2,tangam2,projlen,projfeed,zleng
334 format('[gamma, gamma/2, Tan(gam/2)]= ',
& 3(e10.4,1x),/,' (L_a, L_f, Z-length)= ',3(e10.4,1x))
C Calc. (max. & min. transit times through horn at speed of light):
transit_min=(projlen -projfeed) / 3.0d8 C In z-direction

```
transit_max=sleng_act / 3.0d8  C Along slant length
C Calc. (min,max) frequencies where this antenna is efficient:
C The minimum frequency corresponds to a wavelength=twice the actual slant
C length. The max. frequency corresponds to the transit-time delay:
freqmin=3.0d8 / (2.0d0 * sleng_act)
freqmax=0.604d0 / (transit_max -transit_min)
write(14,333) transit_max,transit_min,freqmin,freqmax
333 format('(t_max, t_min, F_min, F_max)=',4(e10.4,1x))
C Calc. width at aperture (specified fully by the parameters fixed above):
C widtha=2.0d0 * projlen * tan(gam2)
C Assign heights at feed point and aperture (m):
C Note: "Height" is in the x-direction.
C heightf=widthf / wbyh
C heighta=widtha / wbyh
heighta=projlen * tan(betaby2)
write(14,555) widthf,widtha,heightf,heighta
555 format('(Wf, Wa, Hf, Ha)=',4(e10.4,1x))
write(14,556) xapex,yapex,zapex
556 format('(x,y,z) of apex=',3(e10.4,1x))
C+++++ End of initialization block +++++
mtype=1
C Run a loop over all z-locations in the mesh:
do 200 k=1,nz
z=dfloat(k) * delz
d1=z -zapex
C Skip the cell if its z-location is smaller than that of the feed:
if (d1.lt.projfeed) then
kfeed=k
go to 200
endif
if (d1.gt.projlen) go to 200
kaperture=k
C********** Initialization block for SF6 region
C Define zmax for SF6 region
```

zmaxsf6＝zpaex ＋ 2.0d2 * delz

C Define the x-dimension for filling up SF6

xmaxsf6＝xmidt -1.0d0 * delx

xminsf6＝xmidb ＋ 1.0d0 * delx

C * * * * * * End of initialization block for SF6 region * * * * * * *

C For each "z", calc. the ranges of (x,y) that define the top &

bottom plates:

xmidt＝xapex ＋ d1 * tan(betaby2)

xmidb＝xapex

C Make the plate thickness＝1 cells thick in x-direction:

xmaxt＝xmidt ＋ 1.0d0 * delx

xmint＝xmidt -1.0d0 * delx

xmaxb＝xmidb ＋ 0.5d0 * delx

xminb＝xmidb -0.5d0 * delx

C The y-range is the same for top & bottom plates:

d2＝d1 * tangam2

ymin＝yapex -d2

ymax＝yapex ＋ d2

C Now run a loop over (i,j). Put perfect conductor in cells that lie within

C (xmin, xmax) and (ymin, ymax):

do 100 i＝1,nx

do 100 j＝1,ny

x＝dfloat(i) * delx

y＝dfloat(j) * dely

C Now, first fill the free space of narrow region of the simulator

volume by SF6:

if (y.ge. ymin＋1.0 * dely .and. y.le. ymax-1.0 * dely) then

if (x.ge. xminsf6 .and. x.le. xmaxsf6) then

if (z.lt. zmaxsf6) then

call dcube(i,j,k,1,1,1,4)

endif

endif

endif

C End of SF6 region

```
         if (y.ge.ymin .and. y.le.ymax) then
         if ((x.ge.xmint .and. x.le.xmaxt) .or.
      &    (x.ge.xminb .and. x.le.xmaxb)) then
         call dcube(i,j,k,1,1,1,1)
         write(12,123) 1.0,x,y,z,i,j,k
123      format('',4(e10.4,1x),3(i4,1x))
         endif
         endif
100      continue
200      continue
         close(12)
C   At this point, "kfeed" contains the last z-layer where there is
C   no conductor. Add "1" to get the first z-layer of the feed:
         kfeed=kfeed + 1
C   At this point, "kaperture" contains the z-layer of the aperture.
         write(14,355) kfeed,kaperture
355      format(' (kF, kA)= ',2(i4,1x))
C   Now open unit-12 again & read the data. For k=kfeed & k=kaperture,
C   find the max. range of (i) & (j) where conductor has been inserted.
C   These variables are (iminf,imaxf,jminf,jmaxf) & (imina,imaxa,jmina,jmaxa).
C   Also, for the top plate, find the range of "i" which contains conductor,
C   viz., variables (iftop1,iftop2) - typically there would be two cells
C   containing conductor, i.e. (iftop2 -iftop1)=1. Note that "iftop2"
C   is the same as "imaxf".
C   All these variables are put into COMMON/comhorn/ and are thus available
C   to DATSAV and the Excitation routines (e.g. EXSFLD).
         open(12,file='fort.12',status='old')
         iminf=nx
         imina=nx
         imaxf=0
         imaxa=0
         jminf=ny
         jmina=ny
         jmaxf=0
```

```
jmaxa=0
102 continue
read(12,*,end=101) d1,d1,d1,d1,i,j,k
if (k.eq.kfeed) then
if (jminf.gt.j) jminf=j
if (jmaxf.lt.j) jmaxf=j
if (iminf.gt.i) iminf=i
if (imaxf.lt.i) imaxf=i
endif
if (k.eq.kaperture) then
if (jmina.gt.j) jmina=j
if (jmaxa.lt.j) jmaxa=j
if (imina.gt.i) imina=i
if (imaxa.lt.i) imaxa=i
endif
go to 102
101 continue
C Max. & Min. values of "i" which contain conductor on the top plate at the feed point:
iftop2=imaxf
iftop1=iftop2 -1
write(14,366) iminf,imaxf,jminf,jmaxf,imina,imaxa,jmina,jmaxa,
& iftop1,iftop2
366 format(' Feed: (i1,i2,j1,j2)= ',4(i4,1x),/,
& ' Aperture: (i1,i2,j1,j2)= ',4(i4,1x),/,' (iftop1, iftop2)= ',
& 2(i4,1x))
* * * * * * * * * * * * * * * * * * * * * * * * * * * * * * * * * *
C SECTION FOR SETTING UP SOURCE - CAPACITOR BANK:
* * * * * * * * * * * * * * * * * * * * * * * * * * * * * * * * * *
C User's section for setting up a parallel plate capacitor:
iminfcap=iminf
imaxfcap=iminfcap + 3
jmidcap=(jmaxf + jminf) / 2
jminfcap=jmidcap -3
```

```
jmaxfcap=jmidcap + 3
kmidcap=kfeed -5
kfeedcap=kmidcap -3
kaperturecap=kmidcap + 3
C End of user's section for capacitor setup +++++++++++++
C Fill dielectric material in the region between the plates of the
C capacitor.
do 9 i=iminfcap, imaxfcap -1
x=dfloat(i) * delx
do 9 j=jminfcap,jmaxfcap
y=dfloat(j) * dely
do 9 k=kfeedcap, kaperturecap
z=dfloat(k) * delz
call dcube(i,j,k,1,1,1,2)
write(9,123) 2.0,x,y,z,i,j,k
9 continue
C Upper plate (m)
xmidcapt=dfloat(imaxfcap) * delx
C Lower plate (m)
xmidcapb=dfloat(iminfcap) * delx
C Allocate the Bottom-plate :
xmincapb=xmidcapb -0.5d0 * delx
xmaxcapb=xmidcapb + 0.5d0 * delx
i=iminfcap
x=dfloat(i) * delx
do 10 j=jminfcap,jmaxfcap
y=dfloat(j) * dely
do 10 k=kfeedcap, kaperturecap
z=dfloat(k) * delz
if ( x .ge. xmincapb .and. x .le. xmaxcapb)then
call dcube(i,j,k,0,1,1,1)
write(12,123) 1.0,x,y,z,i,j,k
endif
10 continue
```

C
C Allocate the Top-plate：
xmincapt＝xmidcapt -0.5d0 * delx
xmaxcapt＝xmidcapt ＋ 0.5d0 * delx
i＝imaxfcap
x＝dfloat(i) * delx
do 11 j＝jminfcap,jmaxfcap
y＝dfloat(j) * dely
do 11 k＝kfeedcap, kaperturecap
z＝dfloat(k) * delz
if ( x.ge. xmincapt . and. x.le. xmaxcapt)then
call dcube(i,j,k,0,1,1,1)
write(12,123) 1.0,x,y,z,i,j,k
endif
11 continue
* * * * * * * * * * * * * * * * * * * * * * * * * * * * * * * * * *
C SECTION FOR SETTING UP A SWITCH：
* * * * * * * * * * * * * * * * * * * * * * * * * * * * * * * * * *
C Allocate Bottom resistive plate：
i＝iminfcap
x＝dfloat(i) * delx
k＝kaperturecap ＋ 1
z＝dfloat(k) * delz
do 12 j＝jminfcap,jmaxfcap
y＝dfloat(j) * dely
call dcube(i,j,k,0,1,1,3)
write(15,123) 3.0,x,y,z,i,j,k
12 continue
C Allocate Top resistive plate：
i＝imaxfcap
x＝dfloat(i) * delx
k＝kaperturecap ＋ 1
z＝dfloat(k) * delz
do 13 j＝jminfcap,jmaxfcap

```
   call dcube(i,j,k,0,1,1,3)
   y=dfloat(j)*dely
   write(15,123) 3.0,x,y,z,i,j,k
13 continue
C Test volume:
C Top plate:
   i=imaxa
   x=dfloat(i)*delx
   do 16 j=jmina,jmaxa
   y=dfloat(j)*dely
   do 16 k=kaperture+1,kaperture+270
   z=dfloat(k)*delz
   call dcube(i,j,k,1,1,1,1)
   write(12,123) 1.0,x,y,z,i,j,k
16 continue
C Bottom Plate
   i=imina
   x=dfloat(i)*delx
   do 17 j=jmina,jmaxa
   y=dfloat(j)*dely
   do 17 k=kaperture+1,kaperture+270
   z=dfloat(k)*delz
   call dcube(i,j,k,1,1,1,1)
   write(12,123) 1.0,x,y,z,i,j,k
17 continue
C Resistive sheet termination:
   k=kaperture+271
   z=dfloat(k)*delz
   do 18 i=imina,imaxa
   x=dfloat(i)*delx
   do 18 j=jmina,jmaxa
   y=dfloat(j)*dely
   call dcube(i,j,k,1,1,0,5)
   write(12,123) 5.0,x,y,z,i,j,k
```

18 continue
C Assignment of characteristic time of charging：
C
tauc=10.0e-9
C THE FOLLOWING SECTION OF CODE IS USED TO CHECK IF THE USER HAS
C SPECIFIED THE PROPER MATERIAL TYPES TO THE PROPER IDXXX ARRAYS.
C
C FOR MATERIAL TYPE=?
C 0 FOR FREE SPACE USE IDONE-IDTHRE ARRAYS
C 1 FOR PEC USE IDONE-IDTHRE ARRAYS
C 2-9 FOR LOSSY DIELECTRICS USE IDONE-IDTHRE ARRAYS
C
DO 1000 K=1,NZ
DO 900 J=1,NY
DO 800 I=1,NX
IF((IDONE(I,J,K).GE.10).OR.(IDTWO(I,J,K).GE.10).OR.
$ (IDTHRE(I,J,K).GE.10)) THEN
WRITE (17,*)'ERROR OCCURED. ILLEGAL VALUE FOR'
WRITE (17,*)'DIELECTRIC TYPE (IDONE-IDTHRE)'
WRITE (17,*)'AT LOCATION:',I,',',J,',',K
WRITE (17,*)'EXECUTION HALTED.'
STOP
ENDIF
800 CONTINUE
900 CONTINUE
1000 CONTINUE
RETURN
END
C * * * * * * * * * * * * * * * * * * * * * * * * * * * * * * *
SUBROUTINE DCUBE (ISTART,JSTART,KSTART,NXWIDE,NYWIDE,NZWIDE,MTYPE)
INCLUDE 'common.h'

```
C
C THIS SUBROUTINE SETS ALL TWELVE IDXXX COMPONENTS FOR ONE CUBE
C TO THE SAME MATERIAL TYPE SPECIFIED BY MTYPE. IF NXWIDE,NYWIDE,
C OR NZWIDE=0,THEN ONLY 4 IDXXX ARRAY COMPONENTS WILL BE SET
C CORRESPONDING TO AN INFINITELY THIN PLATE. THE SUBROUTINE IS MOST
C USEFUL CONSTRUCTING OBJECTS WITH MANY CELLS OF THE SAME MATERIAL
C (I.E. CUBES,PEC PLATES,ETC.). THIS SUBROUTINE DOES NOT
C AUTOMATICALLY DO WIRESC
C
      IMAX=ISTART+NXWIDE-1
      JMAX=JSTART+NYWIDE-1
      KMAX=KSTART+NZWIDE-1
C
      IF (NXWIDE.EQ.0) THEN
      DO 20 K=KSTART,KMAX
      DO 10 J=JSTART,JMAX
      IDTWO(ISTART,J,K)=MTYPE
      IDTWO(ISTART,J,K+1)=MTYPE
      IDTHRE(ISTART,J,K)=MTYPE
      IDTHRE(ISTART,J+1,K)=MTYPE
10    CONTINUE
20    CONTINUE
      ELSEIF (NYWIDE.EQ.0) THEN
      DO 40 K=KSTART,KMAX
      DO 30 I=ISTART,IMAX
      IDONE(I,JSTART,K)=MTYPE
      IDONE(I,JSTART,K+1)=MTYPE
      IDTHRE(I,JSTART,K)=MTYPE
      IDTHRE(I+1,JSTART,K)=MTYPE
```

```
        30 CONTINUE
        40 CONTINUE
        ELSEIF (NZWIDE. EQ. 0) THEN
        DO 60 J=JSTART,JMAX
        DO 50 I=ISTART,IMAX
        IDONE(I,J,KSTART)=MTYPE
        IDONE(I,J+1,KSTART)=MTYPE
        IDTWO(I,J,KSTART)=MTYPE
        IDTWO(I+1,J,KSTART)=MTYPE
        50 CONTINUE
        60 CONTINUE
        ELSE
        DO 90 K=KSTART,KMAX
        DO 80 J=JSTART,JMAX
        DO 70 I=ISTART,IMAX
        IDONE(I,J,K)=MTYPE
        IDONE(I,J,K+1)=MTYPE
        IDONE(I,J+1,K+1)=MTYPE
        IDONE(I,J+1,K)=MTYPE
        IDTWO(I,J,K)=MTYPE
        IDTWO(I+1,J,K)=MTYPE
        IDTWO(I+1,J,K+1)=MTYPE
        IDTWO(I,J,K+1)=MTYPE
        IDTHRE(I,J,K)=MTYPE
        IDTHRE(I+1,J,K)=MTYPE
        IDTHRE(I+1,J+1,K)=MTYPE
        IDTHRE(I,J+1,K)=MTYPE
        70 CONTINUE
        80 CONTINUE
        90 CONTINUE
        ENDIF
        RETURN
        END
      C************************************
```

```
SUBROUTINE PMLCUBE
INCLUDE 'common.h'
C
DO K=1,NZ
DO J=1,NY
DO I=1,NX
C
C PML CORNERS
C
IF (I.LE.NXB.AND.J.LE.NYB.AND.K.LE.NZB) THEN
IDPML(I,J,K)=1
ELSEIF (I.GE.NXS.AND.J.LE.NYB.AND.K.LE.NZB) THEN
IDPML(I,J,K)=2
ELSEIF (I.LE.NXB.AND.J.LE.NYB.AND.K.GE.NZS) THEN
IDPML(I,J,K)=3
ELSEIF (I.GE.NXS.AND.J.LE.NYB.AND.K.GE.NZS) THEN
IDPML(I,J,K)=4
ELSEIF (I.LE.NXB.AND.J.GE.NYS.AND.K.LE.NZB) THEN
IDPML(I,J,K)=5
ELSEIF (I.GE.NXS.AND.J.GE.NYS.AND.K.LE.NZB) THEN
IDPML(I,J,K)=6
ELSEIF (I.LE.NXB.AND.J.GE.NYS.AND.K.GE.NZS) THEN
IDPML(I,J,K)=7
ELSEIF (I.GE.NXS.AND.J.GE.NYS.AND.K.GE.NZS) THEN
IDPML(I,J,K)=8
C
C PML EDGES
C
ELSEIF (I.LE.NXB.AND.J.GT.NYB.AND.J.LT.NYS.AND.K.LE.NZB) THEN
IDPML(I,J,K)=9
ELSEIF (I.GE.NXS.AND.J.GT.NYB.AND.J.LT.NYS.AND.K.LE.NZB) THEN
IDPML(I,J,K)=10
```

ELSEIF (I. LE. NXB. AND. J. GT. NYB. AND. J. LT. NYS. AND. K. GE. NZS) THEN

IDPML(I,J,K)=11

ELSEIF (I. GE. NXS. AND. J. GT. NYB. AND. J. LT. NYS. AND. K. GE. NZS) THEN

IDPML(I,J,K)=12

C

ELSEIF (I. GT. NXB. AND. I. LT. NXS. AND. J. GE. NYS. AND. K. LE. NZB) THEN

IDPML(I,J,K)=13

ELSEIF (I. GT. NXB. AND. I. LT. NXS. AND. J. GE. NYS. AND. K. GE. NZS) THEN

IDPML(I,J,K)=14

ELSEIF (I. GT. NXB. AND. I. LT. NXS. AND. J. LE. NYB. AND. K. LE. NZB) THEN

IDPML(I,J,K)=15

ELSEIF (I. GT. NXB. AND. I. LT. NXS. AND. J. LE. NYB. AND. K. GE. NZS) THEN

IDPML(I,J,K)=16

C

ELSEIF (I. LE. NXB. AND. J. GE. NYS. AND. K. GT. NZB. AND. K. LT. NZS) THEN

IDPML(I,J,K)=17

ELSEIF (I. GE. NXS. AND. J. GE. NYS. AND. K. GT. NZB. AND. K. LT. NZS) THEN

IDPML(I,J,K)=18

ELSEIF (I. LE. NXB. AND. J. LE. NYB. AND. K. GT. NZB. AND. K. LT. NZS) THEN

IDPML(I,J,K)=19

ELSEIF (I. GE. NXS. AND. J. LE. NYB. AND. K. GT. NZB. AND. K. LT. NZS) THEN

IDPML(I,J,K)=20

C

C PML FACES

```
C
      ELSEIF (I. GT. NXB. AND. I. LT. NXS. AND. J. GT. NYB. AND. J. LT. NYS
     $ . AND. K. LE. NZB) THEN
        IDPML(I,J,K)=21
      ELSEIF (I. GT. NXB. AND. I. LT. NXS. AND. J. GT. NYB. AND. J. LT. NYS
     $ . AND. K. GE. NZS) THEN
        IDPML(I,J,K)=22
      ELSEIF (I. LE. NXB. AND. J. GT. NYB. AND. J. LT. NYS
     $ . AND. K. GT. NZB. AND. K. LT. NZS) THEN
        IDPML(I,J,K)=23
      ELSEIF (I. GE. NXS. AND. J. GT. NYB. AND. J. LT. NYS
     $ . AND. K. GT. NZB. AND. K. LT. NZS) THEN
        IDPML(I,J,K)=24
      ELSEIF (I. GT. NXB. AND. I. LT. NXS. AND. J. LE. NYB
     $ . AND. K. GT. NZB. AND. K. LT. NZS) THEN
        IDPML(I,J,K)=25
      ELSEIF (I. GT. NXB. AND. I. LT. NXS. AND. J. GE. NYS
     $ . AND. K. GT. NZB. AND. K. LT. NZS) THEN
        IDPML(I,J,K)=26
      ELSE
        IDPML(I,J,K)=27
      ENDIF
      ENDDO
      ENDDO
      ENDDO
      RETURN
      END
C * * * * * * * * * * * * * * * * * * * * * * * * * * * * * *
      SUBROUTINE SETUP
      INCLUDE 'common. h'
      Real * 8 tauc,tau0,rho3,rho5,amplitude
      Integer iminfcap,imaxfcap,jminfcap,jmaxfcap,kfeedcap,
     & kaperturecap
      Common/ comswitch/ tauc
```

```
Common/ comdischarg/ tau0
Common / comcapacloc / iminfcap,imaxfcap,jminfcap,jmaxfcap,
& kfeedcap,kaperturecap
C
C=1.0/SQRT(XMU0 * EPS0)
C
DTXI=C/DELX
DTYI=C/DELY
DTZI=C/DELZ
C
DT=1.0/sqrt(DTXI * * 2+DTYI * * 2+DTZI * * 2)
C * * * * * * CONSTITUTIVE PARAMETERS * * * * * * * * * *
DO 10 I=1,9
EPS(I)=EPS0
SIGMA(I)=0.0
EPSP(I)=EPS0
10 CONTINUE
C DEFINE EPS AND SIGMA FOR EACH MATERIAL HERE
C Material properties of dielectric filled inside the two plates
C of the capacitor.
EPS(2)=14.5 * EPS0
SIGMA(2)=0.0
EPSP(3)=EPS(2)
C Material properties of switch :
C Characteristic time for switch closing=taup, which is in this case
C is the characteristic time for capacitor charging
taup=7.0e-9
if (t . ge. tau0) then
aa=(4.0d0 / taup) * * 2
if (t . ge. (tau0 + taup)) then
amplitude=1.0d0
else
amplitude=exp(-aa * (t -(tau0+taup)) * * 2)
endif
```

rho3=2.0d0 * dfloat(jmaxfcap -jminfcap) * dely * delx

rho3=rho3 / delz

sigma(3)=amplitude / rho3

else

sigma(3)=0.0d0

endif

EPS(3)=EPS0

EPSP(4)=EPS(3)

C Material properties of SF6：

EPS(4)=1.0623 * EPS0

SIGMA(4)=1.0d-7

EPSP(5)=EPS(4)

C Resistive sheet termination of 90 ohm.

rho5=90.0d0 * dfloat(jmaxa -jmina) * dely * delz

rho5=rho5 / dfloat(imaxa -imina) / delx

sigma(5)=1.0d0 / rho5

EPS(5)=EPS0

EPSP(6)=EPS(5)

write(19,*)'[tauc,taup,sigma(3),sigma(4),sigma(5)]=',tauc,taup,

& sigma(3), sigma(4), sigma(5)

C FREE SPACE

C

DTEDX=DT/(EPS0 * DELX)

DTEDY=DT/(EPS0 * DELY)

DTEDZ=DT/(EPS0 * DELZ)

DTMDX=DT/(XMU0 * DELX)

DTMDY=DT/(XMU0 * DELY)

DTMDZ=DT/(XMU0 * DELZ)

C

C LOSSY DIELECTRICS

C

DO 20 I=2,9

ESB(I)=(2. * EPS(I)-SIGMA(I) * DT)/(2. * EPS(I)+SIGMA(I) * DT)

ECRLX(I)=2. * DT/((2. * EPS(I)+SIGMA(I) * DT) * DELX)

```
      ECRLY(I)=2.*DT/((2.*EPS(I)+SIGMA(I)*DT)*DELY)
      ECRLZ(I)=2.*DT/((2.*EPS(I)+SIGMA(I)*DT)*DELZ)
20    CONTINUE
      RETURN
      END
C*********************************
      SUBROUTINE PMLSETUP
      INCLUDE 'common.h'
      SIGMAXE(1)=ESIGMAM
      SIGMAXE(2)=ESIGMAM
      SIGMAXE(3)=ESIGMAM
      SIGMAXE(4)=ESIGMAM
      SIGMAXE(5)=ESIGMAM
      SIGMAXE(6)=ESIGMAM
      SIGMAXE(7)=ESIGMAM
      SIGMAXE(8)=ESIGMAM
      SIGMAXE(9)=ESIGMAM
      SIGMAXE(10)=ESIGMAM
      SIGMAXE(11)=ESIGMAM
      SIGMAXE(12)=ESIGMAM
C
      SIGMAXE(13)=0.
      SIGMAXE(14)=0.
      SIGMAXE(15)=0.
      SIGMAXE(16)=0.
C
      SIGMAXE(17)=ESIGMAM
      SIGMAXE(18)=ESIGMAM
      SIGMAXE(19)=ESIGMAM
      SIGMAXE(20)=ESIGMAM
C
      SIGMAXE(21)=0.
      SIGMAXE(22)=0.
      SIGMAXE(23)=ESIGMAM
```

SIGMAXE(24)=ESIGMAM
SIGMAXE(25)=0.
SIGMAXE(26)=0.
SIGMAXE(27)=0.
C
SIGMAYE(1)=ESIGMAM
SIGMAYE(2)=ESIGMAM
SIGMAYE(3)=ESIGMAM
SIGMAYE(4)=ESIGMAM
SIGMAYE(5)=ESIGMAM
SIGMAYE(6)=ESIGMAM
SIGMAYE(7)=ESIGMAM
SIGMAYE(8)=ESIGMAM
C
SIGMAYE(9)=0.
SIGMAYE(10)=0.
SIGMAYE(11)=0.
SIGMAYE(12)=0.
C
SIGMAYE(13)=ESIGMAM
SIGMAYE(14)=ESIGMAM
SIGMAYE(15)=ESIGMAM
SIGMAYE(16)=ESIGMAM
C
SIGMAYE(17)=ESIGMAM
SIGMAYE(18)=ESIGMAM
SIGMAYE(19)=ESIGMAM
SIGMAYE(20)=ESIGMAM
C
SIGMAYE(21)=0.
SIGMAYE(22)=0.
SIGMAYE(23)=0.
SIGMAYE(24)=0.
SIGMAYE(25)=ESIGMAM

SIGMAYE(26)=ESIGMAM
SIGMAYE(27)=0.
C
SIGMAZE(1)=ESIGMAM
SIGMAZE(2)=ESIGMAM
SIGMAZE(3)=ESIGMAM
SIGMAZE(4)=ESIGMAM
SIGMAZE(5)=ESIGMAM
SIGMAZE(6)=ESIGMAM
SIGMAZE(7)=ESIGMAM
SIGMAZE(8)=ESIGMAM
C
SIGMAZE(9)=ESIGMAM
SIGMAZE(10)=ESIGMAM
SIGMAZE(11)=ESIGMAM
SIGMAZE(12)=ESIGMAM
C
SIGMAZE(13)=ESIGMAM
SIGMAZE(14)=ESIGMAM
SIGMAZE(15)=ESIGMAM
SIGMAZE(16)=ESIGMAM
C
SIGMAZE(17)=0.
SIGMAZE(18)=0.
SIGMAZE(19)=0.
SIGMAZE(20)=0.
C
SIGMAZE(21)=ESIGMAM
SIGMAZE(22)=ESIGMAM
SIGMAZE(23)=0.
SIGMAZE(24)=0.
SIGMAZE(25)=0.
SIGMAZE(26)=0.
SIGMAZE(27)=0.

```
      C
      SIGMAXH(1)=HSIGMAM
      SIGMAXH(2)=HSIGMAM
      SIGMAXH(3)=HSIGMAM
      SIGMAXH(4)=HSIGMAM
      SIGMAXH(5)=HSIGMAM
      SIGMAXH(6)=HSIGMAM
      SIGMAXH(7)=HSIGMAM
      SIGMAXH(8)=HSIGMAM
      C
      SIGMAXH(9)=HSIGMAM
      SIGMAXH(10)=HSIGMAM
      SIGMAXH(11)=HSIGMAM
      SIGMAXH(12)=HSIGMAM
      C
      SIGMAXH(13)=0.
      SIGMAXH(14)=0.
      SIGMAXH(15)=0.
      SIGMAXH(16)=0.
      C
      SIGMAXH(17)=HSIGMAM
      SIGMAXH(18)=HSIGMAM
      SIGMAXH(19)=HSIGMAM
      SIGMAXH(20)=HSIGMAM
      C
      SIGMAXH(21)=0.
      SIGMAXH(22)=0.
      SIGMAXH(23)=HSIGMAM
      SIGMAXH(24)=HSIGMAM
      SIGMAXH(25)=0.
      SIGMAXH(26)=0.
      SIGMAXH(27)=0.
      C
      SIGMAYH(1)=HSIGMAM
```

SIGMAYH(2)=HSIGMAM
SIGMAYH(3)=HSIGMAM
SIGMAYH(4)=HSIGMAM
SIGMAYH(5)=HSIGMAM
SIGMAYH(6)=HSIGMAM
SIGMAYH(7)=HSIGMAM
SIGMAYH(8)=HSIGMAM
C
SIGMAYH(9)=0.
SIGMAYH(10)=0.
SIGMAYH(11)=0.
SIGMAYH(12)=0.
C
SIGMAYH(13)=HSIGMAM
SIGMAYH(14)=HSIGMAM
SIGMAYH(15)=HSIGMAM
SIGMAYH(16)=HSIGMAM
C
SIGMAYH(17)=HSIGMAM
SIGMAYH(18)=HSIGMAM
SIGMAYH(19)=HSIGMAM
SIGMAYH(20)=HSIGMAM
C
SIGMAYH(21)=0.
SIGMAYH(22)=0.
SIGMAYH(23)=0.
SIGMAYH(24)=0.
SIGMAYH(25)=HSIGMAM
SIGMAYH(26)=HSIGMAM
SIGMAYH(27)=0.
C
SIGMAZH(1)=HSIGMAM
SIGMAZH(2)=HSIGMAM
SIGMAZH(3)=HSIGMAM

```
      SIGMAZH(4)=HSIGMAM
      SIGMAZH(5)=HSIGMAM
      SIGMAZH(6)=HSIGMAM
      SIGMAZH(7)=HSIGMAM
      SIGMAZH(8)=HSIGMAM
C
      SIGMAZH(9)=HSIGMAM
      SIGMAZH(10)=HSIGMAM
      SIGMAZH(11)=HSIGMAM
      SIGMAZH(12)=HSIGMAM
C
      SIGMAZH(13)=HSIGMAM
      SIGMAZH(14)=HSIGMAM
      SIGMAZH(15)=HSIGMAM
      SIGMAZH(16)=HSIGMAM
C
      SIGMAZH(17)=0.
      SIGMAZH(18)=0.
      SIGMAZH(19)=0.
      SIGMAZH(20)=0.
C
      SIGMAZH(21)=HSIGMAM
      SIGMAZH(22)=HSIGMAM
      SIGMAZH(23)=0.
      SIGMAZH(24)=0.
      SIGMAZH(25)=0.
      SIGMAZH(26)=0.
      SIGMAZH(27)=0.
      RETURN
      END
C******************************
      SUBROUTINE EXFLD
      INCLUDE 'common.h'
      Real*8 tauc,aa
```

```
      Integer iminfcap,imaxfcap,jminfcap,jmaxfcap,kfeedcap,
     & kaperturecap
      Common / comcapacloc / iminfcap,imaxfcap,jminfcap,jmaxfcap,
     & kfeedcap,kaperturecap
      Common/ comswitch/ tauc
C
      DO 30 K=2,NZ1
      KK=K
      DO 20 J=2,NY1
      JJ=J
      DO 10 I=1,NX1
      II=I
C
C FDTD REGION
C
      IF (I. GT. NXB. AND. I. LT. NXS. AND. J. GT. NYBP1. AND. J. LT. NYS.
     $ AND. K. GT. NZBP1. AND. K. LT. NZS) THEN
C DETERMINE MATERIAL TYPE
      IF(IDONE(I,J,K). EQ. 0) GO TO 100
      IF(IDONE(I,J,K). EQ. 1) GO TO 200
      GO TO 300
C FREE SPACE
  100 EX(I,J,K)=EX(I,J,K)+(HZ(I,J,K)-HZ(I,J-1,K)) * DTEDY
     $ -(HY(I,J,K)-HY(I,J,K-1)) * DTEDZ
      GO TO 10
C PERFECT CONDUCTOR
  200 EX(I,J,K)=0.0
      GO TO 10
C LOSSY DIELECTRIC
  300 EX(I,J,K)=EX(I,J,K) * ESB(IDONE(I,J,K))
     $ +(HZ(I,J,K)-HZ(I,J-1,K)) * ECRLY(IDONE(I,J,K))
     $ -(HY(I,J,K)-HY(I,J,K-1)) * ECRLZ(IDONE(I,J,K))
      ELSE
C
```

```
C PML REGION
C
CALL PMLEX(II,JJ,KK)
ENDIF
10 CONTINUE
20 CONTINUE
30 CONTINUE
C Apply Source :--->
if(t.le.tauc)then
aa=(4.0d0/tauc)**2
do 111 i=iminfcap, imaxfcap -1
do 111 j=jminfcap, jmaxfcap
do 111 k=kfeedcap, kaperturecap
111 EX(i,j,k)=18.043e6 * EXP(-aa*(t-tauc)**2)
ENDIF
RETURN
END
C**************************************
SUBROUTINE EYFLD
INCLUDE 'common.h'
C REAL SOURCE
C
DO 30 K=2,NZ1
KK=K
DO 20 J=1,NY1
JJ=J
DO 10 I=2,NX1
II=I
C
C FDTD REGION
C
IF (I.GT.NXBP1.AND.I.LT.NXS.AND.J.GT.NYB.AND.J.LT.NYS.
$   AND.K.GT.NZBP1.AND.K.LT.NZS) THEN
C DETERMINE MATERIAL TYPE
```

```
      IF(IDTWO(I,J,K).EQ.0) GO TO 100
      IF(IDTWO(I,J,K).EQ.1) GO TO 200
      GO TO 300
C FREE SPACE
100   EY(I,J,K)=EY(I,J,K)+(HX(I,J,K)-HX(I,J,K-1))*DTEDZ
     $ -(HZ(I,J,K)-HZ(I-1,J,K))*DTEDX
C    $ +SOURCE(I,J,K)
      GO TO 10
C PERFECT CONDUCTOR
200   EY(I,J,K)=0.0
      GO TO 10
C LOSSY DIELECTRIC
300   EY(I,J,K)=EY(I,J,K)*ESB(IDTWO(I,J,K))
     $ +(HX(I,J,K)-HX(I,J,K-1))*ECRLZ(IDTWO(I,J,K))
     $ -(HZ(I,J,K)-HZ(I-1,J,K))*ECRLX(IDTWO(I,J,K))
C    $ +SOURCE(I,J,K)
      ELSE
C
C PML REGION
C
      CALL PMLEY(II,JJ,KK)
      ENDIF
10    CONTINUE
20    CONTINUE
30    CONTINUE
      RETURN
      END
C****************************************
      SUBROUTINE EZFLD
      INCLUDE 'common.h'
C
      DO 30 K=1,NZ1
      KK=K
      DO 20 J=2,NY1
```

```
      JJ=J
      DO 10 I=2,NX1
      II=I
C
C FDTD REGION
C
      IF (I. GT. NXBP1. AND. I. LT. NXS. AND. J. GT. NYBP1. AND. J. LT. NYS.
     $ AND. K. GT. NZB. AND. K. LT. NZS) THEN
C DETERMINE MATERIAL TYPE
      IF(IDTHRE(I,J,K). EQ. 0) GO TO 100
      IF(IDTHRE(I,J,K). EQ. 1) GO TO 200
      GO TO 300
C
C FREE SPACE
  100 EZ(I,J,K)=EZ(I,J,K)+(HY(I,J,K)-HY(I-1,J,K)) * DTEDX
     $ -(HX(I,J,K)-HX(I,J-1,K)) * DTEDY
      GO TO 10
C PERFECT CONDUCTOR
  200 EZ(I,J,K)=0.0
      GO TO 10
C LOSSY DIELECTRIC
  300 EZ(I,J,K)=EZ(I,J,K) * ESB(IDTHRE(I,J,K))
     $ +(HY(I,J,K)-HY(I-1,J,K)) * ECRLX(IDTHRE(I,J,K))
     $ -(HX(I,J,K)-HX(I,J-1,K)) * ECRLY(IDTHRE(I,J,K))
      ELSE
C
C PML REGION
C
      CALL PMLEZ(II,JJ,KK)
      ENDIF
   10 CONTINUE
   20 CONTINUE
   30 CONTINUE
C
```

```
      RETURN
      END
C * * * * * * * * * * * * * * * * * * * * * * * * * * * * *
      SUBROUTINE HXFLD
      INCLUDE 'common.h'
C
      DO 30 K=1,NZ1
      KK=K
      DO 20 J=1,NY1
      JJ=J
      DO 10 I=2,NX1
      II=I
C
C FDTD REGION
C
      IF (I.GT.NXB.AND.I.LT.NXS.AND.J.GT.NYB.AND.J.LT.NYSM1.
     $ AND.K.GT.NZB.AND.K.LT.NZSM1) THEN
      HX(I,J,K)=HX(I,J,K)-(EZ(I,J+1,K)-EZ(I,J,K))*DTMDY
     $ +(EY(I,J,K+1)-EY(I,J,K))*DTMDZ
      ELSE
C
C PML REGION
C
      CALL PMLHX(II,JJ,KK)
      ENDIF
 10   CONTINUE
 20   CONTINUE
 30   CONTINUE
C
      RETURN
      END
C * * * * * * * * * * * * * * * * * * * * * * * * * * * * *
      SUBROUTINE HYFLD
      INCLUDE 'common.h'
```

```
      C
      DO 30 K=1,NZ1
      KK=K
      DO 20 J=2,NY1
      JJ=J
      DO 10 I=1,NX1
      II=I
      C
      C FDTD REGION
      C
      IF (I.GT.NXB.AND.I.LT.NXSM1.AND.J.GT.NYB.AND.J.LT.NYS.
     $ AND.K.GT.NZB.AND.K.LT.NZSM1) THEN
      HY(I,J,K)=HY(I,J,K)-(EX(I,J,K+1)-EX(I,J,K))*DTMDZ
     $ +(EZ(I+1,J,K)-EZ(I,J,K))*DTMDX
      ELSE
      C
      C PML REGION
      C
      CALL PMLHY(II,JJ,KK)
      ENDIF
   10 CONTINUE
   20 CONTINUE
   30 CONTINUE
      C
      RETURN
      END
C************************************
      SUBROUTINE HZFLD
      INCLUDE 'common.h'
      C
      DO 30 K=2,NZ1
      KK=K
      DO 20 J=1,NY1
      JJ=J
```

```
      DO 10 I=1,NX1
      II=I
C
C FDTD REGION
C
      IF (I.GT.NXB.AND.I.LT.NXSM1.AND.J.GT.NYB.AND.J.LT.NYSM1.
     $ AND.K.GT.NZB.AND.K.LT.NZS) THEN
      HZ(I,J,K)=HZ(I,J,K)-(EY(I+1,J,K)-EY(I,J,K))*DTMDX
     $ +(EX(I,J+1,K)-EX(I,J,K))*DTMDY
      ELSE
C
C PML REGION
C
      CALL PMLHZ(II,JJ,KK)
      ENDIF
   10 CONTINUE
   20 CONTINUE
   30 CONTINUE
C
      RETURN
      END
C*******************************
      SUBROUTINE ZERO
      INCLUDE 'common.h'
C
      T=0.0
      DO 30 K=1,NZ
      DO 20 J=1,NY
      DO 10 I=1,NX
      EX(I,J,K)=0.0
      EY(I,J,K)=0.0
      EZ(I,J,K)=0.0
      HX(I,J,K)=0.0
      HY(I,J,K)=0.0
```

```
            HZ(I,J,K)=0.0
            EXY(I,J,K)=0.0
            EYX(I,J,K)=0.0
            EZX(I,J,K)=0.0
            EXZ(I,J,K)=0.0
            EYZ(I,J,K)=0.0
            EZY(I,J,K)=0.0
            HXY(I,J,K)=0.0
            HYX(I,J,K)=0.0
            HZX(I,J,K)=0.0
            HXZ(I,J,K)=0.0
            HYZ(I,J,K)=0.0
            HZY(I,J,K)=0.0
            IDONE(I,J,K)=0.0
            IDTWO(I,J,K)=0.0
            IDTHRE(I,J,K)=0.0
10          CONTINUE
20          CONTINUE
30          CONTINUE
            RETURN
            END
C * * * * * * * * * * * * * * * * * * * * * * * * * * * * *
            SUBROUTINE PMLEX(I,J,K)
            INCLUDE 'common.h'
            XJ=1*J
            XK=1*K
            EPSF=EPSP(IDONE(I,J,K)+1)/EPS0
            IF(J.LE.NYB) THEN
            ESIGMAY=SIGMAYE(IDPML(I,J,K))*EPSF*((XNPML-XJ+1.)/XNPML)**2.
            ELSE
            ESIGMAY=SIGMAYE(IDPML(I,J,K))*EPSF*((XJ-YN+XNPML)/XNPML)**2.
            ENDIF
            IF(K.LE.NZB) THEN
            ESIGMAZ=SIGMAZE(IDPML(I,J,K))*EPSF*((XNPML-XK+1.)/XNPML)**2.
```

ELSE

ESIGMAZ=SIGMAZE(IDPML(I,J,K)) * EPSF * ((XK-ZN+XNPML)/XNPML) * * 2.

ENDIF

IF (ESIGMAY. LE. 0.) THEN

DTESY=1.

DTESDY=DT/(DELY * EPSP(IDONE(I,J,K)+1))

ELSE

DTESY=EXP(-(ESIGMAY * DT)/EPSP(IDONE(I,J,K)+1))

DTESDY=(1.-DTESY)/(ESIGMAY * DELY)

ENDIF

IF (ESIGMAZ. LE. 0.) THEN

DTESZ=1.

DTESDZ=DT/(DELZ * EPSP(IDONE(I,J,K)+1))

ELSE

DTESZ=EXP(-(ESIGMAZ * DT)/EPSP(IDONE(I,J,K)+1))

DTESDZ=(1.-DTESZ)/(ESIGMAZ * DELZ)

ENDIF

C

C PML INTERFACE

C

IF (I. GT. NXB. AND. I. LT. NXS. AND. J. EQ. NYBP1

$ . AND. K. GT. NZBP1. AND. K. LT. NZS) THEN

IF (IDONE(I,J,K). EQ. 0) THEN

EX(I,J,K)=EX(I,J,K)+(HZ(I,J,K)

$ -HZX(I,J-1,K)-HZY(I,J-1,K)) * DTEDY

$ -(HY(I,J,K)-HY(I,J,K-1)) * DTEDZ

ELSEIF (IDONE(I,J,K). EQ. 1) THEN

EX(I,J,K)=0.0

ELSE

EX(I,J,K)=EX(I,J,K) * ESB(IDONE(I,J,K))

$ +(HZ(I,J,K)-HZX(I,J-1,K)-HZY(I,J-1,K))

$ * ECRLY(IDONE(I,J,K))

$ -(HY(I,J,K)-HY(I,J,K-1)) * ECRLZ(IDONE(I,J,K))

ENDIF

```
      ELSEIF (I. GT. NXB. AND. I. LT. NXS. AND. J. GT. NYBP1. AND. J. LT. NYS
     $ . AND. K. EQ. NZBP1) THEN
       IF (IDONE(I,J,K). EQ. 0) THEN
       EX(I,J,K)=EX(I,J,K)+(HZ(I,J,K)-HZ(I,J-1,K)) * DTEDY
     $ -(HY(I,J,K)-HYX(I,J,K-1)-HYZ(I,J,K-1)) * DTEDZ
       ELSEIF (IDONE(I,J,K). EQ. 1) THEN
       EX(I,J,K)=0.0
       ELSE
       EX(I,J,K)=EX(I,J,K) * ESB(IDONE(I,J,K))
     $ +(HZ(I,J,K)-HZ(I,J-1,K))
     $ * ECRLY(IDONE(I,J,K))
     $ -(HY(I,J,K)-HYX(I,J,K-1)-HYZ(I,J,K-1)) * ECRLZ(IDONE(I,J,K))
       ENDIF
      ELSEIF (I. GT. NXB. AND. I. LT. NXS. AND. J. EQ. NYS
     $ . AND. K. GT. NZB. AND. K. LT. NZS) THEN
       IF(IDONE(I,J,K). EQ. 1) THEN
       EXY(I,J,K)=0.0
       EXZ(I,J,K)=0.0
       ELSE
       EXY(I,J,K)=EXY(I,J,K) * DTESY+(HZX(I,J,K)+HZY(I,J,K)
     $ -HZ(I,J-1,K)) * DTESDY
       EXZ(I,J,K)=EXZ(I,J,K) * DTESZ-(HYX(I,J,K)+HYZ(I,J,K)
     $ -HYX(I,J,K-1)-HYZ(I,J,K-1)) * DTESDZ
       ENDIF
      ELSEIF (I. GT. NXB. AND. I. LT. NXS. AND. J. GT. NYB. AND. J. LT. NYS
     $ . AND. K. EQ. NZS) THEN
       IF(IDONE(I,J,K). EQ. 1) THEN
       EXY(I,J,K)=0.0
       EXZ(I,J,K)=0.0
       ELSE
       EXZ(I,J,K)=EXZ(I,J,K) * DTESZ-(HYX(I,J,K)+HYZ(I,J,K)
     $ -HY(I,J,K-1)) * DTESDZ
       EXY(I,J,K)=EXY(I,J,K) * DTESY+(HZX(I,J,K)+HZY(I,J,K)
     $ -HZX(I,J-1,K)-HZY(I,J-1,K)) * DTESDY
```

```
      ENDIF
     ELSEIF (I. GT. NXB. AND. I. LT. NXS. AND. J. EQ. NYBP1
    $ . AND. K. EQ. NZBP1) THEN
     IF (IDONE(I,J,K). EQ. 0) THEN
     EX(I,J,K)=EX(I,J,K)+(HZ(I,J,K)
    $ -HZX(I,J-1,K)-HZY(I,J-1,K)) * DTEDY
    $ -(HY(I,J,K)-HYX(I,J,K-1)-HYZ(I,J,K-1)) * DTEDZ
     ELSEIF (IDONE(I,J,K). EQ. 1) THEN
     EX(I,J,K)=0.0
     ELSE
     EX(I,J,K)=EX(I,J,K) * ESB(IDONE(I,J,K))
    $ +(HZ(I,J,K)-HZX(I,J-1,K)-HZY(I,J-1,K))
    $ * ECRLY(IDONE(I,J,K))
    $ -(HY(I,J,K)-HYX(I,J,K-1)-HYZ(I,J,K-1)) * ECRLZ(IDONE(I,J,K))
     ENDIF
C
C PML
C
     ELSE
     IF(IDONE(I,J,K). EQ. 1) THEN
     EXY(I,J,K)=0.0
     EXZ(I,J,K)=0.0
     ELSE
     EXY(I,J,K)=EXY(I,J,K) * DTESY+(HZX(I,J,K)+HZY(I,J,K)
    $ -HZX(I,J-1,K)-HZY(I,J-1,K)) * DTESDY
     EXZ(I,J,K)=EXZ(I,J,K) * DTESZ-(HYX(I,J,K)+HYZ(I,J,K)
    $ -HYX(I,J,K-1)-HYZ(I,J,K-1)) * DTESDZ
     ENDIF
     ENDIF
     RETURN
     END
C * * * * * * * * * * * * * * * * * * * * * * * * * * * * * * *
     SUBROUTINE PMLEY(I,J,K)
     INCLUDE 'common. h'
```

```
C REAL SOURCE
      XI=1*I
      XK=1*K
      EPSF=EPSP(IDTWO(I,J,K)+1)/EPS0
      IF(I.LE.NXB) THEN
      ESIGMAX=SIGMAXE(IDPML(I,J,K))*EPSF*((XNPML-XI+1.)/XNPML)**2.
      ELSE
      ESIGMAX=SIGMAXE(IDPML(I,J,K))*EPSF*((XI-XN+XNPML)/XNPML)**2.
      ENDIF
      IF(K.LE.NZB) THEN
      ESIGMAZ=SIGMAZE(IDPML(I,J,K))*EPSF*((XNPML-XK+1.)/XNPML)**2.
      ELSE
      ESIGMAZ=SIGMAZE(IDPML(I,J,K))*EPSF*((XK-ZN+XNPML)/XNPML)**2.
      ENDIF
      IF (ESIGMAZ.LE.0.) THEN
      DTESZ=1.
      DTESDZ=DT/(DELZ*EPSP(IDTWO(I,J,K)+1))
      ELSE
      DTESZ=EXP(-(ESIGMAZ*DT)/EPSP(IDTWO(I,J,K)+1))
      DTESDZ=(1.-DTESZ)/(ESIGMAZ*DELZ)
      ENDIF
      IF (ESIGMAX.LE.0.) THEN
      DTESX=1.
      DTESDX=DT/(DELX*EPSP(IDTWO(I,J,K)+1))
      ELSE
      DTESX=EXP(-(ESIGMAX*DT)/EPSP(IDTWO(I,J,K)+1))
      DTESDX=(1.-DTESX)/(ESIGMAX*DELX)
      ENDIF
C
C PML INTERFACE
C
      IF (I.EQ.NXBP1.AND.J.GT.NYB.AND.J.LT.NYS
     $   .AND.K.GT.NZBP1.AND.K.LT.NZS) THEN
      IF (IDTWO(I,J,K).EQ.0) THEN
```

```
        EY(I,J,K)=EY(I,J,K)+(HX(I,J,K)-HX(I,J,K-1)) * DTEDZ
      $ -(HZ(I,J,K)-HZX(I-1,J,K)-HZY(I-1,J,K)) * DTEDX
C+SOURCE(I,J,K)
        ELSEIF (IDTWO(I,J,K). EQ. 1) THEN
        EY(I,J,K)=0.0
        ELSE
        EY(I,J,K)=EY(I,J,K) * ESB(IDTWO(I,J,K))
      $ +(HX(I,J,K)-HX(I,J,K-1)) * ECRLZ(IDTWO(I,J,K))
      $ -(HZ(I,J,K)-HZX(I-1,J,K)-HZY(I-1,J,K)) * ECRLX(IDTWO(I,J,K))
C $ +SOURCE(I,J,K)
        ENDIF
        ELSEIF (I. GT. NXBP1. AND. I. LT. NXS. AND. J. GT. NYB. AND. J. LT. NYS
      $ . AND. K. EQ. NZBP1) THEN
        IF (IDTWO(I,J,K). EQ. 0) THEN
        EY(I,J,K)=EY(I,J,K)+(HX(I,J,K)
      $ -HXY(I,J,K-1)-HXZ(I,J,K-1)) * DTEDZ
      $ -(HZ(I,J,K)-HZ(I-1,J,K)) * DTEDX C+SOURCE(I,J,K)
        ELSEIF (IDTWO(I,J,K). EQ. 1) THEN
        EY(I,J,K)=0.0
        ELSE
        EY(I,J,K)=EY(I,J,K) * ESB(IDTWO(I,J,K))
      $ +(HX(I,J,K)-HXY(I,J,K-1)-HXZ(I,J,K-1)) * ECRLZ(IDTWO(I,J,K))
      $ -(HZ(I,J,K)-HZ(I-1,J,K)) * ECRLX(IDTWO(I,J,K))
C $ +SOURCE(I,J,K)
        ENDIF
        ELSEIF (I. EQ. NXS. AND. J. GT. NYB. AND. J. LT. NYS
      $ . AND. K. GT. NZB. AND. K. LT. NZS) THEN
        IF(IDTWO(I,J,K). EQ. 1) THEN
        EYX(I,J,K)=0.0
        EYZ(I,J,K)=0.0
        ELSE
        EYX(I,J,K)=EYX(I,J,K) * DTESX-(HZX(I,J,K)+HZY(I,J,K)
      $ -HZ(I-1,J,K)) * DTESDX
        EYZ(I,J,K)=EYZ(I,J,K) * DTESZ+(HXY(I,J,K)+HXZ(I,J,K)
```

```
     $   -HXY(I,J,K-1)-HXZ(I,J,K-1)) * DTESDZ
      ENDIF
      ELSEIF (I. GT. NXB. AND. I. LT. NXS. AND. J. GT. NYB. AND. J. LT. NYS
     $ . AND. K. EQ. NZS) THEN
      IF(IDTWO(I,J,K). EQ. 1) THEN
      EYX(I,J,K)=0.0
      EYZ(I,J,K)=0.0
      ELSE
      EYZ(I,J,K)=EYZ(I,J,K) * DTESZ+(HXY(I,J,K)+HXZ(I,J,K)
     $   -HX(I,J,K-1)) * DTESDZ
      EYX(I,J,K)=EYX(I,J,K) * DTESX-(HZX(I,J,K)+HZY(I,J,K)
     $   -HZX(I-1,J,K)-HZY(I-1,J,K)) * DTESDX
      ENDIF
      ELSEIF (I. EQ. NXBP1. AND. J. GT. NYB. AND. J. LT. NYS
     $. AND. K. EQ. NZBP1) THEN
      IF (IDTWO(I,J,K). EQ. 0) THEN
      EY(I,J,K)=EY(I,J,K)+(HX(I,J,K)
     $   -HXY(I,J,K-1)-HXZ(I,J,K-1)) * DTEDZ
     $   -(HZ(I,J,K)-HZX(I-1,J,K)-HZY(I-1,J,K)) * DTEDX
    C $   +SOURCE(I,J,K)
      ELSEIF (IDTWO(I,J,K). EQ. 1) THEN
      EY(I,J,K)=0.0
      ELSE
      EY(I,J,K)=EY(I,J,K) * ESB(IDTWO(I,J,K))
     $   +(HX(I,J,K)-HXY(I,J,K-1)-HXZ(I,J,K-1)) * ECRLZ(IDTWO(I,J,K))
     $   -(HZ(I,J,K)-HZX(I-1,J,K)-HZY(I-1,J,K)) * ECRLX(IDTWO(I,J,K))
    C $   +SOURCE(I,J,K)
      ENDIF
    C
    C PML
    C
      ELSE
      IF(IDTWO(I,J,K). EQ. 1) THEN
      EYX(I,J,K)=0.0
```

```
      EYZ(I,J,K)=0.0
      ELSE
      EYZ(I,J,K)=EYZ(I,J,K)*DTESZ+(HXY(I,J,K)+HXZ(I,J,K)
     $ -HXY(I,J,K-1)-HXZ(I,J,K-1))*DTESDZ
      EYX(I,J,K)=EYX(I,J,K)*DTESX-(HZX(I,J,K)+HZY(I,J,K)
     $ -HZX(I-1,J,K)-HZY(I-1,J,K))*DTESDX
      ENDIF
      ENDIF
      RETURN
      END
C***********************************
      SUBROUTINE PMLEZ(I,J,K)
      INCLUDE 'common.h'
      XJ=1*J
      XI=1*I
      EPSF=EPSP(IDTHRE(I,J,K)+1)/EPS0
      IF(J.LE.NYB) THEN
      ESIGMAY=SIGMAYE(IDPML(I,J,K))*EPSF*((XNPML-XJ+1.)/XNPML)**2.
      ELSE
      ESIGMAY=SIGMAYE(IDPML(I,J,K))*EPSF*((XJ-YN+XNPML)/XNPML)**2.
      ENDIF
      IF(I.LE.NXB) THEN
      ESIGMAX=SIGMAXE(IDPML(I,J,K))*EPSF*((XNPML-XI+1.)/XNPML)**2.
      ELSE
      ESIGMAX=SIGMAXE(IDPML(I,J,K))*EPSF*((XI-XN+XNPML)/XNPML)**2.
      ENDIF
      IF (ESIGMAY.LE.0.) THEN
      DTESY=1.
      DTESDY=DT/(DELY*EPSP(IDTHRE(I,J,K)+1))
      ELSE
      DTESY=EXP(-(ESIGMAY*DT)/EPSP(IDTHRE(I,J,K)+1))
      DTESDY=(1.-DTESY)/(ESIGMAY*DELY)
      ENDIF
      IF (ESIGMAX.LE.0.) THEN
```

```
      DTESX=1.
      DTESDX=DT/(DELX*EPSP(IDTHRE(I,J,K)+1))
      ELSE
      DTESX=EXP(-(ESIGMAX*DT)/EPSP(IDTHRE(I,J,K)+1))
      DTESDX=(1.-DTESX)/(ESIGMAX*DELX)
      ENDIF
C
C PML INTERFACE
C
      IF (I.EQ.NXBP1.AND.J.GT.NYBP1.AND.J.LT.NYS
     $ .AND.K.GT.NZB.AND.K.LT.NZS) THEN
      IF (IDTHRE(I,J,K).EQ.0) THEN
      EZ(I,J,K)=EZ(I,J,K)+(HY(I,J,K)-HYX(I-1,J,K)
     $ -HYZ(I-1,J,K))*DTEDX
     $ -(HX(I,J,K)-HX(I,J-1,K))*DTEDY
      ELSEIF (IDTHRE(I,J,K).EQ.1) THEN
      EZ(I,J,K)=0.0
      ELSE
      EZ(I,J,K)=EZ(I,J,K)*ESB(IDTHRE(I,J,K))
     $ +(HY(I,J,K)-HYX(I-1,J,K)-HYZ(I-1,J,K))*ECRLX(IDTHRE(I,J,K))
     $ -(HX(I,J,K)-HX(I,J-1,K))
     $ *ECRLY(IDTHRE(I,J,K))
      ENDIF
      ELSEIF (I.GT.NXBP1.AND.I.LT.NXS.AND.J.EQ.NYBP1
     $ .AND.K.GT.NZB.AND.K.LT.NZS) THEN
      IF (IDTHRE(I,J,K).EQ.0) THEN
      EZ(I,J,K)=EZ(I,J,K)+(HY(I,J,K)
     $ -HY(I-1,J,K))*DTEDX
     $ -(HX(I,J,K)-HXY(I,J-1,K)-HXZ(I,J-1,K))*DTEDY
      ELSEIF (IDTHRE(I,J,K).EQ.1) THEN
      EZ(I,J,K)=0.0
      ELSE
      EZ(I,J,K)=EZ(I,J,K)*ESB(IDTHRE(I,J,K))
     $ +(HY(I,J,K)-HY(I-1,J,K))*ECRLX(IDTHRE(I,J,K))
```

```
    $ -(HX(I,J,K)-HXY(I,J-1,K)-HXZ(I,J-1,K))
    $ *ECRLY(IDTHRE(I,J,K))
ENDIF
ELSEIF (I.GT.NXB.AND.I.LT.NXS.AND.J.EQ.NYS
    $ .AND.K.GT.NZB.AND.K.LT.NZS) THEN
IF(IDTHRE(I,J,K).EQ.1) THEN
EZX(I,J,K)=0.0
EZY(I,J,K)=0.0
ELSE
EZY(I,J,K)=EZY(I,J,K)*DTESY-(HXY(I,J,K)+HXZ(I,J,K)
    $ -HX(I,J-1,K))*DTESDY
EZX(I,J,K)=EZX(I,J,K)*DTESX+(HYX(I,J,K)+HYZ(I,J,K)
    $ -HYX(I-1,J,K)-HYZ(I-1,J,K))*DTESDX
ENDIF
ELSEIF (I.EQ.NXS.AND.J.GT.NYB.AND.J.LT.NYS
    $ .AND.K.GT.NZB.AND.K.LT.NZS) THEN
IF(IDTHRE(I,J,K).EQ.1) THEN
EZX(I,J,K)=0.0
EZY(I,J,K)=0.0
ELSE
EZX(I,J,K)=EZX(I,J,K)*DTESX+(HYX(I,J,K)+HYZ(I,J,K)
    $ -HY(I-1,J,K))*DTESDX
EZY(I,J,K)=EZY(I,J,K)*DTESY-(HXY(I,J,K)+HXZ(I,J,K)
    $ -HXY(I,J-1,K)-HXZ(I,J-1,K))*DTESDY
ENDIF
ELSEIF (I.EQ.NXBP1.AND.J.EQ.NYBP1
    $ .AND.K.GT.NZB.AND.K.LT.NZS) THEN
IF(IDTHRE(I,J,K).EQ.0) THEN
EZ(I,J,K)=EZ(I,J,K)+
    $ (HY(I,J,K)-HYX(I-1,J,K)-HYZ(I-1,J,K))*DTEDX
    $ -(HX(I,J,K)-HXY(I,J-1,K)-HXZ(I,J-1,K))*DTEDY
ELSEIF(IDTHRE(I,J,K).EQ.1) THEN
EZ(I,J,K)=0.0
ELSE
```

```
      EZ(I,J,K)=EZ(I,J,K)*ESB(IDTHRE(I,J,K))
     $ +(HY(I,J,K)-HYX(I-1,J,K)-HYZ(I-1,J,K))*ECRLX(IDTHRE(I,J,K))
     $ -(HX(I,J,K)-HXY(I,J-1,K)-HXZ(I,J-1,K))
     $ *ECRLY(IDTHRE(I,J,K))
      ENDIF
C
C PML
C
      ELSE
      IF(IDTHRE(I,J,K).EQ.1) THEN
      EZX(I,J,K)=0.0
      EZY(I,J,K)=0.0
      ELSE
      EZX(I,J,K)=EZX(I,J,K)*DTESX+(HYX(I,J,K)+HYZ(I,J,K)
     $ -HYX(I-1,J,K)-HYZ(I-1,J,K))*DTESDX
      EZY(I,J,K)=EZY(I,J,K)*DTESY-(HXY(I,J,K)+HXZ(I,J,K)
     $ -HXY(I,J-1,K)-HXZ(I,J-1,K))*DTESDY
      ENDIF
      ENDIF
      RETURN
      END
C*****************************************
      SUBROUTINE PMLHX(I,J,K)
      INCLUDE 'common.h'
      XJ=1*J
      XK=1*K
      IF(J.LE.NYB) THEN
      HSIGMAY=SIGMAYH(IDPML(I,J,K))*((XNPML-XJ+0.5)/XNPML)**2.
      ELSE
      HSIGMAY=SIGMAYH(IDPML(I,J,K))*((XJ-YN+XNPML+0.5)/XNPML)**2.
      ENDIF
      IF(K.LE.NZB) THEN
      HSIGMAZ=SIGMAZH(IDPML(I,J,K))*((XNPML-XK+0.5)/XNPML)**2.
      ELSE
```

```
        HSIGMAZ=SIGMAZH(IDPML(I,J,K))*((XK-ZN+XNPML+0.5)/XNPML)**2.
      ENDIF
      IF (HSIGMAZ.LE.0.) THEN
      DTMSZ=1.
      DTMSDZ=DT/(DELZ*XMU0)
      ELSE
      DTMSZ=EXP(-(HSIGMAZ*DT)/XMU0)
      DTMSDZ=(1.-DTMSZ)/(HSIGMAZ*DELZ)
      ENDIF
      IF (HSIGMAY.LE.0.) THEN
      DTMSY=1.
      DTMSDY=DT/(DELY*XMU0)
      ELSE
      DTMSY=EXP(-(HSIGMAY*DT)/XMU0)
      DTMSDY=(1.-DTMSY)/(HSIGMAY*DELY)
      ENDIF
C
C PML INTERFACE
C
      IF (I.GT.NXB.AND.I.LT.NXS.AND.J.EQ.NYSM1
     $ .AND.K.GT.NZB.AND.K.LT.NZSM1) THEN
      HX(I,J,K)=HX(I,J,K)-(EZX(I,J+1,K)+EZY(I,J+1,K)
     $ -EZ(I,J,K))*DTMDY+(EY(I,J,K+1)-EY(I,J,K))*DTMDZ
      ELSEIF (I.GT.NXB.AND.I.LT.NXS.AND.J.GT.NYB.AND.J.LT.NYSM1
     $ .AND.K.EQ.NZSM1) THEN
      HX(I,J,K)=HX(I,J,K)-(EZ(I,J+1,K)-EZ(I,J,K))*DTMDY
     $ +(EYX(I,J,K+1)+EYZ(I,J,K+1)-EY(I,J,K))*DTMDZ
      ELSEIF (I.GT.NXB.AND.I.LT.NXS.AND.J.EQ.NYB
     $ .AND.K.GT.NZB.AND.K.LT.NZS) THEN
      HXY(I,J,K)=HXY(I,J,K)*DTMSY-(EZ(I,J+1,K)
     $ -EZX(I,J,K)-EZY(I,J,K))*DTMSDY
      HXZ(I,J,K)=HXZ(I,J,K)*DTMSZ+(EYX(I,J,K+1)+EYZ(I,J,K+1)
     $ -EYX(I,J,K)-EYZ(I,J,K))*DTMSDZ
      ELSEIF (I.GT.NXB.AND.I.LT.NXS.AND.J.GT.NYB.AND.J.LT.NYS
```

```
    $ . AND. K. EQ. NZB) THEN
      HXZ(I,J,K)=HXZ(I,J,K)*DTMSZ+(EY(I,J,K+1)
    $ -EYX(I,J,K)-EYZ(I,J,K))*DTMSDZ
      HXY(I,J,K)=HXY(I,J,K)*DTMSY-(EZX(I,J+1,K)+EZY(I,J+1,K)
    $ -EZX(I,J,K)-EZY(I,J,K))*DTMSDY
      ELSEIF (I. GT. NXB. AND. I. LT. NXS. AND. J. EQ. NYSM1
    $ . AND. K. EQ. NZSM1) THEN
      HX(I,J,K)=HX(I,J,K)
    $ -(EZX(I,J+1,K)+EZY(I,J+1,K)-EZ(I,J,K))*DTMDY
    $ +(EYX(I,J,K+1)+EYZ(I,J,K+1)-EY(I,J,K))*DTMDZ
C
C PML
C
      ELSE
      HXY(I,J,K)=HXY(I,J,K)*DTMSY
    $ -(EZX(I,J+1,K)+EZY(I,J+1,K)
    $ -EZX(I,J,K)-EZY(I,J,K))*DTMSDY
      HXZ(I,J,K)=HXZ(I,J,K)*DTMSZ
    $ +(EYX(I,J,K+1)+EYZ(I,J,K+1)
    $ -EYX(I,J,K)-EYZ(I,J,K))*DTMSDZ
      ENDIF
      RETURN
      END
C***********************************
      SUBROUTINE PMLHY(I,J,K)
      INCLUDE 'common. h'
      XI=1*I
      XK=1*K
      IF(I. LE. NXB) THEN
      HSIGMAX=SIGMAXH(IDPML(I,J,K))*((XNPML-XI+0.5)/XNPML)**2.
      ELSE
      HSIGMAX=SIGMAXH(IDPML(I,J,K))*((XI-XN+XNPML+0.5)/XNPML)**2.
      ENDIF
      IF(K. LE. NZB) THEN
```

HSIGMAZ=SIGMAZH(IDPML(I,J,K))*((XNPML-XK+0.5)/XNPML)**2.
ELSE
HSIGMAZ=SIGMAZH(IDPML(I,J,K))*((XK-ZN+XNPML+0.5)/XNPML)**2.
ENDIF
IF (HSIGMAZ.LE.0.) THEN
DTMSZ=1.
DTMSDZ=DT/(DELZ*XMU0)
ELSE
DTMSZ=EXP(-(HSIGMAZ*DT)/XMU0)
DTMSDZ=(1.-DTMSZ)/(HSIGMAZ*DELZ)
ENDIF
IF (HSIGMAX.LE.0.) THEN
DTMSX=1.
DTMSDX=DT/(DELX*XMU0)
ELSE
DTMSX=EXP(-(HSIGMAX*DT)/XMU0)
DTMSDX=(1.-DTMSX)/(HSIGMAX*DELX)
ENDIF
C
C PML INTERFACE
C
IF (I.EQ.NXSM1.AND.J.GT.NYB.AND.J.LT.NYS
$ .AND.K.GT.NZB.AND.K.LT.NZSM1) THEN
HY(I,J,K)=HY(I,J,K)-(EX(I,J,K+1)-EX(I,J,K))*DTMDZ
$ +(EZX(I+1,J,K)+EZY(I+1,J,K)-EZ(I,J,K))*DTMDX
ELSEIF (I.GT.NXB.AND.I.LT.NXSM1.AND.J.GT.NYB.AND.J.LT.NYS
$ .AND.K.EQ.NZSM1) THEN
HY(I,J,K)=HY(I,J,K)-(EXY(I,J,K+1)+EXZ(I,J,K+1)
$ -EX(I,J,K))*DTMDZ+(EZ(I+1,J,K)-EZ(I,J,K))*DTMDX
ELSEIF (I.EQ.NXSM1.AND.J.GT.NYB.AND.J.LT.NYS
$ .AND.K.EQ.NZSM1) THEN
HY(I,J,K)=HY(I,J,K)-(EXY(I,J,K+1)+EXZ(I,J,K+1)
$ -EX(I,J,K))*DTMDZ
$ +(EZX(I+1,J,K)+EZY(I+1,J,K)-EZ(I,J,K))*DTMDX

```fortran
      ELSEIF (I. EQ. NXB. AND. J. GT. NYB. AND. J. LT. NYS
     $ . AND. K. GT. NZB. AND. K. LT. NZS) THEN
      HYX(I,J,K)=HYX(I,J,K)*DTMSX+(EZ(I+1,J,K)
     $ -EZX(I,J,K)-EZY(I,J,K))*DTMSDX
      HYZ(I,J,K)=HYZ(I,J,K)*DTMSZ-(EXY(I,J,K+1)+EXZ(I,J,K+1)
     $ -EXY(I,J,K)-EXZ(I,J,K))*DTMSDZ
      ELSEIF (I. GT. NXB. AND. I. LT. NXS. AND. J. GT. NYB. AND. J. LT. NYS
     $ . AND. K. EQ. NZB) THEN
      HYZ(I,J,K)=HYZ(I,J,K)*DTMSZ-(EX(I,J,K+1)
     $ -EXY(I,J,K)-EXZ(I,J,K))*DTMSDZ
      HYX(I,J,K)=HYX(I,J,K)*DTMSX+(EZX(I+1,J,K)+EZY(I+1,J,K)
     $ -EZX(I,J,K)-EZY(I,J,K))*DTMSDX
C
C PML
C
      ELSE
      HYX(I,J,K)=HYX(I,J,K)*DTMSX
     $ +(EZX(I+1,J,K)+EZY(I+1,J,K)
     $ -EZX(I,J,K)-EZY(I,J,K))*DTMSDX
      HYZ(I,J,K)=HYZ(I,J,K)*DTMSZ
     $ -(EXY(I,J,K+1)+EXZ(I,J,K+1)
     $ -EXY(I,J,K)-EXZ(I,J,K))*DTMSDZ
      ENDIF
      RETURN
      END
C*************************************
      SUBROUTINE PMLHZ(I,J,K)
      INCLUDE 'common. h'
      XJ=1*J
      XI=1*I
      IF(I. LE. NXB) THEN
      HSIGMAX=SIGMAXH(IDPML(I,J,K))*((XNPML-XI+0.5)/XNPML)**2.
      ELSE
      HSIGMAX=SIGMAXH(IDPML(I,J,K))*((XI-XN+XNPML+0.5)/XNPML)**2.
```

```
ENDIF
IF(J.LE.NYB) THEN
HSIGMAY=SIGMAYH(IDPML(I,J,K))*((XNPML-XJ+0.5)/XNPML)**2.
ELSE
HSIGMAY=SIGMAYH(IDPML(I,J,K))*((XJ-YN+XNPML+0.5)/XNPML)**2.
ENDIF
IF (HSIGMAY.LE.0.) THEN
DTMSY=1.
DTMSDY=DT/(DELY*XMU0)
ELSE
DTMSY=EXP(-(HSIGMAY*DT)/XMU0)
DTMSDY=(1.-DTMSY)/(HSIGMAY*DELY)
ENDIF
IF (HSIGMAX.LE.0.) THEN
DTMSX=1.
DTMSDX=DT/(DELX*XMU0)
ELSE
DTMSX=EXP(-(HSIGMAX*DT)/XMU0)
DTMSDX=(1.-DTMSX)/(HSIGMAX*DELX)
ENDIF
C
C PML INTERFACE
C
IF (I.EQ.NXSM1.AND.J.GT.NYB.AND.J.LT.NYSM1
$ .AND.K.GT.NZB.AND.K.LT.NZS) THEN
HZ(I,J,K)=HZ(I,J,K)-(EYX(I+1,J,K)+EYZ(I+1,J,K)
$ -EY(I,J,K))*DTMDX+(EX(I,J+1,K)-EX(I,J,K))*DTMDY
ELSEIF (I.GT.NXB.AND.I.LT.NXSM1.AND.J.EQ.NYSM1
$ .AND.K.GT.NZB.AND.K.LT.NZS) THEN
HZ(I,J,K)=HZ(I,J,K)-(EY(I+1,J,K)-EY(I,J,K))*DTMDX
$ +(EXY(I,J+1,K)+EXZ(I,J+1,K)-EX(I,J,K))*DTMDY
ELSEIF (I.GT.NXB.AND.I.LT.NXS.AND.J.EQ.NYB
$ .AND.K.GT.NZB.AND.K.LT.NZS) THEN
HZY(I,J,K)=HZY(I,J,K)*DTMSY+(EX(I,J+1,K)
```

```
     $ -EXY(I,J,K)-EXZ(I,J,K)) * DTMSDY
      HZX(I,J,K)=HZX(I,J,K) * DTMSX-(EYX(I+1,J,K)+EYZ(I+1,J,K)
     $ -EYX(I,J,K)-EYZ(I,J,K)) * DTMSDX
      ELSEIF (I. EQ. NXB. AND. J. GT. NYB. AND. J. LT. NYS
     $ . AND. K. GT. NZB. AND. K. LT. NZS) THEN
      HZX(I,J,K)=HZX(I,J,K) * DTMSX-(EY(I+1,J,K)
     $ -EYX(I,J,K)-EYZ(I,J,K)) * DTMSDX
      HZY(I,J,K)=HZY(I,J,K) * DTMSY+(EXY(I,J+1,K)+EXZ(I,J+1,K)
     $ -EXY(I,J,K)-EXZ(I,J,K)) * DTMSDY
      ELSEIF (I. EQ. NXSM1. AND. J. EQ. NYSM1
     $ . AND. K. GT. NZB. AND. K. LT. NZS) THEN
      HZ(I,J,K)=HZ(I,J,K)-(EYX(I+1,J,K)+EYZ(I+1,J,K)
     $ -EY(I,J,K)) * DTMDX
     $ +(EXY(I,J+1,K)+EXZ(I,J+1,K)-EX(I,J,K)) * DTMDY
C
C PML
C
      ELSE
      HZX(I,J,K)=HZX(I,J,K) * DTMSX
     $ -(EYX(I+1,J,K)+EYZ(I+1,J,K)
     $ -EYX(I,J,K)-EYZ(I,J,K)) * DTMSDX
      HZY(I,J,K)=HZY(I,J,K) * DTMSY
     $ +(EXY(I,J+1,K)+EXZ(I,J+1,K)
     $ -EXY(I,J,K)-EXZ(I,J,K)) * DTMSDY
      ENDIF
      RETURN
      END
C * * * * * * * * * * * * * * * * * * * * * * * * * * * * *
      SUBROUTINE DATSAV
      INCLUDE 'common. h'
      real * 8 dum1C,dum2,dum3
      integer i,j,k,ii,jj,nptC,iarr(3),charge(nx)
      integer iminfcap,imaxfcap,jminfcap,jmaxfcap,kfeedcap,
     & jmidf,jmida,kaperturecap
```

      common / comcapacloc / iminfcap,imaxfcap,jminfcap,jmaxfcap,
     & kfeedcap,kaperturecap
C -----------------------------------------------------------------------------------
C To completely specify a sampling point, the user must specify
C 4 parameters: NTYPE, IOBS, JOBS, and KOBS.
C NTYPE for point L is specified by NTYPE(L).
C NTYPE controls what quantities are sampled as follows:
C 1=EX (scattered x-component of electric field)
C 2=EY (scattered y-component of electric field)
C 3=EZ (scattered z-component of electric field)
C 4=HX (scattered x-component of magnetic field)
C 5=HY (scattered y-component of magnetic field)
C 6=HZ (scattered z-component of magnetic field)
C 7=IX (x-component of current through rectangular loop of H)
C 8=IY (y-component of current through rectangular loop of H)
C 9=IZ (z-component of current through rectangular loop of H)
C IOBS(L), JOBS(L) AND KOBS(L) specify the I, J, and K coordinates
C of the point L. Thus, for point 1, the user would specify
C NTYPE(1), IOBS(1), JOBS(1) and KOBS(1). For point 2, the
C user would specify NTYPE(2), IOBS(2), JOBS(2), KOBS(2).
C The exact locations of a component within a cell follows that
C of the Yee cell.
C As an example, the following 4 lines save EY at the point
C (33,26,22):
C NTYPE(1)=2
C IOBS(1)=33
C JOBS(1)=26
C KOBS(1)=22
C
C To sample total field, issue a statement to add in the appropriate
C incident field. These total field save statements should be added
C directly after the "3000 CONTINUE" statement near the end of this
C SUBPROGRAM to override any previous assignment to STORE(NPT).
C Make certain to back up the incident field by 1 time step (DT)

C for sampling total E fields and by 1/2 time step (DT/2.0) for
C sampling total H fields. For example, to store total EX field
C at sample point 3, issue the following 3 statements:
C T=T-DT
C STORE(3)=EX(IOBS(3),JOBS(3),KOBS(3))+
C 2 EXI(IOBS(3),JOBS(3),KOBS(3))
C T=T+DT
C --------------------------------------------------------------------------------
C For the first time through (i.e. N=1), do some initializations:
IF (N.NE.1) GO TO 10
C User-defined test point cell location(s). There should be NTEST
C occurrences of NTYPE and [I,J,K]OBS defined. Unless total fields
C are desired, this is probably the only part of this SUBROUTINE
C the user will need to change.
    ntype(1)=13
    ntype(2)=13
    ntype(3)=13
    ntype(4)=13
    ntype(5)=13
    ntype(6)=13
    ntype(7)=13
    ntype(8)=13
    ntype(9)=15
    ntype(10)=16
    ntype(11)=1
    ntype(12)=2
    ntype(13)=3
    ntype(14)=1
    ntype(15)=2
    ntype(16)=3
    ntype(17)=1
    ntype(18)=2
    ntype(19)=3
    ntype(20)=1

ntype(21)=2
ntype(22)=3
ntype(23)=1
ntype(24)=2
ntype(25)=3
ntype(26)=1
ntype(27)=2
ntype(28)=3
ntype(29)=1
ntype(30)=2
ntype(31)=3
ntype(32)=1
ntype(33)=2
ntype(34)=3
ntype(35)=1
ntype(36)=2
ntype(37)=3
ntype(38)=1
ntype(39)=2
ntype(40)=3
ntype(41)=1
ntype(42)=2
ntype(43)=3
ntype(44)=1
ntype(45)=2
ntype(46)=3
ntype(47)=1
ntype(48)=2
ntype(49)=3
ntype(50)=1
ntype(51)=2
ntype(52)=3
ntype(53)=1
ntype(54)=2

ntype(55)=3

ntype(56)=1

ntype(57)=2

ntype(58)=3

C DEFINE "NTEST" TEST POINT CELL LOCATION(S) HERE：

C Locations for observing voltage between plates ("iobs" value is not used)：

iobs(1)=iminfcap -2

jobs(1)=(jminfcap + jmaxfcap) / 2

kobs(1)=(kfeedcap + kaperturecap) / 2

iobs(2)=iminfcap -1

jobs(2)=(jminfcap + jmaxfcap) / 2

kobs(2)=(kfeedcap + kaperturecap) / 2

iobs(3)=iminfcap

jobs(3)=(jminfcap + jmaxfcap) / 2

kobs(3)=(kfeedcap + kaperturecap) / 2

iobs(4)=iminfcap + 1

jobs(4)=(jminfcap + jmaxfcap) / 2

kobs(4)=(kfeedcap + kaperturecap) / 2

iobs(5)=iminfcap + 2

jobs(5)=(jminfcap + jmaxfcap) / 2

kobs(5)=(kfeedcap + kaperturecap) / 2

iobs(6)=iminfcap + 3

jobs(6)=(jminfcap + jmaxfcap) / 2

kobs(6)=(kfeedcap + kaperturecap) / 2

iobs(7)=iminfcap + 4

jobs(7)=(jminfcap + jmaxfcap) / 2

kobs(7)=(kfeedcap + kaperturecap) / 2

iobs(8)=iminfcap + 5

jobs(8)=(jminfcap + jmaxfcap) / 2

kobs(8)=(kfeedcap + kaperturecap) / 2

iobs(9)=iminfcap + 5

jobs(9)=(jminfcap + jmaxfcap) / 2

kobs(9)=(kfeedcap + kaperturecap) / 2

iobs(10)=iminfcap + 6

jobs(10)=(jminfcap + jmaxfcap) / 2
kobs(10)=(kfeedcap + kaperturecap) / 2
iobs(11)=imina + 2
jobs(11)=(jmina + jmaxa) / 2
kobs(11)=kfeed + 2
iobs(12)=imina + 2
jobs(12)=(jmina + jmaxa) / 2
kobs(12)=kfeed + 2
iobs(13)=imina + 2
jobs(13)=(jmina + jmaxa) / 2
kobs(13)=kfeed + 2
iobs(14)=imina + 2
jobs(14)=(jmina + jmaxa) / 2
kobs(14)=100
iobs(15)=imina + 2
jobs(15)=(jmina + jmaxa) / 2
kobs(15)=100
iobs(16)=imina + 2
jobs(16)=(jmina + jmaxa) / 2
kobs(16)=100
iobs(17)=25
jobs(17)=(jmina + jmaxa) / 2
kobs(17)=100
iobs(18)=25
jobs(18)=(jmina + jmaxa) / 2
kobs(18)=100
iobs(19)=25
jobs(19)=(jmina + jmaxa) / 2
kobs(19)=100
iobs(20)=35
jobs(20)=(jmina + jmaxa) / 2
kobs(20)=100
iobs(21)=35
jobs(21)=(jmina + jmaxa) / 2

kobs(21)=100

iobs(22)=35

jobs(22)=(jmina + jmaxa) / 2

kobs(22)=100

iobs(23)=17

jobs(23)=(jmina + jmaxa) / 2

kobs(23)=200

iobs(24)=17

jobs(24)=(jmina + jmaxa) / 2

kobs(24)=200

iobs(25)=17

jobs(25)=(jmina + jmaxa) / 2

kobs(25)=200

iobs(26)=40

jobs(26)=(jmina + jmaxa) / 2

kobs(26)=200

iobs(27)=40

jobs(27)=(jmina + jmaxa) / 2

kobs(27)=200

iobs(28)=40

jobs(28)=(jmina + jmaxa) / 2

kobs(28)=200

iobs(29)=60

jobs(29)=(jmina + jmaxa) / 2

kobs(29)=200

iobs(30)=60

jobs(30)=(jmina + jmaxa) / 2

kobs(30)=200

iobs(31)=60

jobs(31)=(jmina + jmaxa) / 2

kobs(31)=200

iobs(32)=17

jobs(32)=(jmina + jmaxa) / 2

kobs(32)=300

iobs(33)=17
jobs(33)=(jmina + jmaxa) / 2
kobs(33)=300
iobs(34)=17
jobs(34)=(jmina + jmaxa) / 2
kobs(34)=300
iobs(35)=50
jobs(35)=(jmina + jmaxa) / 2
kobs(35)=300
iobs(36)=50
jobs(36)=(jmina + jmaxa) / 2
kobs(36)=300
iobs(37)=50
jobs(37)=(jmina + jmaxa) / 2
kobs(37)=300
iobs(38)=85
jobs(38)=(jmina + jmaxa) / 2
kobs(38)=300
iobs(39)=85
jobs(39)=(jmina + jmaxa) / 2
kobs(39)=300
iobs(40)=85
jobs(40)=(jmina + jmaxa) / 2
kobs(40)=300
iobs(41)=17
jobs(41)=(jmina + jmaxa) / 2
kobs(41)=420
iobs(42)=17
jobs(42)=(jmina + jmaxa) / 2
kobs(42)=420
iobs(43)=17
jobs(43)=(jmina + jmaxa) / 2
kobs(43)=420
iobs(44)=55

jobs(44)=(jmina + jmaxa) / 2
kobs(44)=420
iobs(45)=55
jobs(45)=(jmina + jmaxa) / 2
kobs(45)=420
iobs(46)=55
jobs(46)=(jmina + jmaxa) / 2
kobs(46)=420
iobs(47)=90
jobs(47)=(jmina + jmaxa) / 2
kobs(47)=420
iobs(48)=90
jobs(48)=(jmina + jmaxa) / 2
kobs(48)=420
iobs(49)=90
jobs(49)=(jmina + jmaxa) / 2
kobs(49)=420
iobs(50)=17
jobs(50)=(jmina + jmaxa) / 2
kobs(50)=520
iobs(51)=17
jobs(51)=(jmina + jmaxa) / 2
kobs(51)=520
iobs(52)=17
jobs(52)=(jmina + jmaxa) / 2
kobs(52)=520
iobs(53)=55
jobs(53)=(jmina + jmaxa) / 2
kobs(53)=520
iobs(54)=55
jobs(54)=(jmina + jmaxa) / 2
kobs(54)=520
iobs(55)=55
jobs(55)=(jmina + jmaxa) / 2

```
kobs(55)=520
iobs(56)=90
jobs(56)=(jmina + jmaxa) / 2
kobs(56)=520
iobs(57)=90
jobs(57)=(jmina + jmaxa) / 2
kobs(57)=520
iobs(58)=90
jobs(58)=(jmina + jmaxa) / 2
kobs(58)=520
write(14,229) (ntype(j),iobs(j),jobs(j),kobs(j),j=1,ntest)
229 format(' (ntype, iobs, jobs, kobs)= ',/,4(i3,1x))
C Initialize some variables.
DO 5 II=1,NTEST
5 STORE (II)=0.0d0
NPTS=NTEST
C Print header info and check [I,J,K]OBS to see that they are in
C range. Write header to data file and to DIAGS3D.DAT.
WRITE (17,1400) DELX,DELY,DELZ,DT,NSTOP,NPTS
WRITE (17,1500) NPTS
1400 FORMAT (T2,E12.5,2X,E12.5,2X,E12.5,3X,E14.7,3X,I6,3X,I3)
1500 FORMAT (T2,'QUANTITIES SAMPLED AND SAVED AT',I4,' LOCA-
TIONS',/)
DO 1700 NPT=1,NPTS
WRITE (17,1800) NPT,NTYPE(NPT),IOBS(NPT),JOBS(NPT),KOBS(NPT)
IF (IOBS(NPT).GT.NX) GO TO 1600
IF (IOBS(NPT).LT.1) GO TO 1600
IF (JOBS(NPT).GT.NY) GO TO 1600
IF (JOBS(NPT).LT.1) GO TO 1600
IF (KOBS(NPT).GT.NZ) GO TO 1600
IF (KOBS(NPT).LT.1) GO TO 1600
GO TO 1700
1600 WRITE (17,*) 'ERROR IN IOBS, JOBS OR KOBS FOR SAMPLING'
WRITE (17,*) 'POINT ',NPT
```

```
WRITE (17, * ) 'EXECUTION HALTED.'
CLOSE (UNIT=10)
CLOSE (UNIT=17)
CLOSE (UNIT=30)
STOP
1700 CONTINUE
1800 FORMAT (T2,'SAMPLE:',I4,', NTYPE=',I4,', SAMPLED AT CELL I=',
& I4,', J=',I4,', K=',I4,/)
C Check for ERROR in NTYPE specification:
DO 20 NPT=1,NTEST
IF ((NTYPE(NPT).GE.17).OR.(NTYPE(NPTS).LE.0)) THEN
WRITE (17, * ) 'ERROR IN NTYPE FOR SAMPLING POINT ',NPT
WRITE (17, * ) 'EXECUTION HALTED.'
CLOSE (UNIT=10)
CLOSE (UNIT=17)
CLOSE (UNIT=30)
STOP
ENDIF
20 CONTINUE
C Finished with initialization.
C * * * * * * * * * * * * * * * * * * * * * * * * * * * * * * * *
C
C Cycle through all NTEST sample locations:
10 continue
DO 3000 NPT=1,NTEST
C Put desired quantity for this sample location into STORE(NPT).
I=IOBS(NPT)
J=JOBS(NPT)
K=KOBS(NPT)
IF (NTYPE(NPT).EQ.1) STORE(NPT)=EX(I,J,K)
IF (NTYPE(NPT).EQ.2) STORE(NPT)=EY(I,J,K)
IF (NTYPE(NPT).EQ.3) STORE(NPT)=EZ(I,J,K)
IF (NTYPE(NPT).EQ.4) STORE(NPT)=HX(I,J,K)
IF (NTYPE(NPT).EQ.5) STORE(NPT)=HY(I,J,K)
```

```
IF (NTYPE(NPT).EQ.6) STORE(NPT)=HZ(I,J,K)
IF (NTYPE(NPT).EQ.10) THEN
k=kobs(npt)
STORE(NPT)=0.0d0
c Sum contributions from all cells at feed point on top plate:
do 123 j=jmina -4, jmaxa + 4
do 123 i=iminf -4, iminf + 4
ii=i
jj=j
STORE(NPT)=STORE(NPT)+(-HX(II,JJ,K)+
& HX(II,JJ-1,K)) * DELX+
& (HY(II,JJ,K)-HY(II-1,JJ,K)) * DELY
123 continue
ENDIF
IF (NTYPE(NPT).EQ.13) THEN
store(npt)=0.0
i=iobs(npt)
j=jobs(npt)
k=kobs(npt)
dum1=(EX(i+1,j+1,k+1) -EX(i,j+1,k+1)) * dely * delz
dum1=dum1 + (EY(i+1,j+1,k+1) -EY(i+1,j,k+1)) *
& delx * delz
dum1=dum1 + (EZ(i+1,j+1,k+1) -EZ(i+1,j+1,k)) *
& delx * dely
store(npt)=store(npt) + dum1 * eps0
endif
C DIAGNOSTIC #15: Total charge stored in a set of cells (from Gauss law):
C The cell has I-values starting at "iobs(npt)". (J,K) vary over the range
C specified in the do-loops below.
IF (NTYPE(NPT).EQ.15) THEN
store(npt)=0.0d0
do 121 i=iminfcap -2, iminfcap + 1
do 121 j=jminfcap-1,jmaxfcap+1
do 121 k=kfeedcap-2,kaperturecap
```

dum1＝(EX(i,j,k) -EX(i-1,j,k)) * dely * delz
dum1＝dum1 ＋ (EY(i,j,k) -EY(i,j-1,k)) * delx * delz
dum1＝dum1 ＋ (EZ(i,j,k) -EZ(i,j,k-1)) * delx * dely
store(npt)＝store(npt) ＋ dum1
121 continue
store(npt)＝store(npt) * eps0 * EPS(2)
endif
C DIAGNOSTIC #16: Voltage between capacitor plates (excluding cells
C containing the plates themselves):
C Line integral of "E_x" in the x-direction, at the specified (j,k):
IF (NTYPE(NPT).EQ.16) THEN
j＝jobs(npt)
k＝kobs(npt)
store(npt)＝0.0d0
do 129 i＝iminfcap,imaxfcap
129 STORE(NPT)＝STORE(NPT) ＋ EX(i,j,k)
store(npt)＝store(npt) * delx
ENDIF
3000 CONTINUE
NPTS＝NTEST
WRITE(10,12) t,(STORE(II),II＝1,NPTS)
12 format(1x,59(e12.6,1x))
RETURN
END
C COMMON.H
C
C PARAMETERS AND VARIABLES MOST COMMONLY USED ARE DEFINED IN A HEADER
C FILE " COMMON.H ". THIS HEADER FILE IS THEN SHARED IN EVERY SUBROUTINE
C BY INCORPORATING THE STATEMENT " INCLUDE 'COMMON.H' ". PLEASE SEE ITS
C IMPLEMENTATION IN THE SUBROUTINE DEFINED ABOVE IN THE COMPUTER

```
C PROGRAM 'EMPSIM. F'.
      PARAMETER (NPML=8)
      PARAMETER (NX=110,NY=156,NZ=600)
      PARAMETER (NX1=NX-1,NY1=NY-1,NZ1=NZ-1)
      PARAMETER (NTEST=58)
      PARAMETER (NSTOP=4000)
      PARAMETER (AMP=1.0,PI=3.1415927)
      PARAMETER (EPS0=8.854E-12,XMU0=1.2566306E-6,ETA0=376.733341)
      PARAMETER (NDIM=10, MXDIM=4020)
C * * * * * * * * * * * * FOR PML * * * * * * * * * * * * * * * *
      PARAMETER (NXB=8,NYB=8,NZB=8,NXS=NX-8,NYS=NY-8,NZS=NZ-8)
      PARAMETER (XN=1.*NX,YN=1.*NY,ZN=1.*NZ,XNPML=1.*NPML)
      PARAMETER (NXBM1=NXB-1,NYBM1=NYB-1,NZBM1=NZB-1)
      PARAMETER (NXSM1=NXS-1,NYSM1=NYS-1,NZSM1=NZS-1)
      PARAMETER (NXBP1=NXB+1,NYBP1=NYB+1,NZBP1=NZB+1)
      PARAMETER (NXSP1=NXS+1,NYSP1=NYS+1,NZSP1=NZS+1)
C * * * * * * * * * * * * * FOR PML * * * * * * * * * * * * * * *
      COMMON/PML/EXY(NX,NY,NZ),EXZ(NX,NY,NZ),EYX(NX,NY,NZ),
      EYZ(NX,NY,NZ),
      EZX(NX,NY,NZ),EZY(NX,NY,NZ),
     + HXY(NX,NY,NZ),HXZ(NX,NY,NZ),HYX(NX,NY,NZ),HYZ(NX,NY,
      NZ),HZX(NX,NY,NZ),
      HZY(NX,NY,NZ),IDPML(NX,NY,NZ)
      COMMON/PMLTERM/DTESX, DTESY, DTESZ, DTMSX, DTMSY, DTMSZ,
      DTESDX,DTESDY,
      DTESDZ,DTMSDX,DTMSDY,DTMSDZ,
     + SIGMAXE(27),SIGMAYE(27),SIGMAZE(27),SIGMAXH(27),SIGMAYH(27),
      SIGMAZH(27), ESIGMAX,ESIGMAY,
     + ESIGMAZ, HSIGMAX, HSIGMAY, HSIGMAZ, EPSF, ESIGMAM, HSIGMAM
C COMMON VARIABLES USED FOR GEOMETRY SETUP, EM FIELDS, MA-
  TERIALS, AND DATA
C SAVING ARE DEFINED IN THE FOLLOWING:
      COMMON/SAVE/STORE(NTEST),IOBS(NTEST),JOBS(NTEST),KOBS(NTEST),
      NTYPE(NTEST)
```

COMMON /COMHORN/KFEED, KAPERTURE, IMINF, IMAXF, JMINF,
JMAXF, IMINA, IMAXA,
JMINA, JMAXA, ZLENG, IFTOP1, IFTOP2
COMMON/IDS/IDONE(NX,NY,NZ), IDTWO(NX,NY,NZ), IDTHRE(NX,NY,NZ)
COMMON/EF/EX(NX,NY,NZ), EY(NX,NY,NZ), EZ(NX,NY,NZ)
COMMON/HF/HX(NX,NY,NZ), HY(NX,NY,NZ), HZ(NX,NY,NZ)
COMMON/CONSTI/EPS(9), EPSP(9), SIGMA(9), DELX, DELY, DELZ
COMMON/TERMS/ESB(9), ECRLX(9), ECRLY(9), ECRLZ(9), DTEDX, DT-
EDY, DTEDZ,
DTMDX, DTMDY, DTMDZ
COMMON/EXTRA/N, DT, T, C

## 12.4 本章小结

本章给出了模拟 EMP 环境的 FDTD 方法的计算机代码。这将有助于这本书的读者运用计算机代码来模拟特定的 EMP 现象。例如，读者可以通过改变电容器组的充放电时间、开关导通时延和测试对象等来改变 EMP 环境。

# 参 考 文 献

[1] Longmire C L. On the electromagnetic pulse produced by nuclear explosions. IEEE Trans. Antennas Propag. 1978, AP-26(1):3 – 13.

[2] Pandey, D. C. (1995). Five days intensive course on HPE, organized by LRDE, Bangalore, March 1995.

[3] Ghose, R. N. (1984). EMP Environment and System Hardness Design. Gainesville, VA: Interference Control Technologies, Inc.

[4] Pande, D. C. (1995). Nuclear electromagnetic pulse: hardness and assurance. Intensive Course on High Power Electromagnetics (HPE-95), Volume 2.

[5] Mar, M. H. (1995). Electromagnetic pulse (EMP) coupling codes for use with the vulnerability/lethality (V/L) taxonomy. U. S. Army Res. Lab. ARL DTIC 19950830064 (ARL-TR-786):8.

[6] Florig, H. K. (1998). The future battlefield: a blast of gigawatts? IEEE Spectr. 2550-54.

[7] Ying, W., Chemerys, V., Dongsheng, X. (1999). The multi-function EMP simulator. Proceedings of the 12th IEEE Pulsed Power Conference, Monterey, USA (27 – 30 June 1999).

[8] Baum, C. E. (1978). EMP simulators for various types of nuclear EMP environments: an interim categorization. IEEE Trans. Antennas Propag. AP-26 (1):35 – 53.

[9] Schilling, H., Schluter, J., Peters, M. et al. (1995). High voltage generator with fast risetime for EMP simulation. Proceedings of the 10th IEEE International Pulsed Power Conference, Albuquerque, NM, pp. 1359 – 1364.

[10] Shen, H. M., King, R. W. P., Wu, T. T. (1987). The exciting mechanism of the parallel-plate EMP simulator. IEEE Trans. Electromagn. Compat. 29 (1):32 – 39.

[11] Giri, D. V., Liu, T. K., Tesche, F. M. (1980). Parallel plate transmission line type of EMP simulators: a systematic review and recommendations. Sensor and

Simulation Notes, vol. SSN 261.

[12] Bardet, C., Dafif, O., Jecko, B. (1987). Time-domain analysis of a large EMP simulator. IEEE Trans. Electromagn. Compat. EMC-29 (1):40 – 48.

[13] Hoo, K. M. S. (1975). Numerical analysis of a transmission line EMP simulator. IEEE Trans. Electromagn. Compat. EMC-17 (2):85 – 92.

[14] Miller, E. K., Poggio, A. J., Bruke, G. J. (1973). An integrodifferential equation technique for time domain analysis of thin wire structures. J. Comput. Phys. 12 (24):48.

[15] Shen, H.-m., King, R. P., Wu, T. (1983). Theoretical analysis of the rhombic simulator under pulse excitation. IEEE Trans. Electromagn. Compat. EMC-25(1):47 – 55.

[16] Klaasen, J. J. A. (1992). An efficient method for the performance analysis of bounded-wave NEMP simulator. Sensor and Simulation Notes vol. SSN 345.

[17] King, R. W. P., Blejer, D. J. (1979). The electromagnetic field in an EMP simulator at a high frequency. IEEE Trans. Electromagn. Compat. EMC-21 (3):263 –269.

[18] Shlager, K. L., Smith, G. S., Maloney, J. G. (1996). Accurate analysis of TEM horn antenna for pulse radiation. IEEE Trans. Electromagn. Compat. 38 (3):414 – 423.

[19] Utton, T. S. (1999). Ultra-wideband TEM horns, transient arrays and exponential curves:an FDTD look. Master's thesis. Air Force Institute of Technology, WPAFB, USA, Tech. Report. AFIT/GE/ENG/99M – 29.

[20] Yang, F. C., Lee, K. S. H. (1977). Energy confinement of a bounded-wave EMP simulator. Sensor and Simulation Notes, vol. SSN 230.

[21] Baum, C. E. (1972). General principles for the design of Atlas I and II, Part IV:additional considerations for the design of pulsar arrays. Sensor and Simulation Notes, vol. SSN 146.

[22] Sancer, M. I., Varvatsis, A. D. (1973). The reduction of waste energy delivered outside of a parallel-plate simulator fed by a sloped source array. Sensor and Simulation Notes, vol. SSN 162.

[23] Robertson, R. C., Morgan, M. A. (1995). Ultra-wideband impulse receiving antenna design and evaluation. In: Ultra-Wideband Short-Pulse Electromagnetics 2 (ed. L. Carin), 179-186. New York:Plenum Press.

[24] Kanda, M. (1982). The effects of resistive loading of "TEM" horns. IEEE

Trans. Electromagn. Compat. EMC-24 (2):245 – 255.

[25] Wu, T. T. and King, R. W. P. (1965). The cylindrical antenna with non-reflecting resistive loading. IEEE Trans. Antennas Propag. AP-13:369 – 373.

[26] Baum, C. E. (1968). Admittance sheets for terminating high-frequency transmission lines. Sensor and Simulation Notes, Air Force Institute of Technology and California Institute of Technology, vol. SSN 53.

[27] Baum, C. E. (1995). Low frequency compensated TEM horn. Sensor and Simulation Notes, vol. SSN-377.

[28] Rushdi, A. M., Menendez, R. C., Mittra, R., et al. Leaky modes in parallel-plate EMP simulators. IEEE Trans. Electromagn. Compat. EMC-20(3):444 – 451.

[29] Giri, D. V., Baum, C. E., Schilling, H. (1978). Electromagnetic considerations of a spatial modal filter for suppression of non-TEM modes in the transmission-line type of EMP simulators. Sensor and simulation Notes, vol. SSN 247.

[30] Wagner, C. L., Schneider, J. B. (1998). Divergent fields, charge and capacitance in FDTD simulations. IEEE Trans. Microwave Theory Tech. 46(12): 1231 – 1236.

[31] Laboratories, B. (1975). EMP Engineering and Design Principles. Whippany, NJ:Electrical Protection Department, Bell TelephoneLaboratories.

[32] Kunz, K. S., Luebbers, R. J. (1993). The Finite-Difference Time-Domain Method for Electromagnetics. CRC Press.

[33] Taflove, A., Hagness, S. C. (2000). Computational Electrodynamics: The Finite-Difference Time-Domain Method. Artech House, Inc.

[34] Yee, K. S. (1966). Numerical solution of initial boundary value problems involving Maxwell's equations in isotropic media. IEEE Trans. Antennas Propag. AP-14:302 – 307.

[35] Steich, D. J. (1995). Local outer boundary condition for the finite-difference time-domain method applied to Maxwell's equations. PhD thesis. Pennsylvania State University, USA.

[36] Berenger, J. P. (1994). A perfectly matched layer (PML) for the absorption of electromagnetic waves. J. Comput. Phys. 114:185 – 200.

[37] I. The Mathworks (2019). MATLAB version 9.7.0.1261785 (R2019b).

[38] GNU Octave (2019). OCTAVE version 5.1 (2019). https://www.gnu.org/

software/octave/.

[39] Ahmed, S., Sharma, D., Chaturvedi, S. (2003). Modeling of an EMP simulator using a 3-D FDTD code. IEEE Trans. Plasma Sci. 31 (2):207 – 215.

[40] Rao, N. N. (1994). Elements of Engineering Electromagnetics. Englewood Cliffs, NJ:Prentice Hall.

[41] Woan, G. (2000). The Cambridge Handbook of Physics Formulas. Cambridge University Press.

[42] Morgan, M. A., Robertson, R. C. (1997). Optimized TEM horn impulse receiving antenna. In: C. E. Baum, L. Carin, A. P. Stone. Ultra-Wideband, Short-Pulse Electromagnetics 3, 121 – 129. New York:Plenum Press.

[43] Dick, A. R., MacGregor, et al. An investigation into high speed gas breakdown. 23rd International Power Modulator Symposium, California, USA, pp. 202 – 205.

[44] Collin, R. E. (1985). Antennas and Radiowave Propagation. McGraw-Hill Book Company.

[45] Luebbers, R., Kunz, K., et al. A finite-difference time-domain near zone to far zone transformation. IEEE Trans. AntennasPropag. 39 (4):429 – 433.

[46] Luebber, R., Ryan, D., Beggs, J. (1992). A two-dimensional time domain near zone to far zone transformation. IEEE Trans. Antennas Propag. 40 (7):848.

[47] Taflove, A. and Umashankar, K. (1983). Radar cross-section of general three dimensional scatterer. IEEE Electromagn. Compat. 25 (4):433 – 440.

[48] Nardone, C. (1992). Multichannel fluctuation data analysis by the singular value decomposition method. Application to MHD Modes in JET. Plasma Phys. Controlled Fusion 34 (9):1447 – 1465.

[49] Huang, N. E., Shen, Z., et al. The empirical mode decomposition and the Hilbert spectrum for nonlinear and non-stationary time series analysis. Proc. R. Soc. London, Ser. A 454:903-995. (Printed in Great Britain).

[50] Gupta, S. L., Kumar, V. (1994). Handbook of Electronics. Meerut: Pragati Prakashan.

[51] Press, W. H., Vetterling, et al. Numerical Recipes inFortran. Cambridge University Press.

[52] Shlager, K. L. (1995). The analysis and optimization of bow-tie and TEM-horn antennas for pulse radiation using the finite-difference time-domain method. PhD dissertation. Atlanta, GA:Georgia Institute of Technology.

[53] Urrutia, J. M., Stenzel, R. L. (2000). Electron magnetohydrodynamic turbulence in a high-beta plasma. II. Single point fluctuation measurements. Phys. Plasmas 7 (11):4457 - 4465.

[54] Shoenbach, K. H., Joshi, et al. Ultrashort electrical pulses open a new gateway into biological cells. Proc. IEEE 92 (7):1122 - 1137.

[55] Chen, J.-Y., Furse, C. M., Gandhi, et al. A simple convolution procedure for calculating currents induced in the human body for exposure to electromagnetic pulse. IEEE Trans. Microwave Theory Tech. 42 (7):1172 - 1175.

[56] Miklavcic, D., Pavselj, N., Hart, et al. Electrical properties of tissues. In: M. Akay. Wiley Encyclopedia of Biological Engineering, 1 - 12.